Xen 虚拟化技术完全导读
The Definitive Guide to The Xen Hypervisor

〔美〕Chisnall David　著

张　炯　吕紫旭　胡彦彦　文成建　译

北京航空航天大学出版社

内 容 简 介

本书主要介绍了目前 IT 技术热点虚拟化技术领域中最受关注的虚拟化系统软件 Xen,包括在 Xen 中对于各种虚拟化技术的实现的分析,尤其基于研究热点的考虑用大量篇幅专门讨论了虚拟化的 I/O 和 Xen 内核的一些关键技术,并讨论了未来的方向,其中又以特别的章节分析了硬件虚拟化(HVM)。

读者对象以研究虚拟化技术的科研人员和工程人员为主,尤其是从事系统软件分析和开发的以及服务器端高可靠性软件研发的人员。

图书在版编目(CIP)数据

Xen 虚拟化技术完全导读 /(美)大卫(David,C.)
著;张炯等译. -- 北京 :北京航空航天大学出版社,
2014.1
    ISBN 978 - 7 - 81124 - 563 - 9

Ⅰ. ①X… Ⅱ. ①大… ②张… Ⅲ. ①数字技术 Ⅳ.
①TP391.9

中国版本图书馆 CIP 数据核字(2014)第 002889 号

Authorized translation from the English language edition, entitled The Definitive Guide to The Xen Hypervisor,1E, 9780132349710 by Chisnall,David, published by Pearson Education, Inc, publishing as Prentice Hall, Copyright © 2008.
CHINESE SIMPLIFIED language adaptation edition published by PEARSON EDUCATION ASIA LTD. , and BEIJING UNIVERSITY OF AERONAUTICS AND ASTRONAUTICS PRESS Copyright © 2014.
北京市版权局著作权登记号:图字:01 - 2008 - 3388

Xen 虚拟化技术完全导读
The Definitive Guide to The Xen Hypervisor
[美] Chisnall David 著
张 炯 吕紫旭 胡彦彦 文成建 译
责任编辑 卫晓娜
*
北京航空航天大学出版社出版发行
北京市海淀区学院路 37 号(邮编 100191) http://www.buaapress.com.cn
发行部电话:(010)82317024 传真:(010)82328026
读者信箱:emsbook@gmail.com 邮购电话:(010)82316936
涿州市新华印刷有限公司印装 各地书店经销
*
开本:710×1 000 1/16 印张:15 字数:320 千字
2014 年 1 月第 1 版 2014 年 1 月第 1 次印刷 印数:3 000 册
ISBN 978 - 7 - 81124 - 563 - 9 定价:45.00 元

若本书有倒页、脱页、缺页等印装质量问题,请与本社发行部联系调换。联系电话:(010)82317024

译者序

　　虚拟化技术（Virtualization Technology）无疑是最近几年以及未来 10 年计算机系统软件的热点。虽然它并非新出现的概念，甚至可以说是已经出现 40 年之久，但是它的热度似乎昭示 IT 界，一波新的技术浪潮将伴随着虚拟化而席卷计算系统的主要组成部分乃至各个角落。从高性能到嵌入式，从云计算到移动，从处理器到存储，从显示到无线，虚拟化技术在各种相当成熟或仍然活跃的系统中迸发出全新的解决方案和热点结合，这种情景让人感慨虚拟化的洗礼也许会全面颠覆计算机系统的应用模式乃至开发模式，未知的全新的计算机系统将脱胎换骨于这个过程，也带来可以参与其中的无数机会。

　　很巧合的是，虚拟化技术并非此时唯一的主角，多核（Multi-core，包括众核 Many-core）技术的出现使得 IT 的技术舞台上，两颗新星交相辉映，堪称一时瑜亮。所不同的是，这一对瑜亮完全是相互配合的组合。毫无疑问，虚拟化应用需要较之以往更多的系统计算能力来支撑，而多核处理器和多核技术则适时现身，弥补了这一需求。硬件计算能力的提升，系统资源管理能力的进步，使得人们可以基于这两个热点技术去构造属于个人的高性能服务器、工作站和计算集群，构造之前难以得到的实验环境。所以，可以预见，这波浪潮除了在计算机系统自身的演化过程中有巨大影响，还将进一步影响各种计算机应用系统的应用模式，从而以全新的方式影响人们的日常生活。具体怎样，我们还无从详细的全面预测，各位读者可以在了解两者以后，结合自己的专业和工作生活背景去开放的思考一下，也许就会出现一个很好的创意乃至创新。

　　本书主要介绍了目前最炙手可热的虚拟化系统软件 Xen，其作者 David Chisnall 应该算是距离 Xen 的剑桥核心团队最近的专业人士之一，按照 XenSource 的 Xen 项目领导者和奠基人 Ian Pratt 的评价，"他（David Chisnall）的这本书是有关 Xen 系统管理程序目前已经面世的书籍中，最为深入、详尽的一本，完全配得上书名中权威指南的说法"。从翻译完这本书的感受来说，我们很同意他这个评价！

　　参与翻译本书的译者均为从事虚拟化技术前沿研究的年青人，他们是吕紫旭、胡彦彦、文成建、吕孟轩、刘铭。他们了解 Xen 的过去和现在，都对 Xen 抱有巨大的期望，并对 Xen 进行着各种修改的尝试，试图在其中加入自己的创意。很显然的，他们是这本书的第一批受益者，并愿意将这本书介绍给各位读者。如果有一天你发现他们围绕 Xen 开展工作得到的成果，这将不是意外的事情。与读者共勉！

张　炯

于北京航空航天大学新主楼

前　言

伴随着 Xen3.1 版本的发布，Xen 社区（Community）给业界贡献了最先进的（虚拟机系统）管理程序（Hypervisor），并成为虚拟化技术开源软件的标准。Xen 社区获得了世界范围内超过 20 家领先的 IT 厂商的支持，得益于遍布世界各地的厂商和研究机构的研究贡献，已经成为业界虚拟化技术创新的推动力量。

Xen 的持续发展和优异性能是对 Xen 项目组件策略（Component Strategy）成功最好的证明。Xen 项目不止是开发了一个完整的开源产品，还给出了一种有效的（虚拟机）系统集成方法，即将 Xen 系统管理程序作为系统的"发动机"集成到不同的产品和项目中。例如，Xen 可以作为系统管理程序与很多操作系统内置的集成，包括 Linux、Solaris 和 BSD，也可以像 XenSorces 的 XenEnterprise 作为独立的虚拟化平台打包发布。这使得 Xen 可以服务于很多不同的虚拟化使用场合和用户需求。

Xen 支持很多类型的计算机体系结构，从拥有成千上万个安腾处理器的超级计算机系统，到 PowerPC 以及业界标准的 x86 服务器和客户端，甚至基于 ARM9 的 PDA。Xen 项目对跨体系结构的支持和对多种操作系统的支持是其另一个强有力的特征，使其影响到其他一些企业专有产品的设计，包括将要发布的微软视窗系统管理程序（Microsoft Windows Hypervisor），也使其可以受益于来自处理器、芯片组和 fabric 厂商提供的硬件辅助的虚拟化技术。Xen 项目还在分布式管理任务组织（Distributed Management Task Force，DMTF）中有很多贡献，参与发展面向虚拟化系统的工业标准管理框架（ISMF）。

Xen 系统管理程序的不断成功很大程度上依赖于 Xen 社区中大量的高水平开发者，他们既能为 Xen 项目做出贡献和积累，也可以将这些技术应用于他们自己的产品中。尽管有一些书籍说明了在特定厂商产品的具体环境中如何使用 Xen，但是虚拟机技术开发社区对于 Xen 系统管理软件本身内在机制的权威性指南类书籍依然有很大的需求。继续使用 Xen 系统管理软件被看作是"发动机"这个比喻的话，这就好比有很多书籍用于说明集成了 Xen 的"汽车"，却没有手册用于说明如何使用和维护"发动机"本身。因而，这本书的出版对于 Xen 社区和围绕这个社区的业界厂商来说无疑是一件重要的事情。

David Chisnall 在书中给出了用户和读者深入 Xen 的内部所必须了解的专家级分析，使得他们可以理解 Xen 复杂的子系统，并整理出工作文档。拥有计算机科学的博士学位,并且作为活跃的系统软件开放者,David 已经将 Xen 的各种复杂问题简明化,使得熟练的系统开发人员可以准确的了解 Xen 的工作机制以及如何与关键的硬件系统接口配合,甚至于如何去开发 Xen。为了完成这项工作,David 花费了很可观的时间与 XenSource 在英国剑桥大学的核心团队一起工作。在那里,他以独特的视角阐述了 Xen 的发展历史、体系结构和内在工作机制。毫无疑问,他的这本书是有关 Xen 系统管理程序目前已经面世的书籍中,最为深入、详尽的一本,完全配得上书名中"权威指南"的说法。

　　我希望,也相信这本书可以为 Xen 项目的更进一步发展和获得世界范围内的认同和接受做出重要的贡献。开源虚拟化技术的前途充满机会,而开源社区是重要的基础,快速的创新和不同解决方案的发布在这样的基础上将不断涌现。Xen 社区正在虚拟化领域不断引领业界向前发展,而这本书必将在帮助 Xen 社区成长、开发Xen 系统管理程序和相关产品投放市场的过程中起到重要的作用。

Ian Pratt

Xen Project Lead and Founder of XenSource

目　录

Xen虚拟化技术完全导读

4

第 **1** 章

虚拟化技术的现状

Xen 是一个虚拟化技术工具,这代表什么含义呢? 这一章将探索虚拟化技术的历史,以及过去和现在人们都在不断发现虚拟化技术实用性的一些原因。其中,本章将特别关注 x86,或者说 IA32 架构,讨论为什么在虚拟化这类架构的机器中会遇到一些问题和限制,以及围绕着这些问题和限制,对由 Xen 以及其他的虚拟化系统提供的一些可能的解决方案展开讨论。

1.1　什么是虚拟化技术

虚拟化技术从概念上看非常类似于仿真技术(emulation)。在仿真时,一个系统"假扮成"另一个系统。而在虚拟化时,一个系统"假扮成"两个或者多个相同的系统。

大多数现代操作系统都已经包含了一个简单的虚拟化系统。每一个正在运行的进程都认为它是系统唯一运行的进程,这是因为 CPU 和内存被虚拟化了。如果一个进程尝试着占用所有的 CPU 时间,那么一个现代的操作系统将会阻止它这样做,并且让其他进程也公平地享用 CPU 时间。同样地,一个正在运行的进程有它自己特有的虚拟地址空间,操作系统将其映射到物理内存上,由此给该进程一个错觉,让其觉得自己独享内存。

操作系统也经常虚拟化硬件设备。一个进程可以通过使用伯克利套接字应用程序接口(Berkeley Sockets API)(或者别的等价物)在不用担心其他应用程序干扰的情况下访问一个网络设备。一个视窗系统或一个虚拟终端系统向屏幕和输入设备也提供了类似的多路复用技术。

所以,大家每一天都在使用着某种形式的虚拟化技术,并且也能感觉到这是非常实用的。这种技术带来的空间隔离常常能够防止一个应用程序受到来自其他应用程序的 bug,或者恶意行为的影响。

不幸的是,并不是只有应用程序才会包含 bug,操作系统同样也有 bug,并且这通常会使得应用程序级的隔离不起作用。即使在没有 bug 的情况下,提供一个比操作系统提供的隔离层次更深的隔离也是非常容易做到的。

1.1.1　CPU 的虚拟化

虚拟化一个 CPU 从某种程度上来看是非常简单的。一个进程独占 CPU 运行一段时间，然后被中断。此刻的 CPU 状态被保存，然后另一个进程开始运行。过了一段时间之后，原先被中断的进程又恢复运行。

在现代操作系统中，上述过程每隔大约 10 ms 发生一次。然而值得注意的是，虚拟的 CPU 和物理 CPU 是不一样的。当操作系统正在运行、交换进程的时候，CPU 处在特权级模式（privileged mode）。此时系统允许某些特定操作的执行，如直接通过物理地址访问内存（这个操作通常是不被允许的）。对于完全虚拟化 CPU，Popek 和 Goldberg 在他们 1974 年的论文"Formal Requirements for Virtualizable Third Generation Architectures。"[1]中提出了一整套需要满足的要求。他们首先将 CPU 的指令划分为 3 类：

（1）特权级指令：指的是那些可能运行在特权级模式，但是一旦退出特权级模式之后将发生陷入的指令。

（2）控制敏感指令：指的是那些尝试着改变系统资源配置的指令，比如更新虚拟地址到物理地址映射的指令、与设备通信的指令、操作全局配置寄存器的指令等。

（3）行为敏感指令：指的是那些根据资源配置的不同有不同的表现行为的指令，包括所有对虚拟地址的 load 和 store 操作的指令。

为了让一个体系结构可被虚拟化，Popek 和 Goldberg 认为所有的敏感指令必须同时是特权级指令。直观地说，任何指令用一种会影响其他进程的方式改变机器状态的行为都必须遭到 hypervisor 的阻止。

DEC[2] Alpha 是最容易虚拟化的架构之一。Alpha 通常情况下没有特权级指令。它有一个专用的指令用于跳转到专用的固件（PALCode，privileged architecture library code，特权系统库代码）地址并进入到一个特殊的模式，在这个模式下，一些通常状态下不可见的寄存器变成了可用的。

一旦处在特权级模式下，CPU 将不可以被抢占。在运行了一系列的普通指令之后，一条指令会使 CPU 返回到初始的模式。在执行上下文切换到内核时，用户空间的代码将产生异常，并自动跳转到 PALCode。并在隐藏的寄存器中设定一个标记，然后将 CPU 控制权传递给内核。内核可以调用其他的 PALCode 指令来检查隐藏寄存器中标记的值，以及允许访问专门的一些特征，在最终调用 PALCode 指令之前，系统会将隐藏寄存器中的标记复位，并将 CPU 控制权返还给用户空间的程序。通过在隐藏寄存器中设置特权级，并在任何 PALCode 指令运行前检查这个特权级，

---

[1]　出版于 *Communication of the ACM*。

[2]　Digital Equipment Corporation（DEC）之后重命名为 Digital，并被 HP 公司买下，接着 HP 与 Compaq 合并。

可是使得这套机制得以扩展,从而能够非常容易的成为一个类似多特权级的机制。

特权级指令执行的每一项操作都由一组存储在 PALCode 中的指令来完成。如果用户想虚拟化 Alpha,所有需要做的只是用一组指令代替 PALCode,通过一个抽象层来传递操作。

1.1.2　I/O 的虚拟化

一个操作系统的运行不止需要 CPU,还需要主存,以及一组外设。虚拟化内存相对简单,只需要把它分割为多个区域,然后每一个访问物理内存的特权级指令发生陷入,并由一个映射到所允许的内存区域的指令所代替。一个现代的 CPU 包括一个内存管理单元(MMU),正是内存管理单元基于操作系统提供的信息实现了上述的翻译过程。

其他的外设就较为复杂了。绝大多数外设在设计的时候并未考虑虚拟化这个因素,并且对于其中的一些外设来说,如何支持虚拟化技术并不是十分明朗。比如像硬盘这样的块设备,能够有潜力被虚拟化,采用的方法类似于主存,即被划分为多个区域,每个区域能被各自的虚拟机访问。然而对于显卡来说,问题就没这么简单了。一个简单的帧缓冲设备的做法是向每个虚拟机提供一个虚拟的帧缓冲设备,并且允许用户在它们之间进行切换或者将它们映射到物理设备上。

然而,现代的显卡要比帧缓冲设备复杂得多;它们具有 2D 和 3D 加速的功能,并且有许多内部状态。更糟糕的是,绝大部分的显卡不提供一个保存和恢复这些状态的机制,因此即使是在虚拟机之间切换也是个问题。这个问题在电源管理中就出现过。假设你正在运行一个图形用户界面(GUI),比如 X11,一些状态也许会保存在显卡中(至少当前的视频模式会被保存),但是当设备断电之后这些保存的状态就丢失了。所以,为了保证能够将这些状态保存在别的地方以及在需要的时候可以恢复(如使每个窗口都自我刷新),GUI 必须要经过修改。而这对一个真实的虚拟环境来说显然是不可能的,因为虚拟化的系统不能意识到它已经同硬件断开了连接。

另一个问题来源于设备同系统交互的方式。例如数据通过 DMA 传入和传出设备。设备在由驱动程序提供的物理地址处写入一堆数据。因为设备位于通常意义上的操作系统的框架之外,所以它必须使用物理地址而不是一个虚拟的地址空间。

如果操作系统对平台有完全的控制能力,那么这个机制会工作的很好,但是如果不是就会产生一些问题。在一个虚拟化的环境中,内核运行在由 hypervisor 提供的虚拟地址空间中,而用户空间的进程以几乎同样的方式运行在内核提供的虚拟地址空间中。允许 guest OS(guest OS)内核指示设备向一个物理地址空间中的专门区域内写数据是一个严重的安全漏洞。如果内核,或者设备驱动没有意识到它们正运行在一个虚拟的环境中的话,那么情况将会更糟糕。在这种情况下,一个被信任的指向内核地址空间的地址将会被提供,但实际上指向的却是完全不同的地方。

理论上,一个 hypervisor 有可能发生陷入写入设备并将 DMA 地址重写入允许的地址范围。实际上,这是不可行的。即使不考虑这将导致的重大的性能损失,监测一条 DMA 指令也是非常困难的。每一个设备为了同驱动程序交流都定义了自己的协议,所以 hypervisor 必须了解这些协议,解析指令流,然后执行指令代换。这比一开始就写驱动程序要花费更多的精力。

一些平台可以使用输入/输出存储管理单元(IOMMU)。它同一个标准的存储管理单元(MMU)表现出了相似的特征,即在物理地址空间和虚拟地址空间之间进行映射。不同之处在于它的应用:MMU 为运行在 CPU 上的进程执行这种映射,而IOMMU 为设备执行这种映射。

第一个 IOMMU 出现在一些早期的 SPARC 系统中。这些系统都带有一个网络接口,这些接口没有足够的地址空间来写入所有的主存。IOMMU 的添加允许真实的地址空间页被映射到设备地址空间中。当 8 位和 16 位的 ISA 卡同 32 位系统一起使用的时候,在 x86 平台上使用的是不同的方法,即简单的为 I/O 保留一块靠近地址空间底部的内存。

AMD 的 x86 - 64 位的系统因为一个类似的目的也有一个 IOMMU。同 x86 - 64 位机器连接的很多设备可能都是传统的仅仅支持 32 位地址空间的 PCI 设备。没有 IOMMU,这些设备访问物理内存最底部的 4 GB 空间是受限制的。大多数时候当执行 mmap 系统调用或者实现虚拟内存的时候这显然是一个问题。当页故障发生时,块设备的驱动程序仅仅能通过 DMA 传输访问物理内存的底部。如果页故障发生在别的地方,那么只好使用 CPU 来负责写数据,并且是以每次一个字的速度写入正确的地址,这是非常慢的。

一个类似的机制曾在 AGP 卡中使用过。图形地址重映射表(GART)就是一个简单的 IOMMU,负责使用 DMA 将纹理结构装载进 AGP 图形卡中,并且允许这种卡轻松地使用主存。但是,这对满足虚拟化的要求并没有做多大的贡献,因为并不是所有同 AGP 卡或者 PCIe 图形卡的交互作用都是通过 GART 来完成的。事实上这主要是通过使用板载 GPU(而不是通过 BIOS 默认设置)来允许操作系统分配更多的内存给图形卡。

1.2　为什么要虚拟化

虚拟化技术的根本目的和多任务操作系统的目的是一样的,即计算机拥有不止能满足一个任务需要的处理能力。第一台计算机仅仅用于完成一个任务。第二代计算机是可编程的,这些计算机能够完成一个接一个的任务。最终,硬件变得足够快以至于一台机器在做一个任务的同时仍旧有空闲的资源。多任务机制使得利用这些空闲资源变成了可能。

现在很多组织和机构发现他们有许多的服务器都只在做一件任务,或者一个相关任务的小的集群。虚拟化技术能够将许多的虚拟服务器整合到一个单独的物理主机上,并通过运行环境的彻底隔离而充分保障它们的安全。几个网络主机公司正在对虚拟化技术展开广泛的应用,因为该技术允许他们为每一个客户提供一个独享的虚拟主机,从而取代过去占据着数据中心磁盘阵列空间的物理主机。

有些时候情况会更糟糕。比如,一个机构需要两个或者更多的服务器来运行一个特殊的任务,以防任务失败,即使所有服务器的资源都有空闲但也只好这样。虚拟化技术能够在这里发挥作用,因为从一台物理机器上移植一个虚拟机到另一台物理机器上是相对比较简单的事情,通过物理机器保持冗余虚拟服务器镜像的同步是非常简单的。

一台虚拟机有一些特征,比如以非常低的开销进行整机克隆。如果不确定在安装一个补丁之后是否会破坏生产系统,则可以将这台机器虚拟化整机克隆,然后在虚拟机上安装这个补丁,看看会发生什么。这比试着保证一个生产机器和一个试验机都处于同样的状态要简单得多。

虚拟化技术的另一个巨大优势就是可移植性。如果物理主机硬件出现故障或者需要进行升级,那么虚拟机可以移植到另一台物理主机上。当原先的物理主机恢复正常之后,该虚拟机又可以移植回来。

能源开销低也是虚拟机技术的一个吸引人之处。一个空闲的服务器依然在消耗能源,而将多个服务器整合到一台或几台物理主机上,使之成为多个虚拟的服务机器,这样做能够给能源的消耗状况带来相当大的改观。

一台虚拟机要比一台物理机器更易于携带,用户可以把一台虚拟机的状态保存在一个 USB 闪盘中,或者一些类似于 iPod 的东西里。这样携带一台虚拟机将会比携带一台笔记本都要方便。当用户想要使用它的时候,只需要将 USB 插入电脑然后恢复虚拟机的运行就可以了。

总之,相比于在一个操作系统上运行的进程来说,一台虚拟机提供了更深层次的隔离。这使得创建虚拟应用成为了可能:即具有网络服务的虚拟机。一个虚拟的应用程序,不像其对应的物理应用程序占据着磁盘空间,并且虚拟的应用程序能够更易被复制,以及如果负荷太重可以更容易的分担在不同的虚拟机节点上(或者只是在一个大型的机器上分配更多的运行时间)。

1.3　历史上第一台虚拟机

第一台完全支持虚拟化的机器是 IBM 的 VM,它作为 IBM 360 系统项目的一部分而诞生。360 系统(System/360,S/360)的理念是向 IBM 的用户提供一个稳定的架构和简单的升级方式。IBM 提供多种具有相同体系结构的系列机,一些小型的公司或企业可以购买一台满足他们需要的小型机,并且日后也可以在不需要改动运行软件的情况下升级到大型机。

当时 IBM 确立的一个关键性的市场就是人们想要将 IBM 360 系统的机器进行

整合。一个拥有几台 360 系统的小型机的公司可以通过升级到一台 360 系统的大型机来节省不少开支(假定该大型机可以提供同样的功能需求)。型号为 Model 67 的 System/360 主机阐述了自虚拟化指令集的理念。

上述意思是一个 Model 67 主机能够被简单地分割为多个同样的功能较弱的主机。它甚至能够递归的被虚拟化,即每一个虚拟机可以进一步被分割。这个特征使得 Model 67 能够非常容易的从一个小型机集群移植到单独的一台大型机上。其中每一个小型机都简单的用一台虚拟机代替,从软件的视角来看,管理这些虚拟机同管理小型机集群的方法是完全相同的。

虚拟机最近一次迭代的成果是 z/VM,它运行在 IBM 的 zSeries 系列的机器上(之后该系列重命名为 System z)。这些机器可以运行多种操作系统,从为传统应用程序而留的"老式"操作系统到一些新兴的操作系统,比如 Linux,AIX,它们既可以处在完全虚拟化环境下,也可以运行本地的 VM/CMS 应用程序。

1.4 x86 架构虚拟化的问题

80386 的 CPU 在设计时考虑到了虚拟化技术。其中的一个设计目标是同时允许多个 DOS 应用程序的运行。在那个时候,DOS 是一个运行在 16 位 CPU 上的 16 位操作系统,并且运行着 16 位的应用程序。80386 的处理器包含了一个虚拟的 8086 模式,该模式允许一个操作系统为老式的应用程序提供一个隔离的 8086 的运行环境,其中包括运行在保护地址模式之上的老式的实地址模式。

当时因为考虑到尚不存在 IA32 架构的应用程序,并且期待未来的操作系统能够支持本地的多任务机制,因此认为没有必要增添一个虚拟的 80386 的模式。

即使没有虚拟的 80386 的模式,根据 popek 和 Goldberg 所说,只要控制敏感指令是特权级指令的一个子集,处理器依然能够被虚拟化。这个意思是说,任何修改系统资源配置的指令,或者是运行在特权级模式,或者是发生了陷入。不幸的是,在 x86 指令集中有一组指令(共 17 条)并不遵守这一规则。

一些违反规则的指令同 x86 的分段机制有关。例如,用于装载一个特殊段信息的 LAR 和 LSL 指令。因为这些指令不能发生陷入,所以如果没有 guest OS,hypervisor 没有办法去重新安排内存布局。另一些违反规则的指令,比如 SIDT,是非常难处理的,因为这些指令允许某些条件寄存器的值被修改,但是却没有相对应的 Load 指令。所以每次执行这些指令的时候,它们必须发生陷入,并且新的寄存器的值将会被存储在别的地方,这样当虚拟机被重新激活的时候这些值可以得到恢复。

1.5 一些解决 x86 架构虚拟化问题的方案

虽然 x86 架构的虚拟化是非常困难的,但是同时这也是非常吸引人的一件事,因为 x86 架构的应用太广泛了。虽然相比之下，虚拟化 Alpha 要简单得多，但是安装 Alpha 的 CPU 的机器同 x86 架构相比却是微不足道的，也就是说市场潜力很小。

　　因此，基于 x86 架构的 IBM PC 在商业上的广泛应用使得用户在选择传统商业系统时有非常多的选择。正是由于为 x86 平台开发虚拟化的解决方案所能带来的潜在的巨大回报，因此，大量的精力都投入到了解决该平台固有的限制问题，其中有一些方案得以脱颖而出。

1.5.1　二进制翻译

　　二进制翻译是一个解决 x86 架构虚拟化问题的方法，它通过 VMWare 而普及。该方法有一个显著的优点：它允许绝大多数的虚拟化环境运行在用户空间，但也因此而造成了性能上的损失。

　　二进制翻译需要虚拟化环境扫描指令流并将特权级指令标识出来，然后这些指令所进行的操作由它们的仿真指令来完成。

　　这个方法在性能上的表现欠佳，特别是在做任何同 I/O 操作相关的频繁操作时。对不安全指令的位置的快速缓存能够带来一些性能加速，但是这样做会带来内存的一些开销。通常，使用这种方法的性能相当于物理主机上的 80% ~ 97%，如果代码段的特权级指令较多的话，性能还会进一步降低。

　　有几个因素使得采用二进制翻译这个方法较为困难。一些应用程序（特别是调试器）自己负责检查指令流。正是由于这个原因，虚拟化软件如果采用二进制翻译的方法就必须要保证原始代码的位置不变，而不是简单地取代无效的指令。

　　二进制翻译在执行时的工作机制非常类似于调试器。对于一个调试器来说，要想发挥作用，就必须具有设置断点的能力，这样可以使得正在运行的进程被中断而得到用户的检查。而使用二进制翻译的虚拟化技术同上述情况差不多，它同样需要在任何跳转和不安全的指令间插入断点。当程序运行到跳转指令时，读指令流的部件需要迅速地扫描下一个部分，找到不安全的指令并标记它们。当程序运行到这些不安全的指令时，系统就仿真它们。

　　奔腾架构还有一些包含很多新特征的机器，使得实现一个调试器变得更为简单。这些特征能够让一些特殊的地址被标记，比如，调试器能够自动地被激活。在向一个以这种方式工作的虚拟机写数据的时候会使用这些特征。思考一下图 1.1 中假想的指令流：这里会用到两个断点寄存器 DR0 和 DR1，它们的值分别设置为 4 和 8。当到达第一个断点时，系统仿真特权级指令，将程序计数器的值设置为 5，然后重新开始。当到达第二个断点时，系统扫描跳转目的地并因此设置调试寄存器的值。理想情况是，系统缓存这些值，以保证下次跳转到同样的地点时系统仅需要将调试寄存器的值重新加载即可。

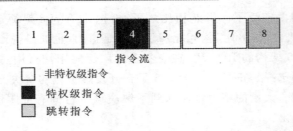

图 1.1 一个虚拟机中的一条指令流

1.5.2 泛虚拟化

泛虚拟化的方法另辟蹊径:既然不能简单地虚拟化 x86,那么所能虚拟化的最接近 x86 架构的系统是什么呢?与其去处理伤脑筋的"问题"指令,不如像 Xen 这样的泛虚拟化系统简单地忽略它们。

如果一个 guest OS 系统(guest OS)运行一条处于泛虚拟化环境下却没有发生陷入的指令,那么这个 guest OS 将不得不处理由此所带来的后果。从概念上看,这个方法同二进制翻译的方法类似,只不过二进制翻译发生在编译时刻(或者说设计时刻),而泛虚拟化发生在运行时刻。

呈现给 Xen guest OS 的底层环境同真实的 x86 系统相比不尽相同。虽然两者已经十分相似,但是移植一个操作系统到 Xen 上是一件非常简单的事情。

以一个操作系统的视角来看,上述两者间最大的不同是:在 Xen 系统中,操作系统运行在 Ring 1 级上,而在真实的 x86 系统中,操作系统直接运行在 Ring 0 级上。也就是说,在 Xen 系统中,guest OS 不能执行任何的特权级指令。为了提供相似的功能,hypervisor 提供了一整套的 hypercall(高级调用)来完成相对应的指令的功能。

从概念上看,一个 hypercall 同一个系统调用(system call)是相似的。在 UNIX[1] 系统中,系统调用的惯例就是 push 出一些值然后引发一次中断,或者调用一条系统调用的指令(如果该指令存在的话)。为了在 FreeBSD 上实现系统调用 exit(0),读者需要执行类似于清单 1.1 列出的一系列指令。

清单 1.1 一个简单的 FreeBSD 系统调用

```
1    push    dword 0
2    mov eax, 1
3    push    eax
4    int 80h
```

当 80h 中断发生时,内核中断处理器被唤醒,它读取 EAX 寄存器的值,发现该值为 1。然后系统为该系统调用跳转到相应的处理程序处,从堆栈中弹出参数,然后进行处理。

---

[1] 注意:Linux 使用了 MS-DOS 的系统调用机制,因此是通过寄存器来传递参数的。

同样,hypercall 以一个非常类似的机制工作。两者主要的不同在于它们使用了不同的中断号(在 Xen 中是 82h)。图 1.2 阐述了两者的不同之处,并且显示了当一个系统调用从一个运行在一个虚拟操作系统之上的应用程序执行之后运行权限级的转变。此处是 hypervisor(而不是由内核)包含了中断处理的功能。因此,当 80h 中断发生时,异常跳转到 hypervisor,然后 hypervisor 将控制权传递回给 guest OS。这个额外的间接层会给性能带来一点小的损失,但是它却能让应用程序未经修改就能直接运行。Xen 也为直接的系统调用提供了一个机制,虽然这需要一个修改的库。

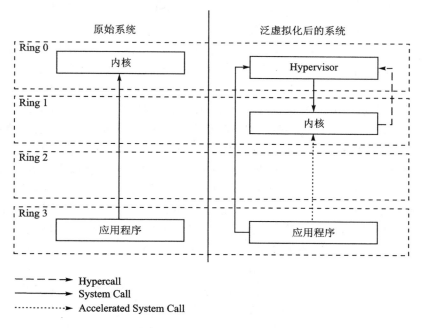

图 1.2　原始系统和泛虚拟化系统中系统调用的比较

值的注意的是,Xen 和 Linux 一样使用的是 MS−DOS 的系统调用机制,而并没有采用像 FreeBSD 使用的 UNIX 调用机制。这就表示 hypercall 的参数都保存在寄存器中(以 EBX 寄存器开始),而不是保存在堆栈中。

在更多的最近版本的 Xen 中,hypercall 是通过一个额外的间接层发布的。guest OS 内核通过寄存器传递的参数在 hypervisor 映射的共享内存页中调用函数。这样系统中就有更多有效的机制得以使用,在体系结构每一次小的改动的情况下,不需要修改 guest OS 的内核也可以支持 hypercall。AMD 和 Intel 的新开发出来的芯片支持快速换入和换出 Ring 0 级。该间接层可以在需要的时候让这些芯片发挥作用。

1.5.3 硬件辅助虚拟化

第一块 x86 架构芯片 8086 是一个简单的 16 位 CPU,它没有内存管理单元,也没有硬件浮点运算能力。逐渐地,处理器家族不断的演化,在发展到 286 的时候拥有了内存管理能力,在发展到 486 的时候拥有 32 位扩展,板载浮点运算能力,在发展到奔腾系列的时候有了向量运算扩展。

在某些方面,不同的制造商用不同的方式扩展着处理器的架构。AMD 添加了3DNow! 向量指令集。Intel 也添加了 MMX 和 SSE 指令集。VIA 为密码技术添加了一些额外的指令,并增添了内存页级保护。

现在,Intel 和 AMD 公司都添加了一整套指令集,使得 x86 架构的虚拟化变得相当简单。AMD 称之为 AMD－V(原先命名为 Pacifica),而 Intel 称之为 Intel 虚拟化技术(Intel Virtualization Technology,IVT 或 VT)。实质上就是扩展 x86 的指令集来弥补原先的指令集不支持虚拟化技术的缺陷。理论上解释就是,在 Ring 0 之上添加了一个 Ring 1,让操作系统依然呆在原先的 Ring 0 级别,并继续负责直接访问硬件设备。在具体的实现上,并不止添加了一个 Ring 级,最重要的是提供了一个额外的特权级模式,hypervisor 可以陷入到该模式下仿真之前一直以失败告终的操作。

IVT 给处理器增添了一个新的模式,叫做 VMX。hypervisor 能够运行在 VMX模式下,并对运行在 Ring 0 上层的操作系统透明。当 CPU 处在 VMX 模式的时候,以一个未经修改的操作系统的视角来看没有任何的区别。以 guest OS 的视角来看,所有的指令照旧做他们应该做的事情,并且只要 hypervisor 正确无误地执行了仿真操作,那么系统就不会出现不可知错误。

在 VMX 根模式下的进程可以使用一整套额外的指令。这些指令负责一些类似于分配一个存储着整个 CPU 状态备份的内存页、启动和停止一个虚拟机这样的任务。最终,定义了一整套位图,用于指出一个特殊的中断,或是指令,或是异常,是应该被传递给运行在 Ring 0 的虚拟机的操作系统,还是应该被传递给运行在 VMX 根模式下的 hypervisor。

除了 Intel VT[①] 的这些特征之外,AMD 的 Pacifica 也提供了同 x86－64 位扩展以及 Opteron 架构相关的几个特征。当前的 Opteron 有一个 on-die 技术的内存控制单元。由于内存控制单元和 CPU 的紧密结合,hypervisor 将内存的分割工作委派给内存控制单元便是非常可行的。

AMD-V 技术为 hypervisor 提供了两种方法解决内存分割问题(事实上是两种模式)。第一个模式是"影子页表",guest OS 无论何时尝试着修改自身的页表、改变其自身的映射关系,该模式都会允许 hypervisor 发生陷入。这是通过标记页表为只读,并将因此而发生的页故障传送给 hypervisor(而不再传送给 guest OS 内核)做到

---

① 从技术上说应该是"VT－x for x86"。Intel 在安腾(IA64)中也添加了类似的指令,称为 VT－i。

的。第二个模式"嵌套页表"有一点复杂，该模式允许上述很多工作在硬件环境下解决。嵌套页表所做的工作就像它的名字所暗示的那样，它们在虚拟内存中又增加了一个间接层。内存管理单元（MMU）像操作系统定义的那样已经解决了虚拟地址到物理地址的转换。现在，通过使用由 hypervisor 定义的另一套页表，这些"物理"地址将被转换成真实的物理地址。因为这个转换过程是在硬件环境下完成的，所以它就像通常的虚拟地址查询一样迅速。

Pacifica 的另一个特征是它规定了设备排除矢量接口。该接口标记了一个设备所允许写入的所有的地址，因此一个设备只允许写入一个特定的 guest OS 地址空间。

在一些情况下，硬件虚拟化要比用软件实现的虚拟化快得多。但是在另一些情况下，可能会更慢。现在像 VMWare 这样的程序采用一种混合的虚拟化方式，即一些任务下放给硬件完成，剩下的一些任务仍旧由软件来完成。

在同泛虚拟化相比较的时候，硬件辅助虚拟化（Hardware Virtual Machine，HVM）提供了一些折中的办法。它允许一个未经修改的操作系统在其上运行。而这个特征非常有用的，因为一台虚拟机可能运行的是不能得到其源代码的传统的操作系统。这样做的代价是速度和系统灵活性的损失。一个未经修改的 guest OS 不知道它正运行在一个虚拟的环境中，因此也不能简单地利用任何虚拟化技术的特征。同样的原因，它的运行速度也很可能会更慢。

不过，一个泛虚拟化系统可以利用 HVM 的特点来加快某些操作。这种混合虚拟化的方案成为了最佳的选择。对硬件辅助虚拟化的 guest OS 来说，像系统调用这样的很多操作都得到了加快，即加速转换到 Ring 0 模式，因为 guest OS 并没有像在泛虚拟化系统中那样被转移到了 Ring 1 上运行。同样，也可以在"嵌套页表"模式下利用硬件支持的优点来减少用于操作虚拟内存的 hypercall 的数量。一个泛虚拟化的 guest OS 能够以更高的效率执行 I/O 操作，因为它能够使用轻量级的接口同设备交互，而不是依靠仿真的硬件。所以，一个混合的 guest OS 将这些优点都集中于一身。

1.6　Xen 的理念

这本书剩下的部分将详细讨论 Xen 系统。为了真正在细节层面上理解 Xen 系统，读者应该花时间去了解一下 Xen 的宏观设计思想。Xen 的理念很好地阐述了为什么做出了一些特殊的设计决定，以及所有这些部分是如何巧妙地衔接在一起的。

1.6.1　方案和机制的分离

一个好的系统设计的一个关键性思想是方案和机制的分离，而这也是 Xen 系统设计的一个基本原则。Xen 的 hypervisor 实现了某些机制，然后把实现这些机制的方法向上传递给了 Domain 0 guest OS。

　　Xen 自身不支持任何外部设备。Xen 仅仅只是提供了一个让 guest OS 直接访问物理设备的机制。这样 guest OS 可以使用一个已经存在的设备驱动程序。

　　当然,仅仅有一个设备驱动程序是远远不够的,因为当初在写这个设备驱动程序的时候不太可能考虑了虚拟化技术的因素。同时也需要提供给多个 guest OS 访问该设备的方法。同样,Xen 在这里也仅仅提供了一个机制。授权表接口允许开发者将内存页的访问授权给其他的 guest OS,就像 POSIX 共享内存所采用的方法一样。然后,XenStore 提供了一个类似于文件系统的层次结构(完全通过访问控制),用于实现对共享内存页的查询。

　　这样做并不意味着层次混乱。Xen 的 hypervisor 仅仅实现了这些基本的机制,如果 guest OS 需要使用这些机制,则需要各自协作来实现该功能。如果一个设备告知了它存在于 XenStore 树的某一部分中,如果其他 guest OS 想要找寻该类型的设备,则必须应该知道去该处找寻此设备。同样存在其他很多协定,其中包括一些更高级别的机制,比如用来在 domain 之间传递请求和回复消息以支持 I/O 操作的环形缓冲池。这些都已经由说明书和文档定义了,但尚未在代码中实现,这也使得 Xen 系统更具灵活性。

1.6.2　做得越少越好

　　与大多数其他软件包相比不一样的是,每一个新发布的 Xen 软件包都尝试着比前一个版本的 Xen 做更少的事情。这样做的原因是 Xen 运行在一个非常高的特权级别上——甚至比操作系统的运行级别还要高。一个应用程序源代码中的一个 bug 也许会危及到该应用程序所能访问到的数据的安全,一个操作系统内核的一个 bug 也许会危及整个系统的安全,但是如果 Xen 的源码中出现了一个 bug,将会危及到每一个运行在 Xen 之上的虚拟机的安全。正是由于这个原因,Xen 的代码就必须尽可能地减少 bug 以保障安全。

　　为了使代码检错更加容易,Xen 的核心代码必须尽可能地少。开发者的时间利用率也是非常重要的。同 Linux 这样的开发项目的团队相比,Xen 的开发团队的人数是相当少的(当然,也许这种情况会改变),这样对 Xen 的开发团队来说,把研究的精力仅仅放在 hypervisor 上,比去重复其他项目组的工作要有意义的多。如果 Linux 已经支持一个设备,那么为 Xen 再写一个这个设备的驱动程序就显然是在浪费时间和精力。所以,Xen 把对设备支持的工作交给了操作系统。

　　为了保障系统的灵活性,Xen 没有实现在 Domain 之间交流的机制,而是提供了一个像共享内存这样的简单机制以供 guest OS 在需要时使用。这就意味着为一种新类型的设备添加支持并不需要修改 Xen。

　　在早期的 Xen 版本中 hypervisor 做了很多事情。比如网络多路技术就是 Xen 1.0 的一部分,但是之后被放到了 Domain 0 中。绝大多数操作系统在建立和连接虚拟网络接口方面已经具有了很高的灵活性,所以对于 Xen 来说,直接采用这套成熟的机制要比自己去实现一个新的机制要好得多。

　　依靠 Domain 0 的另一个好处是便于管理。比如对于网络来说,一个像 pf 或者 iptables 这样的工具是非常复杂的,而 BSD 和 Linux 的管理程序已经花费了很多的时间和精力去研究它们,所以这样的一个管理程序完全可以通过使用它已经了解到的知识轻松的使用 Xen。

1.7　Xen 的系统结构

　　Xen 位于操作系统和硬件之间,提供给操作系统内核一个虚拟的运行环境。任何包括 Xen 的系统都具有 3 个核心的组成成分:hypervisor,内核,应用程序。它们是如何互相配合一起发挥作用的呢? Xen 所处的层次并不是十分的绝对;也并不是所创建的所有 guest OS 都是平等的,而是其中有一个比其他的更加重要。

1.7.1　Hypervisor,操作系统,应用程序之间的关系

　　正如前面所提到的,对于在 Xen 上运行的内核来说,最大的变化就是离开了 Ring 0 的运行级(具体转移到了哪个 Ring 级,根据平台的不同而不一样)。正如图 1.3 所示,在 IA32 系统中,内核转移到了 Ring 1 级。这使得内核可以访问其分配给运行在 Ring 3 级别的应用程序的内存,但是该内存区域对其他的应用程序或者其他的内核却是不可见的。Hypervisor 由于运行在 Ring 0 级,所以可以免受来自 Ring 1 级的操作系统以及 Ring 3 级的应用程序的错误影响。

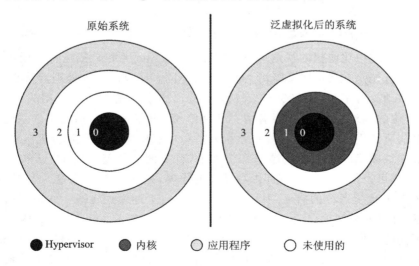

图 1.3　在原始系统和泛虚拟化系统中的 Ring 级别的使用

当 AMD 将 IA32 架构同 x86－64 位架构结合在一起时,它所做的一件事情就是

减少 Ring 的级别数量。除了 OS/2 和 Netware(可选)之外,在当时没有任何一个操作系统广泛使用了 Ring 1 和 Ring 2,因此它们不会被弄错。不幸的是,虚拟化技术的研究群体却恰恰受到了影响。

　　在没有 Ring 1 和 Ring 2 的系统中,不得不通过修改 Xen 使得操作系统运行在 Ring 3 级上,使它与应用程序处于同一运行级别。图 1.4 指明了两种方法的不同。Xen 在其他的平台下(如 IA64)也采用了这种只有两个保护模式的方法。x86－64 架构也从系统中去除了基于段的内存保护机制。这就意味着 Xen 必须借助于页式保护机制将自身与 guest OS 隔离开来。

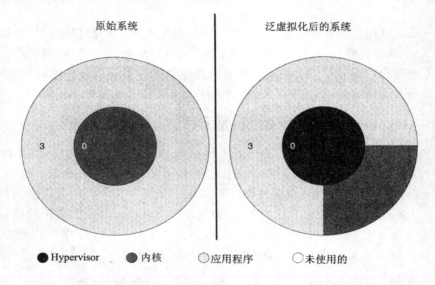

原始系统　　　　　　　　　　　泛虚拟化后的系统

● Hypervisor　　　● 内核　　　○ 应用程序　　　○ 未使用的

图 1.4　在 x86－64 位的原始系统和泛虚拟化后的系统中的 Ring 级别的使用

　　从一个泛虚拟化内核的视角来看,内核运行在 Xen 上和直接运行在硬件上是非常不同的。首先是在启动时 CPU 所处的模式不同。所有的 x86 处理器从 8086 起都以实模式启动。对于 8086 和 8088 来说,16 位的实模式是其唯一可用的模式,它可以访问 20 位的地址空间,并且没有内存管理单元。因为所以之后问世的系列机都需要支持以前所使用的软件(包括操作系统),所以所有的 IBM PC 兼容机启动时 CPU 都处在实地址模式。对于现代操作系统来说,首要的任务就是将 CPU 转换到保护模式下,这样可以便于不同进程间内存状态的隔离,并且允许 32 位指令异常的发生。

　　因为 Xen 负责系统的启动,所以由 Xen 来执行上述模式转换。如果不这样做的话,Xen 很有可能受到来自 guest OS 的干扰。这就意味着 guest OS 的内核将在一个完全不同的环境下启动。之后的 x86 系统实现了 Intel 的扩展固件接口(Extended Firmware Interface,EFI),它可以取代以前的 PC BIOS。任何具有 EFI 的系统都可以在保护模式下启动,尽管大多数系统仍倾向于复用老的启动代码,并且需要加载一个 BIOS 兼容的 EFI 模式。

另一个明显的改变是特权级指令必须由 hypercall 来取代,这在前面已经提到过了。然而,一个更明显的改变是与时间的同步方式。一个操作系统需要与时间同步来满足两种需求:它需要知道当前已经逝去的时间和 CPU 时间。第一个时间是与用户交互的,因此用户可以得到一个真实的时钟,用于显示,规划(如克隆),以及通过网络对事件同步。另一个需求是多任务机制。每一个进程都应该公平地分享 CPU 时间。

当 CPU 在一个 hypervisor 之外运行的时候,真实的时间和 CPU 时间是同一回事。所有的操作系统内核需要做的只是保持关注分配给正在运行的进程及其线程的时间量。当 CPU 在 Xen 中运行的时候,系统不得不同其他的操作系统分享所有可用的 CPU。这个意思很可能是对每一个真实的一秒钟,操作系统只分配到了 CPU 时间一秒钟的一部分。同样地,操作系统必须持续不断地重新使得它的内部时钟同 Xen 提供的时间保持设备同步。

1.7.2 Domain 0 的角色

Hypervisor 的职责就是允许 guest OS 的运行。Xen 在一个称为 domain 的环境下运行 guest OS,它包含了一个完整的虚拟运行环境。当 Xen 启动的时候,它做的第一件事情便是装载 Domain 0 的 guest OS 内核。该内核作为一个模块在启动装载单元中被代表性的指定,因此它可以在没有任何文件系统驱动程序的情况下被装载。Domain 0 是第一个运行的 guest OS,并且具有更高的特权级。相应地,其他的 Domain 被称为 domain U(dom U)——"U"代表的意思是非特权级(unprivileged)。然而,当前已经可以将 dom 0 的一些职责交给 dom U guest OS 了,这样做也将使得两者之间的界限变得模糊一些。

Domain 0 在 Xen 系统中是非常重要的。Xen 自身不包含任何的设备驱动和用户接口。这些都是由操作系统以及运行在 Domain 0 guest OS 之上的用户空间的工具来提供的。具有代表性的 Domain 0 guest OS 是 Linux,也可以是 NetBSD 和 Solaris。在未来,越来越多的像 FreeBSD 这样的操作系统也会得到支持,成为 Domain 0 guest OS。对绝大多数 Xen 的开发者来说,Linux 是使用最多的,并且 Xen 和 Linux 都是在同样的条件下被发布的——GNU 通用公共许可证(General Public License,GNU)。

Dom0 guest OS 最重要的一个任务就是处理外设。因为它比其他的 guest OS 都运行在更高的特权级上,所以能够访问硬件。正因为如此,对特权级 guest OS 的保护就显得特别的重要。

处理外设工作的一部分就是使它能被多个虚拟机所访问。因为绝大多数的硬件原本并不支持多操作系统的访问,所以对一些系统来说,为每一个 guest OS 提供一个专属的虚拟设备就显得特别的重要。

图 1.5 显示了当一个运行在一个 domU guest OS 之上的应用程序发出一个包

之后所经历的过程。首先,它像通常那样会通过 TCP/IP 协议栈。但是,协议栈的底部并不是通常情况下的网络接口驱动,而是一段简单的代码,负责将包放入一段共享内存中。该内存段已经预先使用 Xen 的授权表(grant tables)被共享并通过 Xen-Store 发布。

另一半运行在 Dom0 guest OS 里的分块设备驱动从缓冲区中读取了这个包,然后将其插入操作系统的防火墙组件中(具有代表性的比如 iptales 或 pf),这些组件将这个包视作从一个真实的接口而来。一旦这个包通过了相关的防火墙规范,它便继续下传到真实的设备驱动。进而能够被写入某块为 I/O 操作所保留的内存中,并且也许需要通过 Xen 来访问中断请求。最后,物理网络设备将这个包发送出去。

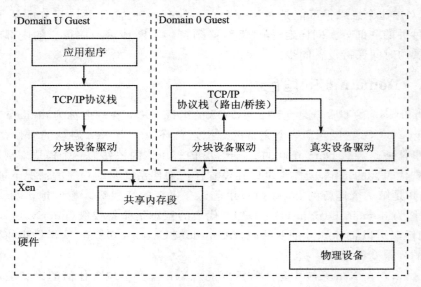

图 1.5 从一个非特权级 guest OS 发出的包在系统中的传递路径

值得注意的是这里的分块网络设备同真实的网卡也是无关的,Xen 向这些设备提供了一个简化的接口,这样便于人们将操作系统移植到 Xen 上。这里的任何一个驱动都有 3 个组件:

- 分块设备驱动;
- 多路复用器;
- 真实的驱动。

分块设备驱动尽可能的做到简单,它被设计用于完成从 domU guest OS 到 dom0 guest OS 之间的数据传输,通常它使用的是共享内存中的环形缓冲区。

真实的驱动程序应该已经存在于 dom0 操作系统内部了,因此它不能真正算作 Xen 的一部分。多路复用器可能需要也可能不需要:在网络中,网络堆栈的防火墙组件提供了这个功能;但在其他情况下,操作系统可能不存在某个组件可以提供此项

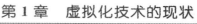

用途。

Dom0 guest OS 也负责执行管理上的任务。Xen 接收到来自 dom0 guest OS 的 hypercall 之后,创建了新的 domU guest OS。这里典型的是通过一套 Python 工具(脚本)来完成的。该工具处理所有在用户空间内同 guest OS 的创建相关的策略以及发布相关的 hypercall。

Domain0 向 hypervisor 提供了用户接口。Xend 和 Xenstored 这两个守护进程运行在 Domain0 中,为系统提供了重要的特征。Xend 负责向 hypervisor 提供一个管理接口,允许用户自己定义策略。Xenstored 负责为 Xenstore 提供后台存储。

1.7.3 非特权级的 Domain

对一个非特权级的 domain(domU)guest OS 有着更多的限制。它通常不被允许执行任何能够直接访问硬件的 hypercall,虽然在某些情况下它被允许访问一个或更多的设备。

因为不能直接访问硬件,所以 domU guest OS 实现了一些分块设备驱动的前端。在最低限度下,很可能需要 XenStore 来控制设备驱动。绝大多数系统也需要实现块设备接口和网络设备接口。因为这些都是通用的、泛化的设备,所以 domainU 只需要为每一种设备实现一个驱动就可以了。所以,有很多的操作系统都移植到了 Xen 上,作为 DomainU 而运行,而这些操作系统如果要直接运行在真实硬件之上的话,往往相当缺乏硬件的支持。Xen 能够使这些操作系统利用 Domain0 guest OS 的硬件支持。

与 Dom0 guest OS 不一样的是,用户可以在一台单独的机器上有一个专用的 domU guest OS 的编号,并且这些 domU 可以被移植到别处去。能否实现移植同系统配置有关。同硬件联系紧密的 guest OS 很难被移植。一个使用类似于 NFS 或 iSCSI 来满足其所有的存储需求的 guest OS 就较易被移植,而一个使用块设备驱动的 guest OS 能够被挂起到一个闪盘中并转移到其他机器上,只要该操作系统没有依赖其他任何不支持移植的硬件设备。

考虑到安全的因素,domain0 做的工作越少越明智。因为 domain0 出了问题将会危及整个系统的安全。同样地,绝大部分的工作应该由泛虚拟化系统中的 DomainU 操作系统或者硬件虚拟化系统中的 guest OS 来完成(在 1.7.4 小节讨论)。

Dom0 和 DomU 之间的界限有时候十分模糊。因为 domU guest OS 有时候也可以直接访问硬件,甚至访问主机分块设备驱动。例如,一台笔记本电脑也许会将 Linux 作为 dom0 guest OS,但是为了支持一个特殊的 WiFi 卡而运行一个 NetBSD DomU 的虚拟机。在没有 IOMMU 的平台下,这样做会危及系统的安全,因为它潜在的允许 DomU 访问整个地址空间。

1.7.4　HVM 的 Domain

当 Xen 诞生的时候，x86 架构并没有满足 Popek 和 Goldberg 针对虚拟化技术所提出的要求。一个 x86 的虚拟机监控器（virtual machine monitor）需要仿真 x86 架构，虽然它可以通过一个大的指令集的子集来迅速地做到，但是 Xen 通过泛虚拟化技术避开了这个问题。

更多的最近问世的 x86 芯片并没有遭受到这个限制，因此扩展 Xen 使其也支持未经修改的操作系统就变得非常有意义了。这一章绝大多数的讨论都是同泛虚拟化 guest OS 相关的，在 Xen 的 3.x 系列发布之前，一直以来 Xen 都只支持泛虚拟化系统。但是更多 Xen 的最近版本，也开始允许硬件虚拟机（Hardware Virtual Machines，HVM）的 guest OS 运行了。

正如前面所说，在 Xen 上运行未经修改的 guest OS 需要硬件的支持，并且需要较新的机器。任何在 2007 年以后买的 x86 架构的机器应该是支持硬件虚拟机（HVM）的，一些 2006 年的机器可能也支持。

一个未经修改的操作系统不可能得到 Xen 分块设备驱动的支持（即使一个驱动开发工具是可用的，也不太可能实现）。这就意味着 Xen 必须仿真一些 guest OS 可能支持的东西。少量的一些设备通过使用来自 QEMU 的代码变得可用。

硬件虚拟机（HVM）的 guest OS 同泛虚拟化 guest OS 在很多方面不同。这在系统启动的时候便可以看出来。一个泛虚拟化的 guest OS 在保护模式下启动，并且一些内存页中包含了由 hypervisor 映射的启动信息；而一个硬件虚拟机的 guest OS 则在实模式下启动，并从一个仿真的 BIOS 中得到配置信息。

如果一个硬件虚拟机的 guest OS 想要利用专属于 Xen 的特征，它需要使用 CPUID 指令来访问一个（虚拟的）特殊寄存器以及访问 hypercall 的内存页。然后它能够作为一个泛虚拟化 guest OS，通过调用在 hypercall 内存页中的偏移值，用同样的方式发布 hypercall。然后使用正确的指令（如 VMCALL）快速地转换到 hypervisor。

对能够意识到虚拟化技术的硬件虚拟机 guest OS 来说，其他方面的很多信息是通过 PCI 设备平台获得的，一个虚拟的 PCI 设备能够将 hypervisor 的功能输出给 guest OS。

1.7.5　Xen 的结构配置

对于 Xen 来说，可能最简单的结构就是只运行单独的一个 dom0 guest OS。这里，Xen 表现为一个简单的硬件抽象层，从内核中隐藏了一些 x86 架构中的杂乱部分。然而，这个简单的结构并不是非常的有用。

实际上，一个 Xen 系统至少含有一个 domU guest OS。最简单而实用的结构在图 1.6 中做了示例。

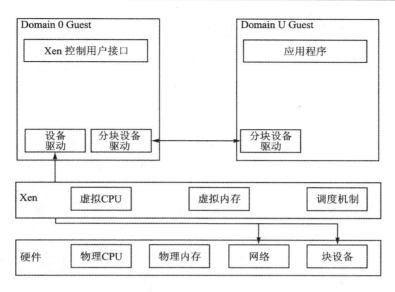

图 1.6　一个简单的 Xen 系统结构

在这个例子中，所有的硬件资源均由 Domain 0 的操作系统控制，这往往并不是最好的。如果一个特殊设备的驱动程序包含了 bug，将会导致 dom0 内核的崩溃，进而导致系统中所有的 guest OS 的崩溃。因此，通常将一个驱动隔离在它自己单独的 domain 中是比较好的，这个 domain 除了输出分块设备驱动之外不做任何事情。它既可以是像 Linux 或一个 BSD 衍生物这样的完全成熟的系统，也可以是位于一个轻量级操作系统中的一个驱动，比如包括 Xen 的 miniOS。在带有 IOMMU 的平台下，这样能够完全防止带有 bug 的驱动程序干扰其他的 guest OS。在没有 IOMMU 的操作系统上，其他的 guest OS 仍然易于受到一个错误的 DMA 请求或者可能出现的 I/O 损耗的影响。但是还是可以同其他的 bug 隔离开来的。

当 Xen 向后兼容，并发地运行一个传统的操作系统和新系统的时候，很可能要求运行的是一个未经修改的操作系统。在这种情况下，未经修改的操作系统将不能直接使用分块设备驱动，取而代之的是，它们将使用来自 Domain 0 的仿真设备。这个结构示例见图 1.7。

最终，在一个集群环境下，根据当前系统的负载来动态地重新分布 guest OS 也许是非常有用的。为了做到这一点，可以提出具有以下特点的一个结构：一个单独的文件系统，但是它为每一个 guest OS 都装载了网络文件系统，并且具有一个单独的路由器来处理外部的路由①。在这种情况下，没有任何 guest OS 将依赖本地的块设备驱动，并且可以在结点之间方便的进行移植。这个结构显示在图 1.8 中。注意到

---

① 在一个高有效性的环境中，添加这些冗余是有可能的。比如，通过为防火墙启用自动失败机制，为连接到同一台 SAN 的网络文件系统服务器备份等。

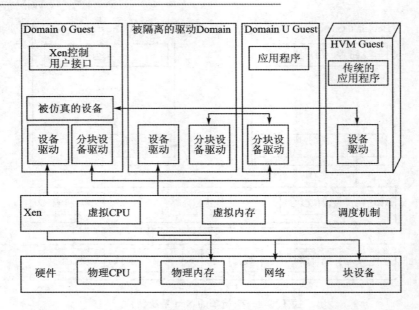

图 1.7　一个显示了驱动隔离和未经修改的操作系统的 Xen 结构

一个单独的结点甚至都不占有一个本地的块设备驱动，这样做减少了集群的费用。在这种情况下，Xen 和 Domain 0 guest OS 很可能使用远程启动技术（PXE）启动，或者是别的一些等价的方法。总之，能够允许单独的集群节点在出现问题的时候能够得到替换就行。

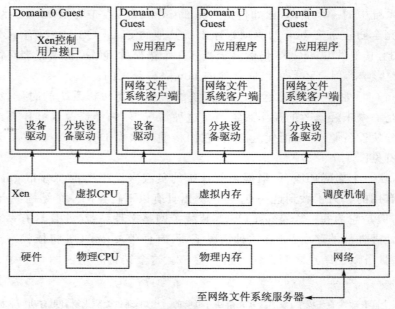

图 1.8　一个 Xen 集群环境中的一个简单的节点

在 Xen 上进行的操作系统的移植会带来非常短暂的停止运行期。在一个测试中，Quake 服务器在与它连接的用户毫不知情的情况下从集群中的一个节点移植到了另一个节点。

对 Xen 系统来说，因不同的用途而可能有很多不同的结构。它能够辅助系统调试，测试，运行传统的软件，运行可信系统，并且动态进行负载平衡。其中有一种最早使用虚拟化技术的方法是将不同的小型机的工作负载整合到单独的一台大型机上。更多的现代版本仍旧非常的普遍，它们在同一台机器上使用不同的虚拟机来隔离单独的工作负载。通常，这些工作负载也许运行在同一个操作系统上，通过虚拟化技术来允许不同的个体来管理它们自己的工作负载，或者简单的提供系统逻辑上的划分方法。

同拥有大量的独立机器相比，这种整合方法将可以更大程度地提供效率。并且在磁盘空间，电能，冷却设备，以及最初的硬件投资等方面都会节省不少的开支。

第 **2** 章

探索 Xen 虚拟体系结构

本章将探讨 Xen 的主要特征。上一章讨论了 x86 虚拟化结构如此复杂的一些原因，并对 Xen 处理其中一些问题的方法给出了简明扼要的概述。本章将更深入地查看 Xen 各个部分如何相互影响，以及每个部分的职能是什么，同时也会检验泛虚拟化的 Xen 客户端环境与真实的硬件环境之间的不同。

2.1 作为泛虚拟化客户端启动

x86 处理器启动后工作于实模式，这与最初建立在 IBM PC 中的 8088 兼容。现代操作系统所做的第一件事就是进入保护模式并建立中断处理程序。Xen 也不例外，Xen 进入保护模式并建立属于自己的终端处理程序。这意味着当操作系统在 Xen 虚拟机中启动时，CPU 已处于保护模式。

虽然 Xen 的中断处理机制已被建立，但大多数中断却不是由 Xen 自身处理的，而是将这些中断传送到任何需要它们的客户端。一些形式的中断和 CPU 的状态相关联，并被回送到正在运行的客户端；而其他形式的中断用于与硬件通信，并被转变成 Xen 的事件通过向上调用（upcall）交付给包含驱动程序的域。

对于多任务操作系统，至少需要注册时钟中断以获知何时切换到下一个任务进行执行。一般而言，它也会注册一些与硬件设备相关的中断，比如键盘设备。众所周知，Xen 需要应用时钟中断来安排客户端，并为了自身的调度而在正在运行的客户端中产生事件。

在大多数体系结构中建立中断处理机制的正确方法是：向某一与中断号码相对应的内存中写入一个转移地址，这个转移地址通常被称为中断向量。对于 Xen 系统，超级调用（hypercalls）把事件端口和虚拟/物理 IRQ 绑定在一起。如果处理程序已经被建立，一些必须立即被处理的事件（主要是 CPU 异常）会被立即送入正在运行的客户端中；而其他一些事件，比如一些在特定虚拟设备中拥有可利用数据的通知（notification），就不会那么紧急了。

物理客户端通常会花费一些启动时间向 BIOS 发出一些询问以确定哪些硬件是可用的，包括 CPU 的权能（capabilities）。然而在 Xen 的客户端，BIOS 是不可用的。因为 BIOS 允许直接访问硬件，而这种允许客户端直接与硬件进行的交互会破坏隔离性原则。

Xen 中的 BIOS 被多种不同的软设备所取代。第一个就是开始信息页面(start info page),包含了客户端初始化内核的基本信息;第二个是共享信息页面(shared info page),它提供了更多的数据并随着客户端的运行而更新;最后是 XenStore,它用于在其他设备中确定哪个(虚拟)设备是可用的。

对于 Xen 客户端来说,可用的设备并不是真实设备,而是抽象的虚拟设备。这就意味着一个(domU)Xen 的客户端仅需要提供一种单一的驱动程序支持一类设备。这种机制消除了一些全虚拟化系统所支持的仿真硬件机制带来的额外开销。在真实设备被仿真的地方,客户操作系统把抽象请求转变成设备特定指令。仿真器把这些转变回抽象形式,而基本驱动程序把这些转变成真实设备可用的命令。Xen 的设备体系结构试图使命令保持于抽象形式,这样对于物理设备而言,这些命令从客户端到驱动程序仅需要很少量的处理时间。

2.2 利用特权级限制操作

x86 体系结构以一种非常不同的方式处理特权命令。大多数体系结构拥有两种模式:特权模式和非特权模式。Intel 为 80386 创建的系统在某种程度上更加灵活,它提供了 4 个被称作 rings 的特权级别。这个设计与 DEC 的 VAX 相似,这种体系结构在 80386 的设计时代是非常流行的。VMS——VAX 的本地操作系统利用了所有 4 个特权级,所以这被认为会有助于 VMS 的移植,并对新操作系统的设计者有所帮助。从那时起,VMS(现在已经被 HP 卖出)就已经应用在 Alpha 和 Itanium(这两种都只支持两个特权级)结构上,但没有应用在 x86 上。

多硬件强制特权层的概念源于 MULTICS,它支持一个系统具有 8 个特权级。UNIX 系统被设计运行在简单的系统(DEC 的 PDP-11 系统)之上,所以只需要两个特权级:一个用于内核,另一个用于其他所有的地方。

大多数针对 IA32 体系结构所编写的操作系统,包括 Windows NT 和很多类 UNIX 系统,只使用两个特权级。而其中的一个例外就是 OS/2,它将设备驱动程序运行在比内核低的特权级上。另一个例外是 Novell Netware,在较新的版本中它把模块加载到较低的特权级中。和 x86 体系结构的许多不同寻常的特性一样,如果用户以牺牲可移植性为代价的话,就很可能高效地利用拥有 4 个特权级的体系结构。因为 Windows NT 和 UNIX 都是从非 x86 体系结构开始发展的,所以它们无法利用这一特点。Windows NT 起初在 Intel i860 上开发,在应用于 x86 之前又转移至 MIPS 上。

大多数操作系统只应用特权级 0 和特权级 3,这就留下了两个剩余的特权级。不幸的是,特权级 1 和特权级 2 对于管理程序(hypervisor)作为主导部分(as a home)并不那么有用。因为管理程序需要运行在比内核高的特权级上,用户可以理想化地把它置于特权级 1 中。Xen 所做的最佳选择是：管理程序占据特权级 0，而让内核运行于特权级 1 上。

这并不总是可行的。一些非 x86 平台（包括 x86－64）只提供两种保护级别。在这种情况下，管理程序存在于特权模式下，而内核和用户空间的应用都被移出到相同的非特权级下。幸运的是，大多数只拥有两个特权模式的体系结构都支持某种形式的硬件虚拟化，因此就包括了一种虚拟的特权级 1。这允许管理程序存在于更高的特权级别（并阻止内核与其他正在运行的客户端相互干扰），而并不使内核脱离惯常的环境而引入额外的复杂性。

从实用性的角度来看，这种驱逐（eviction）意味着运行在 Xen 之下的内核不能执行一些特定的特权操作。由于 x86 指令集的一些限制，一些事件会在执行失败的情况下不产生任何后果。这正是运行着的客户端的责任，来确保自身不会应用上述类型的任何操作，取而代之运用具有同样功能的超级调用（hypercalls）。在客户端内核运行于硬件协助的虚拟化环境中时，通常更可取的选择仍然是更有效地显式执行超级调用，而不是依赖于 CPU 的陷阱特权指令并使管理程序执行它们。

这些限制只适用于泛虚拟化客户端，而运行于硬件虚拟化（Hardware Virtual Machine，HVM）域中的客户端则以正规的 x86 主机形式出现。计时功能通过仿真真实的定时时钟来完成，而特权操作则被捕获并通过管理程序进行仿真。HVM 域拥有一系列仿真设备，所以可以应用已经存在的驱动程序。HVM 客户端运行于虚拟特权级 0，并可以进行内存访问，而内存转换对它来说是透明的。如果以上用于观察虚拟化，就可以应用一些管理程序特有的并经常与泛虚拟化客户端相联系的功能。

2.3　用超级调用取代特权指令

因为内核运行在特权级 1 中，而这个特权级并不允许内核做它想做的所有事情的，所以在可控方法内必须采用一些机制绕过这种限制。

这不是一个新问题。运行在特权级 3 的用户空间代码也总是会遇到这个问题。在屏幕上显示内容、从键盘读取输入、通过网络传送数据，所有这些操作都涉及与硬件的交互，而这些操作是不能被非特权代码执行的。

解决方法就是应用系统调用，这是一种通知内核为用户做事的正规机制。系统调用基本上都以相同的方式工作，而不受操作系统或平台的影响[①]：

(1) 引导变量至寄存器或堆栈。

(2) 产生一个熟知的中断或者激活一个特别的系统调用指令。

(3) 作为中断的结果跳转至内核的（具有特权）中断处理程序。

---

① 一些微内核操作系统采用消息传递机制代替系统调用；然而这些试图被传递的消息采用了已在此描述的相似的机制。

（4）在内核特权级中处理系统调用。

（5）转入较低特权级并返回。

虽然根据制造商的不同在较新的 CPU 中可以应用 SYSENTER/SYSEXIT 或者 SYSCALL/SYSRET 指令产生快速系统调用，但在 x86 体系结构中通常还是用 80h 中断产生系统调用。

同样的机制早已被 Xen 所采用。客户端内核产生超级调用（Hypercalls），这与用户空间的应用程序产生系统调用的方式是一样的，不同之处仅在于前者是 82h 中断，后者是 80h 中断。

Xen 3 中采用的仍然是这种方式，但现在很多人并不赞成此种方式。取而代之，超级调用通过超级调用页（hypercall page）间接产生，超级调用页是一种在系统启动时映射到客户端地址空间的内存页。

超级调用在这些页中通过调用地址产生。清单 2.1 展示了一个宏，它是拥有一个参数的超级调用。

清单 2.1 的第 5 行包括了一些采用 C 预处理器的语法甜头（syntactic sugar）来用一个宏代替超级调用的名字，这个宏此后将被扩展为超级调用号。

快速系统调用

读者也许已经意识到 Xen 所加入的额外间接层（extra layer of indirection）增加了一些激活系统调用的开销。产生的中断并不是被内核的中断处理程序所捕获，而是被 Xen 的终端处理程序捕获并作为事件传回给内核。这就增加了另外两个上下文切换（从应用程序到 Xen 和从 Xen 到内核），而这在诸如 x86 等的体系结构上的开销是非常大的，因为在这些体系结构上上下文切换并不是非常快。

为了应对以上情况，Xen 提供了一个快速系统调用接口。客户端内核会为 80h 中断指定一个处理程序，而这个处理程序是在客户端运行时建立的，并绕过了通常的 Xen 处理程序。

这种情况仅在 x86 体系结构中，在想要保持已经存在的用户应用程序一致性的场合下才被要求的。如果不这么做的话，一种可能的方法是采用调用门来直接处理特权级 3 和特权级 1 之间的过渡，而不涉及到管理程序。系统调用就可以像函数调用一样被暴露，并通过 CALL FAR 命令被访问。但不幸的是这种机制在 x86－64 中是不被支持的，并且由于缺少应用，所以在最近的 x86 CPU 的设计中这种机制没有被充分的利用。

这一行调用了 32 倍于距超级调用页开始处的调用号偏移量的地址。因为在 x86 中页大小为 4 KB，这样就提供了最多 128 个超级调用。在写作此书时已经定义了 37 个超级调用，并为特定体系结构保留了 7 个超级调用供以后使用，为未来的发展留下了一定空间。

比较一下，UNIX 版本 7 的内核支持 64 个系统调用（虽然没有全部实现），而现代 FreeBSD 的内核目前实现了大约 450 个系统调用。Xen 比 1979 年发行的 UNIX 所拥有的系统调用还要少,这看起来可能很奇怪。而这恰恰是 Xen"更少意味着更多"哲学的一个鲜活的例子。除了其自身必须去做的,管理程序不应该去做其他任何事情,而应该将这些事情留给客户端去做。需要注意的是这不是一个非常公平的比较,一些 Xen 的超级调用或更新执行了一簇操作,比如执行调度操作或更新页表。等价的比较将在 * NIX 系统中通过一些不同的系统调用实现。

清单 2.1　1 个宏产生 1 个带有 1 个参数的新类型超级调用

```
 1 #define _hypercall1(type, name, a1)                    \
 2 ({                                                      \
 3     long __res, __ign1;                                 \
 4     asm volatile (                                      \
 5         "call _hypercall_page+("STR(__HYPERVISOR_##name)"_*_
              32)"\
 6         : "=a" (__res), "=b" (__ign1)                   \
 7         : "1" ((long)(a1))                              \
 8         : "memory" );                                   \
 9     (type)__res;                                        \
10 })
```

接下来的两行通知 GCC 调用所用到的寄存器信息。返回值(__res)存储在 EAX 中,参数被传送至 EBX。对于带有更多参数的超级调用,系统启用了 ECX 等寄存器(x86 中)。应用于参数的寄存器为修饰(clobbered)寄存器,一些特定的超级调用也会根据客户端地址空间进行改变或按照索引修改结构,所以内存也按照已被修饰来对待。EBX 的值在一个临时变量中存储,随后便被废除,从而通知编译器 EBX 是被修饰了的。此处必须采用这种方法,因为 GCC 内联汇编语言不允许输入参数出现在显式的修饰清单中。EAX 的值是宏所指定的最终类型。

当用户编写用户空间代码时,通过棘手的步骤而手工进入内核空间是十分少见的。实际上像在 C 库中直接使用系统调用一样,系统调用经常被包装成宏。同样的道理也适用于超级调用。如同早先所描述的一样,一系列的宏被定义,这使得调用超级调用变得更加容易。这些也被应用到为普通的超级调用建立内联函数。

清单 2.2 展示了这种宏的一个例子。这个特别的函数产生了一个与调度相关的拥有两个参数的超级调用。当编写客户端内核代码时,大多数特权操作都采用了像这样的函数去执行。这些宏定义于一个头文件中,不幸的是,这个头文件没有位于文件树的公共部分。这就意味着任何想应用 Xen 的客户端都要复制它。其中一个备份可以在 extras/minios/include/x86/x86_32/hypercall-x86_32.h(对于 x86_64 版本用 64 代替 32 中)找到。这个文件像其他的 Xen 接口文件一样,是遵守自由 BSD 风格许可证的,所以它可以被包含在任何工程之中而不必考虑法律约束。

清单 2.2 超级调用内联函数示例

```
1  static inline int
2  HYPERVISOR_sched_op(
3      int cmd, unsigned long arg)
4  {
5      return _hypercall2(int, sched_op, cmd, arg);
6  }
```

Xen 客户端采用的是带有 SCHEDOP_yield 参数的 HYPERVISOR_sched_op 函数[①],用来代替产生 hlt 指令,这样做的目的是交出 CPU 时间给运行着任务的客户端。这是一个非常重要的例子,因为它强调指出指令在虚拟环境中可以表达不同的意思:如果所有的客户端都处于空闲状态,物理 CPU 应该只处于低功率模式;如果没有任何重要的事情需要去做,那么让 CPU 处于这种状态也是不容易的。

2.4 探索 Xen 事件模型

为 Xen 编写代码与为 UNIX 编写代码在许多方面都很相似。表 2.1 展示了 Xen 中与通常的 UNIX 接口等价的成分。在 UNIX 系统中为信号建立处理程序是可能的。这是一种简单的异步机制,它允许程序之外的一些实体传递一个简单比特位数据来通知"事件 n 已经发生"。这些外部实体可以是内核或应用程序。

Xen 模拟(analog)采用的是事件机制。客户端内核应该做的第一件事是为事件交付注册一个回调函数(callback)。当事件交付给客户端时,各种标志都被置位来指示哪一个事件出现了。如果事件交付被屏蔽,这些标志可以在以后用于检查等待的消息。如果事件交付未被屏蔽,那么事件将被异步的交付。

事件可以直接来自 Xen,代表硬件或虚拟中断;也可以由其他客户端引起。和 UNIX 信号一样,这些事件可以用于构建更加复杂的异步通信路径,例如通过分配一个事件通道来表明一个共享内存页的内容已经被更新了。

就像信号一样,Xen 的事件是通过回调函数(callback)交付的。所有的向上调用(upcall)都被交付到相同的地址[②],而这一地址可以调用客户端代码的相关部分。这与一些类 POSIX 微内核操作系统的 UNIX 信号机制有些相似,例如 GNU HURD,它的信号通过消息端口交付到用户空间(userland)应用程序,而后者自身采用正确的处理程序进行处理。

Xen 事件机制在很多方面与硬件中断和 UNIX 信号是一样的,但相对于马赫端口(Mach Ports)它在概念上更为接近。Xen 事件通过管道交付,而不会从任何发送者那里接收到任意事件。当一个 UNIX 进程想要向另一个进程发送信号时,该进程

---

① 这种客户端内核等同于在 UNIX 程序中调用 sleep(0)。

② 事实上,事件交付注册了两个回调函数,但是第二个只在第一个发生错误时使用。

必须首先得到那个远程进程的 ID,然后它只需要应用系统调用 kill 了。Xen 中的对等操作是一个客户端发送一个异步事件给另一个域,这需要以下步骤:

(1) 接收方客户端创建一个新的未绑定的端口。

(2) 接收方客户端通告已存在的端口(通常通过 XenStore)。

(3) 如果没有任何空闲端口存在,发送方客户端则创建一个新端口。

(4) 发送方客户端将该端口与远程端口绑定。

(5) 发送方客户端发送事件。

表 2.1　Xen 组件和 UNIX 中的对应组件

UNIX	Xen
System Calls	Hypercalls
Signals	Events
Filesystem	XenStors
POSIX Shared Memory	Grant Tables

在 UNIX 系统中,一个进程向另一个进程发送 SIG_SEGV 信号(举例)并引起崩溃是可能的。这在 UNIX 系统中是可以接受的,在 UNIX 系统中安全模型是基于用户的,所以能够发生的最坏的事情就是用户使自己的应用程序崩溃。而这种情况在 Xen 中则不会发生,因为域间的隔离性对于安全的虚拟化是至关重要的。这种机制确保了客户端内核只接收其自身知道如何处理的事件。

2.5　与共享内存进行通信

UNIX 的信号模型对于快速交付事件来说是不错的,但是对于构建一个通用的进程间通信(IPC)机制的目标还远远不够。其他机制,例如管道、消息队列和共享内存都是为此目标而存在的。因为完全可以用共享内存实现诸如管道和消息队列等机制,所以对于要求管理程序(hypervisor)最小化的 Xen 来说,没有必要提供除共享内存外的任何东西。

Xen 向内存页提供两种基本的交互域(interdomain)操作:共享和转移。一个共享页类似于 POSIX 共享内存中页的共享,两个域都能够访问其中的内容。页转移是一种粗粒度的消息传递机制。

实验结果表明页转移操作并不像它最初出现时一样有用。例如早期的网络设备驱动工具采用转移机制在域间转移包缓冲区。事实证明采用这种方法的页表操作所带来的巨大开销远远掩盖了它所带来的可能的性能提升。Xen 的新版本采用了管理程序的驱动复制操作来代替它。因为管理程序拥有所有的物理内存映像,这就允许在不修改任何页表的前提下在两个域间复制数据,而这种操作是更快速的。

Xen 授权页表(grant table)和 POSIX 共享内存之间最明显的区别在于:Xen 是直接与页表打交道的。没有任何一种抽象能够呈现出一种平面的(flat)、以字节为粒度的(byte-granularity)地址空间。Xen 客户端仅能在页级别上操作共享内存。

另一个重要的不同在于它们识别页的方式。对于 System V,共享内存区域是通过非透明(标量)类型识别的;而对于 POSIX,共享内存区域存在于文件系统的某个地方。虽然 XenStore 与文件系统相似,但 Xen 没有文件系统的概念。Xen 的共享内存区域所处的位置介于 System V 和 POSIX 模型之间。区域自身通过一个授权索引(grant reference)来识别,而这一授权索引是一个整数(如同 System V 一样)。这个整数值通过 XenStore 在域间传递,这可以让我们回忆起 POSIX 所采用的文件系统。

当然,用户可以采用其他机制而非 XenStore 来传递授权索引,例如位于一个已存在接口之上的套接字。向虚拟设备驱动程序传送数据的页通常位于 XenStore 的/local/domain/0/backend 部分,但不存在停止协作域来共享额外的页。这在大多数操作系统中可被用于实现一个类似于环回接口的快速网络连接,或者可以支持 X11 的 MIT 共享内存扩展,以获得更快速的显示。

2.6　拆分设备驱动模型

Xen 驱动模型是 Xen 哲学的一个很好的实例展示。向 PC 所能应用的无数设备提供支持,对于 Xen 来说是一项相当繁重的工作(因此也意味着潜在的错误)和重复的努力。取而代之,Xen 授权一个客户端提供硬件支持。这就是通常所说的 Domain 0,虽然用户还可以授权硬件给其他域的客户端。

Xen 设备驱动程序通常由 4 个主要的部分组成:

- 真正的驱动程序;
- 被拆分驱动程序的后半部;
- 共享特权级缓冲区;
- 被拆分驱动程序的前半部。

真正的驱动程序是已存在于现有操作系统中的设备驱动。当内核与 Xen 打交道的时候,诸如中断处理等必须要经过修改才能采用 Xen 事件机制。但是对于设计良好的内核这些操作是被所谓的抽象层执行的,所以驱动程序可以不经修改。

被拆分驱动程序的后半部具有两个主要特征:支持多路复用,并提供一个通用接口。例如对于一个块设备而言,应该具有一组像读和写等的操作,而这些操作是独立于真实的硬件的。多路复用允许多于一个的客户端应用此设备。大多数设备在本地(natively)并不支持这一特性,但其他的操作系统特性可能已经提供了这一服务。操作系统(与应用程序直接运行在硬件上相反)对它的一个主要应用就是对设备的多路访问。通过文件系统抽象实现对硬盘的多路访问,网络设备采用套接字抽象实现多路复用等。

通常,应用程序所提供的多路复用处在很高的级别上,从而导致其他的客户端无法使用。文件系统抽象是一种很好的方法,因为每个文件(类 UNIX 系统中)都是一个有效的虚拟块设备。但这种机制并不适用于网络。把一个套接字接口暴露给客户端,这将要求客户端重写其自身的大部分网络堆栈。幸运的是,许多操作系统都向桥接、路由和虚拟接口提供较低级别的服务,上述的某些功能就可以使用这些服务了。Xen 的网络驱动程序可以作为虚拟接口加载到 Domain 0 的内核中,已存在的路由代码可以用于处理多路复用。

当后半部支持所需的属性时,用户需要一些机制来使后半部暴露给其他客户端。这在共享内存段中通常采用环形缓冲区实现。开头的驱动程序用环形数据结构初始化内存页,并通过授权页表机制导出已初始化的内存页。然后通过 XenStore 传播授权索引,XenStore 的后端可以得到这个索引。后端将此授权索引映射到自己的地址空间,并给出一个共享通信通道:前端可以向这个通道插入要求,后端可以向此通道放置相应的应答。通常事件通道也可以面向设备进行配置,当数据在环形缓冲区等待时可以被前端和后端的信号使用。

驱动程序的前半部运行在非特权级的客户端,通常也是很简单的。它需要通过检查 XenStore 来找到共享内存页的地址并将其映射。大多数 Xen 驱动程序采用环形缓冲区抽象模型进行通信。前半部向缓冲区中写入命令,后半部则写入应答。当缓冲区有数据等待时,事件通道的信号机制也将被采用。

环形缓冲区位于共享内存段中。为了在以后的任务中应用它,Domain 0 客户端在 XenStore 中存储了与之相关的授权页表索引。其他的客户端就可以通过读取 XenStore 来列举出可用的设备了。

设备驱动程序应用了 Xen 的大多数特征进行工作——授权页表、事件通道和 XenStore。

2.7　VM 生命周期

一台真实主机的生命周期比较简单。它会被开启、运行,然后关闭。更现代的机器加入了一个或几个挂起状态,如图 2.1 所示。此图中的挂起状态代表了多种不同等级的挂起,例如 RAM 挂起和更深层次的硬盘挂起模式。

在这种情况下,当用户谈论虚拟机时也就略微变得复杂了。如图 2.2 所示,虚拟机的生命周期拥有了额外的状态:暂停,这是一种介于运行和挂起之间的状态。主机仍然驻留,但它永远都分配不到 CPU 时间。当虚拟机被挂起时,也就意味着它被串行化(serialized)并被永久保存,所以并不从内存中卸载。从虚拟机的角度来讲,挂起和关闭的唯一区别就在于存储的状态不同。两种状态下块设备状态都被保存,但在挂起状态下内存和 CPU 的内容也将被保存。由此用户也可以认为这同样适用于主机关闭的时候,此时 CPU 的状态为最初的启动状态,而内存的状态还未定义。

　　另一个大的变化是从运行状态到运行状态的额外过渡(extra transition)。根据定义,真实主机是束缚于硬件的。而虚拟机可以从一台机器迁移到另一台机器。转换图很明显的说明了这一点,但这种迁移也可以隐式的发生。主机可以在一台机器上被挂起,也可以在另一台机器上恢复。

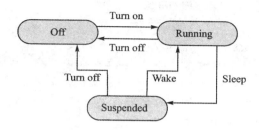

图 2.1　真实主机的生命周期

　　在真实机器和在虚拟机中转移的完成方式是不同的。物理主机通过打开开关获得能量(power)(或者使用 wake-on-LAN 机制)。而 Xen 客户端是通过诸如 xm 或带有网络接口的 xend 等管理工具运行的。

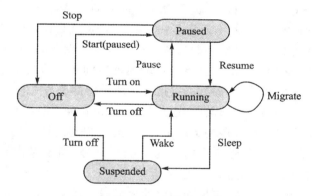

图 2.2　虚拟机的生命周期

2.8　练习:最简单的 Xen 内核

　　无论为何种系统编写代码,用户通常都需要编写一些简单的补白文章(boiler-plate)代码。例如任何 C 程序都倾向于包括一些标准域名(headers)和一个 main()函数。

　　Xen 也不例外,即使一个任何事情都不做的内核也需要一些额外的域名(headers)来通知 Xen 加载器如何装入它。每个 Xen 客户端内核都需要从__xen_guest 部分开始,它包括了一个将由加载器读取的健值对形式的 NULL 终止字符串。

Xen 虚拟化技术完全导读

清单 2.3　简单内核的域名[from:examples/chapter2/bootstrap.x86_32.s]

```
 4  .section __xen_guest
 5      .ascii    "GUEST_OS=Hacking_Xen_Example"
 6      .ascii    ",XEN_VER=xen-3.0"
 7      .ascii    ",VIRT_BASE=0x0"
 8      .ascii    ",ELF_PADDR_OFFSET=0x0"
 9      .ascii    ",HYPERCALL_PAGE=0x2"
10      .ascii    ",PAE=no"
11      .ascii    ",LOADER=generic"
12      .byte   0
```

清单 2.3 显示了 __xen_guest 部分的一个实例。需要注意的是这个实例来自 x86 内核。虽然 PAE 仅与 32 位的 x86 系统有关，x86－64 的域名（headers）与 x86－32 相似，所以 x86－64 的域名并未出现。

32

第一个选项给定了内核的名字，这个名字用户可以"随心所欲"地取，但用途很简单，即识别运行的内核。第二个选项指出了 Xen 的版本，这允许 Xen 加载器告知是否期望运行内核。

下面两个参数用来处理客户端的地址空间。当一个客户端运行时，它拥有一个大小适中的内存分配。这个内存反映了物理主机上的内核运行情况，对于物理主机而言，它拥有的物理内存的[1]大小通常是固定的。VIRT_BASE 的值决定了上述内存分配被映射到的客户端地址空间的位置。ELF_PADDR_OFFSET 地址是从 ELF 域名地址中提取出来的值，用来产生与客户端地址空间相对应的地址。内核通常希望将自己映射到地址的底端，这样就可以把上述两个值都设为 0。

HYPERCALL_PAGE 的值与产生超级调用（hypercalls）的新方法有关。Xen 加载器将一页映射到包含超级调用 trampolines 的客户端地址空间。客户端可以决定这一页被映射的位置。需要注意的是这个值是页号，而不是内存地址。当页为 4 KB 时，页 0x2 对应的地址为 0x2000。

LOADER 部分允许用户指定特别的启动加载器。目前为止，"一般的"（generic）是唯一的选择。这里也列出了传递给加载器的选项。一些特殊的页表模式等的作用使得进入端口变得更容易。

因为任何为超级调用页指定位置的数据都要被管理程序重写，所以非常重要的一点是在客户端地址空间中已经不存在任何重要的东西了。做到这一点的一个方法是在地址空间附近指定一个地址，并确保一直追踪它的位置。

一个比较简单的方法是通知汇编器在内核映像中间留出一个空白页。用户可以用 .org 命令做到这一点，这个命令使程序计数器被设置为当前段某个绝对地址（absolute position）。清单 2.4 展示了如何在页 1 和页 2 之间留出两个单一的页间隙。如果用户把这些符号名导出为全局符号名，以后就可以在 C 代码中引用它们了。需

---

[1]　在某些情况下一个运行的客户端是可能请求额外内存的。这会在以后的章节中介绍。

要注意的是对于通常的内核,这些页不是必须的,但现在是值得定义它们的,这样以后就不需要修改 trampoline 代码了。

清单 2.4　为共享信息页和超级调用页留出间隙[**from:examples/chapter2/bootstrap. x86_32. s**]

```
28      .org 0x1000
29  shared_info:
30      .org 0x2000
31
32  hypercall_page:
33      .org 0x3000
```

2.8.1　客户机入口点

当 Xen 加载器完成对头部的分析并把所有的内容都映射到内存的正确位置后,它将控制权转交给客户端内核。作为用户空间程序,这种情况所发生的地点是由符号名决定的。对于 Xen 客户端内核来说,一般加载器采用的入口点是_start。

清单 2.5 展示了一个简单的调用一个 C 函数 start_kernel 的 trampoline。用户可以避免使用这样的 trampoline,而是简单地定义一个称为_start 的 C 函数,但并不提倡这种做法,因为这个函数需要用到一些针对特殊体系结构的代码,更好的方法是在 trampoline 中将其区分开。

清单 2.5　一个简单的装入 trampoline[**from:examples/chapter2/bootstrap. x86_32. s**]

```
17  _start:
18      cld
19      lss stack_start,%esp
20      push %esi
21      call start_kernel
```

这个 trampoline 所做工作的非常少,它以清空说明标志开始,然后设置堆栈,并调用真正的启动函数。ESI 的值被押入堆栈,以便启动函数接收到它并将其作为第一个参数。ESI 中的值是启动信息页的地址,这将在下一章讨论。在 x86－64 中 trampoline 从两个方面表现出不同:操作指令都被相应的 4 倍字长的对等指令代替;参数被传入寄存器而非堆栈。然而在 trampoline 调用 start_kernel 函数后,描述内核的 C 代码在两个平台中可以是相同的。

简单内核现在几乎可以运行了。当然,它运行后会立即终止,这一过程不会通知 Xen 并会引起一些问题。但还没有接收 Xen 事件的方法。客户端内核一般会在启动周期时设立处理程序来接收事件。如果没有这些,对于我们的简单内核来说就不会有真正的方法来对外部情况做出反映了。但现在先这些,以后的章节会重新完善它。现在留的是定义 C 入口点。

清单 2.6 定义了一般内核,包括了公共的 Xen 域名(header),因为需要使用 start_info_t 结构的定义。内核也包括了 stdint.h,因为它定义了一些固定大小的整数类型,而这正是 Xen 域名要求的。

清单 2.6 最简单的内核[from:examples/chapter2/kernel.c]

```
1  #include <stdint.h>
2  #include <xen.h>
3  #include "debug.h"
4
5  /* Some static space for the stack */
6  char stack[8192];
7
8  /* Main kernel entry point, called by trampoline */
9  void start_kernel(start_info_t * start_info)
10 {
11     HYPERVISOR_console_io(CONSOLEIO_write,12,"Hello_World\n");
12     while(1);
13 }
```

内核堆栈也是在这里定义的,虽然它在其他地方才被引用。到现在为止,内核使用了一个简单的、静态的 8 KB 堆栈,这在目前来说是过多的,因为一般的内核只是用单一的堆栈帧并且并不用它做任何事情。然而这却给了用户一些空间来利用它。

处于内核中后只是在做无限循环,这并不让人感到兴奋,但它却让用户可以检查内核是否在运行。或者可以简单地退出,但这将使用户无法容易地判断出内核工作和立即退出或者崩溃和立即退出之间的不同。

如果管理程序是以调试支持的方式编译的,那么就会有一个对用户有用的额外设施:调试控制台。这是通过在 debug.h(参照清单 2.7)中定义的 HYPERVISOR_CONSOLE_io 超级调用而生效的。这是一个简单的超级调用,实现把给定字符串的内容写入控制台的功能。

清单 2.7 调试控制台支持的域名[from: examples/chapter2/debug.h]

```
1  #include <stdint.h>
2  #include <xen.h>
3
4  #define __STR(x) #x
5  #define STR(x) __STR(x)
6
7  #define _hypercall3(type, name, a1, a2, a3)              \
8  ({                                                        \
9      long __res, __ign1, __ign2, __ign3;                  \
10     __asm volatile (                                      \
11         "call_hypercall_page_+_("STR(__HYPERVISOR_##name)"_*_
               32)"\
12         : "=a" (__res), "=b" (__ign1), "=c" (__ign2),    \
13         "=d" (__ign3)                                     \
14         : "1" ((long)(a1)), "2" ((long)(a2)),            \
```

```
15          "3" ((long)(a3))               \
16        : "memory" );                    \
17      (type)__res;                       \
18 })
19
20 static inline int
21 HYPERVISOR_console_io(
22      int cmd, int count, char *str)
23 {
24      return _hypercall3(int, console_io, cmd, count, str);
25 }
```

如果管理程序不是以调试支持的方式编译的,那么这个超级调用将会失败。这并没有什么关系,尤其是对于简单的内核。如果调试支持可用的话,内核将会在应急控制台上输出"Hello World.",然后无论成功还是失败都会进入无限循环。虽然简单,但这个实例仍展示出了怎样应用超级调用(hypercall)。这个情景中超级调用带有 3 个参数:命令参数(在这个实例中为写命令)、字符串的长度和字符串自身。它们分别存储在 EBX、ECX 和 EDX 中。对于此字符串,它的头指针存储在寄存器中。需要注意的是这个指针与客户端的地址空间相关;管理程序的第一个任务就是把这个指针转换成机器地址。在管理程序中此函数的原形为:

long do_xonsole_io(**int** cmd, **int** count, XEN_GUEST_HANDLE(**char**)buffer);

需要注意的是第三个参数。后续章节会更详细地介绍它,现在要记住的是这个宏用于指明客户端地址空间的指针。这个宏的定义是与体系结构相关的,并给用户提供了一种从客户端指针访问数据的机制。

2.8.2　把所有内容放在一起

测试简单内核需要一些步骤。首先用户必须编译源代码并产生二进制的内核,然后通知 Xen 怎么装入它。现在它还不了解任何设备,所以最后一部分是相当容易的。

这个实例代码假设将 Xen 源代码放在了用户实例所在目录的 xen 子目录下。做到这一点的最好方法就是下载最新版本的源代码并解压缩,然后把它链接到实例目录。后面的例子假设 Xen 已经被安装,而且域名都处于标准位置。

清单 2.8 展示了如何构建一个简单的内核。第一行显示了传递给 C 预处理器的标志,这个标志告诉预处理器在何处找到 Xen 的域名(header)。如果没有像前面建议的一样进行链接的话,那么用户可以将其改变为指向安装位置。

清单 2.8　简单内核的 Makefile[from:examples/chapter2/Makefile]

```
1 CPPFLAGS  += -I../xen/xen/include/public
2 LDFLAGS   += -nostdlib -T example.lds
3 CFLAGS    += -std=c99
```

```
4  ASFLAGS    = -D__ASSEMBLY__
5
6  .PHONY: all
7
8  all: testkernel
9
10 testkernel: bootstrap.x86_32.o kernel.o
11     $(CC) $(LDFLAGS) $^ -o testkernel
12
13 clean:
14     rm -f *.o
15     rm -f testkernel
```

后两个标志分别用于 C 和汇编代码。C 代码需要指明为 C99 标准,因为 GCC 仍然默认以 C89 为标准。汇编语言需要定义宏__ASSEMBLY__,这在很多 Xen 域名中都将被用到。所有以 .S(与 .s 相对)结尾的汇编文件在被汇编器处理以前都要先提交给 C 预处理器。这就使汇编代码可以应用 C 预处理器的宏功能,而并不需要了解 C 函数的原型等。许多 Xen 的域名都被设计为同时包含于 C 和汇编文件中,所以采用了宏__ASSEMBLY__来指明任何对 C 特殊的内容都应该被忽略。

链接标志是最有趣的,因为用户在构建一个内核,而这个链接试图以区别于创建普通程序的方式工作。第一个标志说明不应包括标准 C 库。虽然定义一些东西可能是有用的,但许多 C 库函数都依赖于系统调用,所以在内核中将不会工作。如果偶然应用了其中的一个 C 库函数,用户将跳转到自己的中断处理程序中并产生一些非常奇怪的结果。更好的方法是将用户真正需要的函数复制到内核树中,并确保这些函数不依赖于外部行为。其他的标志则告知链接所应用的指定脚本。

清单 2.9 展示了链接脚本。链接脚本是一个基本的清单,它定义了来自目标文件的各个部分是如何汇集在一起的。以一些简单的定义开始,设置输出格式为 ELF,采用 i386 体系结构。程序入口点仍为_start。接下来定义文件剩余的结构,这就相当标准化了,包括内容、只读数据和按顺序放置的数据域。

清单 2.9　简单内核的链接脚本[from:examples/chapter2/example.lds]

```
1  OUTPUT_FORMAT("elf32-i386", "elf32-i386", "elf32-i386")
2  OUTPUT_ARCH(i386)
3  ENTRY(_start)
4  SECTIONS
5  {
6    . = 0x0;                      /* Start of the output file */
7
8    _text = .;                    /* Text and read-only data */
9
10   .text : {
11     *(.text)
12   } = 0x9090
13
```

```
14   _etext = .;              /* End of text section */
15
16   .rodata : {              /* Read only data section */
17     *(.rodata)
18     *(.rodata.*)
19   }
20
21   .data : {                /* Data */
22     *(.data)
23   }
24
25   _edata = .;              /* End of data section */
26
27 }
```

一般内核并没有中断处理程序,但在后续章节我们会加入一个。

回到 Makefile 文件中,剩余行简单定义了怎样链接最终结果和怎样在事后清理。剩下的构建工作是由隐式的构建规则完成的。现在可以构建内核了:

```
$ make

......
```

需要注意的是依赖的隐式规则在 GNU make 中存在,但在其他工具中并不一定存在。因为现在采用的是面向 C(对于内联汇编语言)扩展的 GNU 编译集合,所以把 GNU 扩展应用到 UNIX make 语法中是不合理的。如果使用的是非 GNU 平台,用户可以显式地导入隐式规则或者安装 GNU make。在 gmake 中就会发现它已经被安装了。

到此为止已经构建完测试内核,下一步就是装入它了。Domain 0 应用 xm 已经完成了新域的创建。这里把一个配置文件作为参数,清单 2.10 将创建这个配置文件。其中指定了内核的名字、所分配的 RAM 数量、域名和域崩溃时的行为。实际上,32 MB 对简单内核来说远远超过了其所需要的数量,但这给了用户扩展的空间,并延缓了域配置文件的修改需求。如果内核崩溃,则会销毁域;在这个阶段没有其他需要做的了。

清单 2.10　简单内核的域配置[from:examples/chapter2/domain_config]

```
 1  # -*- mode: python; -*-
 2  #======================================================
 3  #Python configuration setup for 'xm create'.   This
 4  #script sets the parameters used when a domain is
 5  #created using 'xm create'.  You use a separate script
 6  #for each domain you want to create, or you can set the
 7  #parameters for the domain on the xm command line.
 8  #======================================================
 9  #Kernel image file.
10  kernel = "testkernel"
11  # Initial memory allocation (in megabytes) for the new
```

```
12  # domain.
13  memory = 32
14  # A name for your domain.  All domains must have
15  # different names.
16  name = "Simplest_Kernel"
17
18  on_crash = 'destroy'
```

配置文件完成后，用户就可以试着启动内核了。这是由 xm create 命令完成的。创建完新的域后，用户可以使用 xm list 命令查看它的运行情况。

```
# xm create domain_config
......
# xm list
......
```

如果使域运行较长一段时间后再使用 xm list，你将会看到以下情况：

```
# xm list
......
```

需要注意的是新内核在插入时期（intervening period）占用了大量的 CPU 时间。这并不是理想情况，但它明确展示出内核已经在工作了。此时内核消耗了管理程序能够分配给它的所有 CPU 时间，并用这些时间来运行空转进程（idle loop）。后续章节将看到怎样使它去做更有趣的事情。

第 **3** 章

理解 Shared Info Pages

操作系统引导过程中,首先要做的一件事就是访问固件,查询各种硬件系统信息,包括可用 RAM 的数量、外围设备情况以及系统时钟等。

在 Xen 系统中,客户操作系统引导时,并不会直接访问固件,而是利用其他机制获取相关的信息。这里 Xen 提供了一种 Shared Info Pages 机制,将必要的信息通过共享内存页面的方式提供给客户操作系统,这里包括两个步骤:首先 domain 创建过程中,hypervisor 必须把该页面映射到客户操作系统的地址空间中,其次客户操作系统本身也必须能够显式地映射该页面。

Shared Info Pages 不能完全取代 BIOS。在普通系统引导过程中,固件的一个重要功能就是枚举硬件设备。Xen 系统中的 Start Info Page(具体定义参考 3.1 节)为客户操作系统提供了与控制台设备相关的信息,而其他设备必须通过 XenStore 进行枚举和链接,这有些类似于大多数 SPARC 和 PowerPC 系统中使用的 OpernFirmware 的接口方式。之所以在 Start Info Page 中提供控制台设备信息,主要是为了方便调试,因为内核引导过程中的 debug 信息输出应当尽可能早的被用户捕获,如果控制台设备也必须通过 XenStore 才能进行链接和访问的话,很多启动过程中的调试信息就会丢失。

内存类型

这一节的内容将涉及机器地址和伪物理地址的概念,具体含义请参考第 5 章的讨论。简单地说,机器地址代表了真实的物理内存,而伪物理地址是 hypervisor 提供给客户操作系统一种假象,在客户看起来该地址对应着其负责管理的"物理内存",而在 hypervisor 看来,该地址实际上只是虚拟地址。在伪物理地址之上,客户操作系统还可以提供另外一层虚拟地址供普通的应用程序使用,因此在 Xen 系统中存在着一种 3 层的内存地址模型,详情参考 5.2 节。

3.1 获取启动时钟信息

Xen 系统中的客户操作系统内核启动时,需要从 Start Info Page 中获取系统相关的信息,该页面在 domain 创建的过程中,由 hypervisor 映射到客户操作系统自身的地址空间中。这种将已映射的页面地址传递给客户操作系统的方法与具体的体系结构特征有密切关系，在 x86 系统中，这个地址是通过 ESI 寄存器传递给客户的。

该页面的内容由一个 C 结构体定义，其声明位于 xen/include/public/xen.h 中。通常的做法是，在客户操作系统内核中，声明一个指向该结构体对象的指针，内核在引导过程中，读取由 hypervisor 传递进来的地址信息（x86 体系结构中，为 ESI 寄存器），并将其赋给该指针，随后便可以使用 start info page 中的信息了。相关的结构体定义如清单 3.1 所示。

清单 3.1　映射启动时钟信息页面（boot time info page）

```
1  start_info_t *start_info_page;
2  asm(""
3      :"=S" (start_info_page));
```

如上所述，一旦得到了该页面相关的结构体指针，便可以向其他数据对象一样，对其进行访问和操作，这里保存了内核引导所需的各种信息。

另一种传递 start info page 地址的方法是将 ESI 寄存器中的值压入堆栈，然后调用客户操作系统内核的入口地址，这样 start info page 的地址值就被当作参数传递给了内核。相比寄存器传值，这种方式比较灵活，不必受限于具体的体系结构特征。

在开始其他工作前，内核应当首先确认其运行环境和版本的兼容性，start info page 结构中提供了一个长度不超过 32 字符的字符串来完成这个功能，其内容如"Xen-version-sub version"所示。除了可以用来检查版本信息，该字符串还可以用来测试 start info page 是否被正确的映射，如果客户操作系统发现该位置的字符串不是以"Xen-"开始，那么一定是发生了错误，此时系统应当结束启动过程。Xen 会确保主版本号信息的兼容性，而不同的子版本中可能会加入一些特定的功能。如果需要测试客户操作系统内核，那么必须保证两者的主版本号保持一致，而内核的子版本号不应低于 Xen 的版本号。

如果内核版本和 Xen 运行环境相互兼容，那么客户操作系统的引导可以顺利的完成。内核启动时需要提前获取可用 RAM 数量、可用 CPU 数量等信息，其中内存页面的数量信息由 start info 结构中的 nr_pages 成员提供，而 CPU 的数量信息则由 shared info 结构提供，这部分内容将在下一节讨论。通常情况下，客户操作系统会使用一颗处理器完成引导工作，随后再初始化其他 CPU。

结构体中的其他成员给出了一些页面的地址信息，如 hypercall 页面。因为这里使用的是机器地址，因此在虚拟机迁移、或保存/恢复时，这个地址会发生改变，在恢复 domain 的过程中必须重新对这些页面进行映射。使用机器地址的好处是可以简化 hypervisor 和 domain 创建的工作，并且提供较好的弹性，使客户操作系统可以将这些页面映射到更便于访问的位置，当然这也给内核代码的开发人员带来了一些额外的工作负担。

Shared_info 是第一个使用了机器页面信息的域,它记录了 shared info 结构体的机器地址。客户操作系统引导时,首先应当映射该结构体对应的页面,因为这里包含了系统启动所需的重要信息,有关 shared info page 的详细内容将在下一节进行讨论。

flags 域记录了 domain 的设置,相关定义位于 xen.h 中,都是以 SIF_ 作为前缀。目前版本中,SIF_PRIVILEGED 表明该 domain 为特权 domain,SIF_INITDOMAIN 表明该 domain 为初始控制 domain,其余的 30 位为保留位。

接下来的两个域与 XenStore 相关,详情参考第 8 章。每个域包含两个部分,首先是 store_mfn,给出了和 XenStore 通信所必需的共享内存页面的机器地址,随后是 store_evtchn,指明了用于 XenStore 通信的事件通道编号。

console 域是一个联合(Union)类型的变量,其定义如清单 3.2 所示,实际使用的成员是 domU 还是 dom0 取决于 domain 的类型,即是否为特权 domain。Domain0 客户域将使用 dom0 部分,这里包含了定义 Xen 控制台所需的结构体大小和内存偏移。控制台包括两种模式:文本和 VGA。为了便于调试,调试时可以将控制台的输出重定向到串口,这时使用的是文本模式。而在通常应用时,可以采用 VGA 模式,以进行图形化显示。对于更复杂的图形输出来说,一个特权 domain 应当拥有访问显示硬件的权限,使其可以运行 X server,以完成客户所需的图形显示。

对非特权 domain 来说,使用的是 domU 的部分。这里记录了使用控制台设备所需的共享内存页面和事件通道。所有的设备中,只有控制台设备采用这种方式进行资源分配,而网络设备、块设备以及其他设备均采用 XenStore 的方式进行前后端通信。

清单 3.2　向客户传递控制台信息的联合

```
508    union {
509        struct {
510            xen_pfn_t mfn;        /* MACHINE page number of
                   console page.  */
511            uint32_t  evtchn;     /* Event channel for console
                   page.     */
512        } domU;
513        struct {
514            uint32_t info_off;    /* Offset of console_info
                   struct.     */
515            uint32_t info_size;   /* Size of console_info struct
                   from start.*/
516        } dom0;
517    } console;
```

早期的 Xen 版本中并没有使用上述的联合,而是直接将 console 所用的共享内存页面和事件通道定义为 console_mfn 和 console_eventchn。这里使用了一系列宏定义来保持版本的兼容性,在实际编程中,并不推荐使用这种老的定义方式。

接下来描述的几个域在各种 domain 中都会用到,并且每当虚拟机(virtual machine)恢复运行时(resume),该部分的内容就会被更新。剩下的域只会在客户操作系统引导时被初始化,并且不会随着 domain 的运行而更新,因此只供客户机启动时使用。

接下来的 3 个域与内存管理有关。其中 pt_base 域中记录了该 domain 页目录的伪物理地址(pseudo-physical address),而 mfn_list 和 nr_pt_frame 分别记录了 domain 拥有的页面队列的伪物理地址及队列中的页面数量。这些数值都是在 domain 被创建时计算,并由 hypervisor 为其分配相应的内存。

mod_start 和 mod_len 是与模块加载相关的两个域,Xen 的 domain 创建工具可以将一些特殊文件加载到客户操作系统内核的地址空间中,这对于 bootstrap 来说是很有用的,因为它可以允许内核在块设备和文件系统还未加载的情况下访问某些文件。这种方法常用来实现可加载的内核模块、启动的 ram disk 以及其他一些有用的功能。

start info page 中剩下的域用来向 domain 的内核传递命令行参数,cmd_line 域中记录了一个字符串,其长度不超过 MAX_GUEST_CMD,这里包含了所有需要向客户操作系统内核传递的参数信息。

3.2 Shared Info Page

Shared Info Page 用来记录 domain 运行过程中的一些重要的全局信息,这些信息供客户操作系统内核使用。和 start info page 不同的是,shared info page 中的信息会随着 domain 的运行而动态更新,此外两者的映射方式也有所不同,start info page 是在 domain 创建时,由 hypervisor 映射到客户的地址空间中,而 shared info page 则是由客户操作系统内核自身显式地完成映射操作,相关的机制在第 5 章详细讨论。

Shared info page 由一系列嵌套的 C 结构体进行定义,如图 3.1 所示。其中最顶层的结构体为 shared_info_t,它包含了与 VCPU(虚拟 CPU)、事件通道、挂钟事件(wall clock time)以及体系结构相关的重要信息。

第一个域 vcpu_info 是一个 vcpu_info_t 类型的结构体数组,每个数组成员都对应了一颗属于该 domain 的 VCPU,如果 domain 拥有的 VCPU 数量少于最大值 MAX_VIRT_VCPUS,那么部分数组成员是空的,而试图操作不存在的 VCPU 会以失败结束。

每个 VCPU 都有 3 个与虚拟中断(异步中断)相关的标志,其中 evtchn_upcall_pending 用来通知正在运行的客户操作系统,有需要处理的 upcall 发生,客户只会处理未被屏蔽的事件,相关的屏蔽位由 evtchn_upcall_mask 设置。为了避免发生竞争,hypervisor 只会查询或修改那些运行着 VCPU 的物理处理器的屏蔽标志。最后

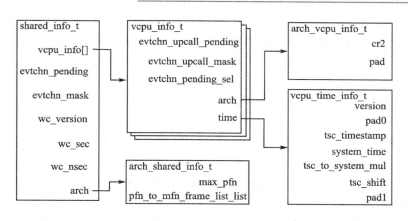

图 3.1　定义 shared info page 的结构体层次

一个与虚中断相关的域是 evtchn_pending_sel,用来通知客户操作系统哪些事件正在等待处理。事件位图是一个由机器字组成的数组,这里记录了需要处理的事件,而 evtchn_pending_sel 会指明索引号对应的机器字,以加快索引速度。例如,12 号事件发生时,evtchn_pending_sel 的值为 0,因为 12 号事件的记录位于事件位图中的第一个机器字中。

vcpu_info_t 中的另外两个域分别用来记录时间和体系结构相关的信息,对于 x86 平台来说,arch 域中记录了虚拟 CR2 寄存器的值,这里保存了发生页故障的线性地址。只有运行在 ring0 特权级下的代码可以读取这个寄存器。页故障发生时,Hypervisor 的中断处理程序会自动地将故障地址复制到该结构体成员中。对于 PowerPC 和 Itanium 平台来说,该域为空。

最后,每个 vcpu_info_t 中都包含了一个 vcpu_time_t 结构体对象,这里有很多使用 wc_前缀的域,用来记录与系统时钟相关的信息,以供泛虚拟化的客户 domain 使用,详细内容在下一节讨论。

前面提到过,evtchn_pending 域中记录了正在等待处理的事件通道,这个域的长度为 8 个机器字,因此 32 位和 64 位系统中可用的事件通道数量分别为 256 和 512 个。每个事件通道对应的标志位由 hypervisor 负责置位,由客户操作系统清除。与此相关的另一个域 evtchn_mask 决定了事件通道的屏蔽情况。每当有需要上传给 domain 的事件发生,hypervisor 会把 evtchn_pending 中的对应位置 1,如果 evtchn_mask 中的对应标志为 0,则 hypervisor 会进一步确认此 upcall,并将该事件异步地传递给客户操作系统。上述方法可以让客户操作系统在中断驱动和轮询两种事件处理机制之间进行切换,而当事件发生的频率较高时,轮询的机制可能会更有效。

Shared info page 结构中,arch 域记录着与体系结构相关的信息。对于 x86 平台来说,这里包含了两个域,max_pfn 和 pfn_to_mfn_frame_list_list,前者记录了 domain 拥有的最大的物理页面数量,而后者记录了伪物理地址到机器地址转换表

（p2m 表）所在页面的机器地址。对于 PowerPC 平台来说，arch 域的内容为空，而在 Itanium 平台下，该域用来记录 start info page 的物理页面号，或事件通道的中断向量表。

3.3　Xen 中的时间管理

通常情况下，客户 domain 需要记录两种类型的时间信息，首先是挂钟时间（wall-clock time），这是系统的真实时间，通常用来完成用户空间程序所执行的任务调度，或时间显示。此外，在一些基于时间戳的事件处理中也会使用，如文件系统动作。而另外一种就是虚拟时间，即客户 domain 实际运行的时间。

虚拟时间主要用来完成客户操作系统中的任务调度。考虑同时运行在同一台物理主机上的两个 domain，每个 domain 各运行 10 ms，随后发生 domain 切换。假设每个 domain 上都运行着两个任务，且调度的周期也是 10 ms，如果我们使用挂钟时间进行进程调度，那么每个 domain 中只会有一个任务得到执行，而另一个则不会获得被调度的机会。

无论 domain 是否在运行，真实时间都在不断的消耗。当一个客户 domain 被调度执行时，hypervisor 可以每隔一段时间（如 10ms）就向其发送一次时钟信号，以维护其自身的虚拟时钟。而系统真实时钟的维护则相对复杂，其计算需要综合考虑以下 3 个参数：

- 初始系统时间：即系统时钟为 0 时的真实时间，这个值被记录在 shared info page 中以 wc_为前缀的域中。
- 当前系统时间：从 domain 开始运行后，消耗的运行时间，这个值每当 domain 被调度时便会被更新。
- TSC 时间：记录了从某个时刻开始，所经历的时钟周期数。其全称为 Time—Stamp Counter(TSC)，用于在 x86 系统中提供高精度的计时功能。

现代 x86 芯片中的 TSC 寄存器包含了一个 64 位的计数值，该值每个时钟周期都会递增。在一些最新的处理器中，这个递增的周期粒度要略大一些，以主频为 2.16 GHz 的 Core2 Duo 处理器为例，TSC 寄存器递增的频率约为 4 个时钟周期一次。这里可以确定的有两点，一是 TSC 值是单调递增的——每次读取的结果都比此前读取的大，第二是 TSC 递增的频率与处理器的时钟频率成固定的比例关系[①]。Hypervisor 可以使用这种机制来实现高精度的时钟校准功能。

Xen 提供了将 TSC 差值转换为实际时间（以纳秒为单位）的操作，tsc_shift 和 tsc_to_system_mul 域分别用来标识移位操作的位数和乘法操作的因子。实际执行

---

① 因为现代处理器的时钟频率并不是固定不变的，如果因为节能或其他原因导致时钟频率降低，那么这个比例会改变，以保证 TSC 实际的递增频率保持不变。

的函数如清单 3.3 所示。

清单 3.3　将 TSC 值转换为实际时间

```
1  uint64_t tscToNanoseconds(uint64_t tsc, struct vcpu_time_info *
       timeinfo)
2  {
3      return (tsc << timeinfo->tsc_shift) * timeinfo->
           tsc_to_system_mul;
4  }
```

调用这个函数，并使用 TSC 寄存器中保存的值，可以获取从某个时刻开始到当前所经历的时间（以 ns 为单位）。利用这种方法，可以记录从上一次系统时间戳写入到当前的时间差，这个值由 hypervisor 修改，并且同时会将 TSC 的值写入 vcpu_time_info_t 中的 tsc_timestamp 域。跟据这个值，就可以计算出当前的系统时间。

是否需要系统时间

表面看起来专门为系统时间维护一个域是不必要的，因为一旦有了系统启动/恢复时的真实时间（挂钟时间），配合时间戳计数器的值，就可以简单的计算出当前的系统时间。但需要注意的是，虽然 TSC 可以提供细粒度的时钟计数，但对于客户 domain 来说这个数值，并不一定准确，某些情况下，shared info page 中的这个域可能不会被及时的更新，进而导致所谓的时钟偏移现象。因此，Domain0 为了获取准确的系统时间，会运行 NTP 客户端或采用其他可靠的方式进行系统时间的校准，这样就可以避免上述原因导致的系统时钟偏移。

在获得了当前系统时间后，可以和系统启动时的挂钟时间相加，便可获取当前的真实时间。启动时的挂钟时间保存在 shared info 结构体中的 wc_sec 和 wc_nsec 域中。

3.4　练习：实现函数 gettimeofday()

实现符合 POSIX 标准的 gettimeofday 函数需要使用到 shared info page、时间戳计数器，并进行一些简单的计算。这一节将介绍这个函数的实现过程。

gettimeofday() 函数包含两个参数，第一个是指向 timeval 结构体类型的指针，第二个是一个空指针。该函数的返回值通常为 0。

系统调用

这个例子实现了一个函数，而不是一个系统调用。如果用户编写的是一个运行在 Xen 上的简单系统，且所有的代码都在内核空间运行，那么这个函数可以被直接调用。如果用户编写（或移植）的是一个传统的内核，那么这个函数应当被系统调用处理例程间接使用。如何设置系统调用处理程序将在第 7 章详细讨论。

假设在实现这个函数前,shared info page 已经被映射到了指定的位置,并且存放在一个可以直接访问的全局变量中。如清单 3.4 所示的宏定义,用来将 TSC 寄存器的值转换成以 ns 为单位的时间间隔,这个宏使用了 VCPU0 的 TSC 寄存器,因为各个 CPU 的 TSC 值会自动进行同步,因此具体使用哪个 VCPU 没有影响。

清单 3.4　TSC 值和时间转换的宏定义

```
14 #define NANOSECONDS(tsc) (tsc << shared_info->cpu_info[0].time.
   tsc_shift)\
15    * shared_info->cpu_info[0].time.tsc_to_system_mul
```

TSC 是一个 64 位的整数,RDTSC 指令会将其高 32 位保存在 EDX 寄存器中,而低 32 位保存在 EAX 寄存器中。清单 3.5 所示的宏用来将 TSC 寄存器的值保存在指定的变量中。

清单 3.5　读取 TSC 寄存器的宏操作

```
17 #define RDTSC(x)      asm volatile ("RDTSC":"=A"(tsc))
```

在获取了处理器当前的 TSC 寄存器值后,需要将其减去上一次时钟更新时保存在 shared info page 中的旧 TSC 值,在读取操作进行前,必须首先检查 vcpu_time_info_t 中的版本信息,如果最低位为 1,说明该 domain 的时钟信息正在被更新,此时必须循环等待,直到更新操作完成,即最低位被置 0 后,才可以读取 TSC 值。随后尝试读取记录在 wc_sec 和 wc_nsec 中的系统启动挂钟时间,并再次测试版本信息,如果此时最低位仍然为 0,那么已经成功地获取了上一次时钟更新时记录在 shared info page 中的 TSC 值和系统启动时间,否则说明两次读取操作间再次发生了 domain 时钟信息的更新,必须重新执行前面的读取工作。

在第一次读取工作完成后(包括旧的 TSC 值和挂钟时间),表面上看起来没有必要再去检查版本信息,但由于客户操作系统的执行权可能会被 hypervisor 抢占,进而导致时钟信息的更新,因此必须进行第二次检查,以确保 TSC 值和挂钟时间的同步。

清单 3.6 给出了函数实现的例子,它包括以下几个主要的部分:

● 30~37 行循环检查版本信息,直至结束更新状态(即版本信息的最后一位为0);
● 38~42 行读取保存在 shared info page 中的 TSC 值和系统启动时的挂钟时间;
● 43~47 行检查在前面的读代码过程中,是否再次发生了时钟更新操作,如果发生,则返回,重新开始执行 30~37 行的操作;
● 48~55 行更新系统时间;
● 54~58 行更新挂钟时间;
● 59~62 行返回最终的计算结果,即系统当前的挂钟时间(真实时间)。

清单 3.6 gettimeofday() 函数的实现

```
19  int gettimeofday(struct timeval *tp, struct timezone *tzp)
20  {
21      uint64_t tsc;
22      /* Get the time values from the shared info page */
23      uint32_t version, wc_version;
24      uint32_t seconds, nanoseconds, system_time;
25      uint64_t old_tsc;
26      /* Loop until we can read all required values from the same
             update */
27      do
28      {
29          /* Spin if the time value is being updated */
30          do
31          {
32              wc_version = shared_info->wc_version;
33              version = shared_info->cpu_info[0].time.version;
34          } while(
35              version & 1 == 1
36              ||
37              wc_version & 1 == 1);
38          /* Read the values */
39          seconds = shared_info->wc_sec;
40          nanoseconds = shared_info->wc_nsec;
41          system_time = shared_info->cpu_info[0].time.system_time
                ;
42          old_tsc = shared_info->cpu_info[0].time.tsc_timestamp;
43      } while(
44          version != shared_info->cpu_info[0].time.version
45          ||
46          wc_version != shared_info->wc_version
47          );
48      /* Get the current TSC value */
49      RDTSC(tsc);
50      /* Get the number of elapsed cycles */
51      tsc -= old_tsc;
52      /* Update the system time */
53      system_time += NANOSECONDS(tsc);
54      /* Update the nanosecond time */
55      nanoseconds += system_time;
56      /* Move complete seconds to the second counter */
57      seconds += nanoseconds / 1000000000;
58      nanoseconds = nanoseconds % 1000000000;
59      /* Return second and millisecond values */
60      tp->tv_sec = seconds;
61      tp->tv_usec = nanoseconds * 1000;
62      return 0;
63  }
```

这个操作实际并没有什么意义,因为 TSC 值只能在这种特定的上下文中才能正

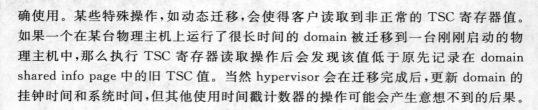

确使用。某些特殊操作,如动态迁移,会使得客户读取到非正常的 TSC 寄存器值。如果一个在某台物理主机上运行了很长时间的 domain 被迁移到一台刚刚启动的物理主机中,那么执行 TSC 寄存器读取操作后会发现该值低于原先记录在 domain shared info page 中的旧 TSC 值。当然 hypervisor 会在迁移完成后,更新 domain 的挂钟时间和系统时间,但其他使用时间戳计数器的操作可能会产生意想不到的后果。

第 **4** 章

使用授权表(Grant Table)

各个虚拟机(VM)并不是孤立存在的,很多情况下,它们需要相互通信,典型的例子就是访问硬件。Xen 使用了一种称为授权表(grant table)的机制,来实现 VM 之间的内存页面传递和共享。

本章介绍 domain 如何提供一个共享内存页面,以及其他 domain 如何将该页面映射到自己的虚拟地址空间中,此外还简述了有关 split device driver 的问题,而利用共享内存页面实现设备前后端通信的话题将在本书的第二部分(第 6~10 章)进行详细讨论。

4.1 内存共享

共享内存是最早出现的进程间通信机制之一,由于所有进程的地址空间都是公共内存池的子集,因此通过重复映射的方式,可以简单地实现进程间的内存共享,而对 Xen 来说,这也是个不错的选择。Hypervisor 提供了基本的内存页面共享机制,各个 domain 可以在此之上建立更高层次的抽象,该方法常用来进行 domain 间通信,其功能与传统的 IPC 类似。

Xen 与微内核操作系统有很多相似之处,但大多数的微内核操作系统只提供了基于消息传递的 IPC 机制,这是一种轻量级的抽象,当系统中并不包含真正的物理内存时,该方法可以有效地实现透明的基于网络的内存访问。由于 Xen 大多数情况下只关注本地的 domain 间通信,因此并不需要考虑这个问题,如果需要访问网络,客户操作系统只需使用它们现有的网络功能即可。

大部分的类 Unix 操作系统,都使用了以 shm_* 为前缀的一族函数来实现内存共享,创建和共享一块内存区域的函数如清单 4.1 所示。

清单 4.1 创建 POSIX 共享内存区域

```
1  /* The POSIX way */
2  int fd = open("/tmp/shmfile",
3      O_CREAT | O_TRUNC | O_RDWR,
4      0666);
5  ftruncate(fd, 4096);
6  void * posix_shm = mmap(
```

```
7        NULL,
8        4096,
9        PROT_READ | PROT_WRITE,
10       MAP_SHARED,
11       fd,
12       0);
13 /* The System V way */
14 key_t key = ftok("/tmp/shmfile", 0);
15 int sysv_id = shmget(key,
16       4096,
17       IPC_CREAT);
18 void * sysv_shm = shmat(sysv_id, 0, 0);
```

这里给出了两种实现方法,systemV 中使用了较老的机制,每块共享内存区域都与一个 key 关联,其他进程可以获取这个 key,并将该内存区域映射到自己的地址空间中。

POSIX 采用了 UNIX 系统中"所有的数据都是文件"的思想,内存页面以文件的形式在进程间共享。如果没有合适的文件可供使用,就利用/dev/null 来显式地映射一个匿名的共享内存区域。

这里需要注意的是,部分操作的细节不能暴露给用户。首先就是共享的粒度,通常情况下,内存共享必须以页面为单位进行,当用户映射的内存大小不是整数页时,系统就会扩展该内存区域,即使多余的那部分内存空间可能不会被使用。第二个需要向用户提供抽象的是页面实际映射到的进程地址,虽然系统可以提供这些地址信息,但实际并不需要这么做。最后一点就是映射过程中使用的文件,可能是实际的文件系统对象,也可能是 swap 交换区。

Xen 的内存共享机制实现的位置相对靠近底层,并且只能以页面为单位进行,每个共享内存区域都使用一个唯一的整数进行标识,称为 grant reference,这一点与 SystemV 采用的方式类似。

共享内存操作通过 grant_table_op hypercall 完成,该 hypercall 包含 3 个参数:操作的类型、包含实际操作的结构体数组,以及操作的数量。具体的结构体类型与实际执行的操作有关,相关的定义位于 xen/include/public/grant_table.h 中。对应的函数原型如下:

HYPERVISOR_grant_table_op(unsigned int cmd, void * uop, unsigned int count);

需要注意的是,用来传递操作结构体数组的参数 uop,是一个 void * 类型的指针,由于该 hypercall 具有多态性(polymorphic),因此具体的结构体类型需要根据第一个参数进行解析。

对共享内存页面访问权限的修改必须通过授权表(grant table)进行,与之相关的结构定义会在后续章节中进行详细讨论。

4.1.1　映射(Mapping)一个页面

　　授权表支持的共享内存操作包括两类:映射(mapping)和传递(transferring)。从概念上说,两者是类似的,他们都会向调用者的物理地址空间中插入页面,或者从该空间中获取页面。不同之处在于:执行映射(mapping)操作后,被共享的页面仍然保留在原 domain 的地址空间中,而传递(transferring)操作则是把共享内存页面从一个 domain 转移到到另一个 domain 中,页面传递通常用于 balloon 驱动,domain 0利用这种方法将一些空闲的物理内存页面分配给其他 domainU 使用。页面映射类似于"拉"(pull)的操作,需要页面的 domain 会从指定的地方接收共享内存页面,而页面传递相当于"推"的动作,调用者 domain 通过这种方式把共享的页面发送给其他 domain。

　　GNTTABOP_map_grant_ref 操作可以将一个页面与指定的{grant reference,domain}标识关联。该操作使用的结构体定义如清单 4.2 所示。

　　清单 4.2　授权表映射操作控制结构体[from: xen/include/public/grant_table.h]

```
1  struct gnttab_map_grant_ref {
2      /* IN parameters. */
3      uint64_t host_addr;
4      uint32_t flags;              /* GNTMAP_* */
5      grant_ref_t ref;
6      domid_t  dom;
7      /* OUT parameters. */
8      int16_t   status;            /* GNTST_* */
9      grant_handle_t handle;
10     uint64_t dev_bus_addr;
11 };
12 typedef struct gnttab_map_grant_ref gnttab_map_grant_ref_t;
```

　　结构体中的第一个域 host_addr,定义了调用者 domain 地址空间中(伪物理地址空间)目标页面的地址,这里的"host"代表了 host CPU。如果该页面由 I/O 设备使用,则需要两个地址。任何一个能运行 Xen 系统的硬件平台都必须有 MMU,它负责把处理器指令中使用的虚拟地址转换成实际机器的物理地址,而设备驱动程序需要知道具体写操作所涉及物理页面的起始地址。此外,在引入 IOMMU 之后,这种操作变的更加复杂,因为处理器和设备会将同一物理内存页面映射到不同的虚拟地址空间中,并且这两者与实际的物理内存地址都没有直接的对应关系。如果这里共享的页面被用作设备 I/O,那么 dev_bus_addr 变量将包含设备引用这个页所需的地址。

　　flags 域中记录了一系列访问控制标志,用来定义本次页面映射操作。所有可以使用的标志类型如下所示,它们可以单独使用,也可以相互组合。

　　(1) GNTMAP_device_map:该页面可以被 I/O 设备访问,如果系统有 IOMMU支持,本次操作会把该页面添加到 I/O 地址空间中,参数结构体中的 dev_bus_addr

域在操作返回前会被填充。

(2) GNTMAP_host_map：将页面映射到调用者 domain 的地址空间中。

(3) GNTMAP_application_map：仅当 GNTMAP_host_map 标志设置时，才有效。设置此标志后，该页面可以被用户空间的程序访问，否则只能由内核代码访问。

(4) GNT_readonly：将页面映射为只读模式。此方法常用来进行 domain 间的单向通信，即源 domain 可以将数据写入该内存页面，而目标 domain 只能进行读取操作。

(5) GNTMAP_contains_pte：该标志用来表明 host_addr 域的格式，如果此标志未被设置，解析方法如前所述，否则表明 host_addr 中记录了需要更新的页表项的机器地址。

最后两个输入域，ref 和 dom，记录了 grant reference 和提供页面的 domain，此序列唯一的标识了单一物理主机上的共享内存页面。

结构体中剩下的都是输出域，其中，status 相当于 C 库函数中的返回值，或者是 COM HRESULT，它记录了执行过程中的出错信息。通常情况下，用户希望返回值是 GNST_okey，表明本次操作已经成功完成。返回值类型如表 4.1 所列，其中所有的错误代码都被设定为负值，这样用户只需检查符号位，就可以判断操作是否成功。

表 4.1　授权表状态码

Error Code	Meaning
GNTST_okay	Normal return.
GNTST_general_error	General undefined error.
GNTST_bab_domain	Unrecognized domain id.
GNTST_bad_gntref	Unrecognized or inappropriate gntref.
GNTST_bad_handle	Unrecognized or inappropriate handle.
GNTST_bad_virt_addr	Inappropriate virtual address to map.
GNTST_bad_dev_addr	Inappropriate device address to unmap.
GNTST_no_device_space	Out of space in I/O MMU.
GNTST_permissin_denied	Not enough privilege for operation.
GNTST_bad_page	Specified page was invalid for op.
GNTST_bad_copy_arg	copy arguments cross page boundary

Handle 域用来唯一的标识一个授权表项(grant)。Hypervisor 会记录所有的授权表项，并在需要时，利用该 handle 显式地解除某个共享页面的映射。

4.1.2　domain 间的数据传递(Transferring)

传递(transferring)与前面介绍的映射(mapping)类似，用户可以使用 GNTTA-

BOP_transfer 命令来完成该操作,相关的控制结构体如清单 4.3 所示。

清单 4.3　授权表传递操作控制结构体[from:xen/inlcue/public/grant_table.h]

```
1 struct gnttab_transfer {
2     /* IN parameters. */
3     xen_pfn_t      mfn;
4     domid_t        domid;
5     grant_ref_t    ref;
6     /* OUT parameters. */
7     int16_t        status;
8 };
9 typedef struct gnttab_transfer gnttab_transfer_t;
```

在页面传递进行前,接收者必须声明它的接收意愿,这是通过创建授权表入口项(grant table entry),并设置相关的控制标志来实现的。页面传递最常见的使用场合是 balloon driver,它可以允许一个 domain 增加其可用内存的数量。客户可以创建一个授权表表项,提出页面传递请求,并通知 domain0,如果该操作合法,domain0 就会将一个新的可用内存页面传递给正在运行的 domain。

传递操作的 3 个输入参数分别是源 domain、接收者 domain 的 grant reference 以及相应的机器页面号。页面传递的实际操作类似于页表更新,因此其性能开销接近常数,这使得该方法非常适合用于大规模的数据传递。但由于页表更新的开销其实很大,因此对于小规模的数据传递来说,使用复制的方式将更为有效。

单次复制操作的开销相对较小,且跟数据量的大小成正比。该操作需要 domain 能够同时访问源和目的页,但如果这些页面没有被提前共享(pre-shared),那么该方法并不比数据传递更具优势,因为 TLB 刷新将导致大量额外的性能开销。

一种例外的情况是:hypervisor 已经将所有的物理内存页面映射到了自己的地址空间中,此时数据传递的性能开销将很小,相关的结构体定义如清单 4.4 所示。

清单 4.4　复制操作控制结构体[from:xen/inlcue/public/grant_table.h]

```
1  typedef struct gnttab_copy {
2      /* IN parameters. */
3      struct {
4          union {
5              grant_ref_t ref;
6              xen_pfn_t   gmfn;
7          } u;
8          domid_t  domid;
9          uint16_t offset;
10     } source, dest;
11     uint16_t  len;
12     uint16_t  flags;           /* GNTCOPY_* */
13     /* OUT parameters. */
14     int16_t   status;
15 } gnttab_copy_t;
```

从语义分析的角度来说，复制是一种很简单的操作，有一个数据源，一个目标，以及待复制数据的数量。在普通进程中，用户可以直接利用 memcpy 函数完成这种功能。hypervisor 完成类似的操作需要进行更多的设置，因为数据源和目标处在不同的 domain 之中。参数 source 和 dest，分别记录了源 domain 和目标 domain 的 ID，本次操作涉及页面编号以及对应的页内偏移。

这里使用了联合（union）类型的变量 u 作为参数。该参数可以是一个授权表的引用号（grant reference），也可以是机器页面号，当然两者都必须能够被调用者 domain 访问。理论上，这种机制可以在一个 domain 的内部进行数据复制，但这种做法效率不高。默认情况下，hypervisor 认为 u 参数记录的是机器页面号（这是从调用者 domain 的角度来说的），如果实际使用的是授权表引用号，那么必须设置 GNTCOPY_source_gref 或者 GNTCOPY_dest_gref 标志。

需要注意的是，即使源 domain 和目标 domain 都不是调用者，用户仍然可以使用这种方法在两者之间进行数据复制。一个简单的例子就是：系统中存在一个专门负责网卡驱动的 driver domain（这样做是为了避免网卡驱动上的 bug 影响整个 domain0 的稳定运行），此时，domain0 就会负责在 driver domain 和 domainU 之间进行数据复制操作，而普通的非特权 domainU 将完全不会意识到实际管理网卡的不是 domain0，而是 driver domain。

4.2　设备 I/O 环

这种共享内存机制的一个主要应用就是实现 I/O 环，I/O 环为半虚拟化的设备驱动提供了通信手段。这是建立在共享内存机制上的另一层抽象，它提供了一种简单的消息传递机制。

I/O 环提供了一种 domain 间异步通信的方法。一个 domain 在环上放置一个 I/O 操作请求，而负责设备驱动的 domain 会取走该请求，并且在完成操作后插入一个响应。因为请求和响应几乎是以同样速率产生的，所以一个简单的环就能满足两者的通信需求。

xen/public/io/ring.h 中定义了与 I/O 环相关的宏操作，这些宏定义涉及 I/O 环缓冲区的建立和访问。定义一个新的 I/O 环缓冲区需要使用与 I/O 请求和响应相关的数据结构，并给出该 I/O 环的名称。

每个 I/O 环都由 5 个部分组成：生产者和消费者的起始指针、结束指针以及缓冲区本身。所有缓冲区的大小都是 2 的整数次幂。这么做是为了简化操作，用户只需要简单地增大指针，然后进行掩码操作就可以给出环中对应的位置，只要生产者和消费者使用的缓冲区不发生重叠，就不会导致错误。

对重叠行为的测试依赖于 I/O 环结构的两种特性：一是响应段的起始位置总是和请求段的结束位置相互毗邻，这就意味着，只有当请求段增长过快，以至于消费者不能够及时响应时,才可能导致请求段的部分数据和响应段发生重叠。检测的方法很简单,只需比较请求生产者索引号和响应消费者索引号之间的距离即可,如果两者的距离和环的大小相同,说明缓冲区已经满了。对响应段大小的检查操作也很简单,因为每当有一个请求被读出时,都会有一个对应的请求加入到环中。

　　图 4.1 显示了 I/O 环的结构,图中,缓冲区沿顺时针方向增长。请求数据被写入前,需要检查响应段的结束位置,看是否有足够的空间容纳新的请求数据,如果有,则写入请求,并增加请求段的起始指针,消费者将从请求段的结尾处读取数据,并将请求段的结束指针加一。在消费者处理完请求后,会将响应数据写入响应段起始指针指向的位置,并且将该指针加一。而调用者(即请求的发送者)会从响应段的结束位置读取数据,并增加其结束指针。需要注意的是 I/O 环的入口大小是固定值,取决于请求和响应两者中的最大值,具体实现时,使用了请求和响应结构体的联合来定义入口的数据类型。

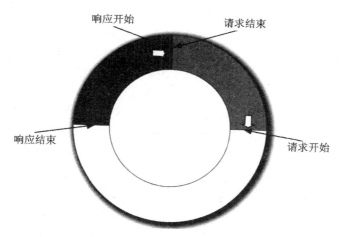

图 4.1　I/O 环结构体

　　当使用 I/O 环进行大量数据传递时,两端都需要进行轮询。如果使用频率较高,那么可以利用 event channel 来通知另一端数据已经准备就绪。

　　上述数据结构通常在 Xen 上运行的系统中使用,尽管 Xen 本身只提供了共享内存页面的基本机制,但这种基于消息传递的通信方式,也被作为系统的通用接口进行了实现,因此可以在多种场合使用。

4.3　授权以及撤销授权

　　授权和取消授权都通过修改授权表(grant table)完成。授权表是一个结构体数组,其定义如清单 4.5 所示。

清单 4.5　授权表入口结构体[from :xen/inlcue/public/grant_table. h]

```
1  struct grant_entry {
2      /* GTF_xxx: various type and flag information.  [XEN,GST]
          */
3      uint16_t flags;
4      /* The domain being granted foreign privileges. [GST] */
5      domid_t  domid;
6      /*
7       * GTF_permit_access: Frame that @domid is allowed to map
           and access. [GST]
8       * GTF_accept_transfer: Frame whose ownership transferred
           by @domid. [XEN]
9       */
10     uint32_t frame;
11 };
12 typedef struct grant_entry grant_entry_t;
```

　　最后两个域的含义很简单，它们记录了获得授权的 domain 以及该授权表项对应的页框号，其中，domain 域（即 domid）是在入口创建的时候由创建者填充的。如果 domain 授权给自己，那么它必须标记相应的页框号，如果本次授权是为了完成一次页面传递（transfer），那么 hypervisor 会在传递操作结束后填充页框号。

　　flags 域中记录了授权的情况，其中，第一部分定义了许可的类型，第二部分定义了一些附加的特性。目前支持的授权类型有两种，分别类似于文件系统中的读写许可。GTR_permit_access（"read"）标志授权给特定的 domain，使其可以将相关页面映射到自身的地址空间中，而 GTF_access_transfer（"write"）允许特定 domain 将一个页面传递给该授权 domain。

　　flags 标志可以使用 GTF_type_mask 掩码进行解析，两者相"与"就可以获得对应的授权类型，如果计算结果是 GTF_invalid，表明这是一个无效的引用。

　　在确定了授权类型后，就可以对 flags 标志中剩下的位（子标志 subflag）进行解析了。对于授权许可访问来说，客户可以设置的标志（subflag）只有一个，GTF_readonly 标志如果未被设置，表明接收该页面的客户 domain 可以建立一个读写操作都允许的映射，否则只能建立一个只读映射。在页面映射操作完成后，hypervisor 会填充实际使用的模式标志，GTF_reading 和 GTF_writing 标志分别表示接收 domain 使用了只读或者可写的映射模式。

　　传递操作包含两个子标志，它们都由 hypervisor 进行设置，其中，GTF_transfer_committed 表明页面传递已经开始，在设置了这个标志之后，客户 domain 将不再修改该授权表入口，而 hypervisor 被请求完成此次操作。当页面传递操作操作完成之后，Xen 会通过设置 GTF_transfer_completed 子标志来确认，此时，页面已经被传递到指定 domain 的地址空间中，客户可以像其他内存页面一样使用这个共享页，同时参数 frame 的值将被更新，以指向刚才被传递的页面。

　　客户机在修改其授权表之前，必须获得相应的访问权限，这是利用 GNTTABOP

_setup_table 命令实现的,其他一些相关的操作如清单 4.6 所示。

清单 4.6　授权表建立操作控制结构体[from:xen/include/public/grant_table.h]

```
1  struct gnttab_setup_table {
2      /* IN parameters. */
3      domid_t   dom;
4      uint32_t nr_frames;
5      /* OUT parameters. */
6      int16_t   status;                    /* GNTST_* */
7      XEN_GUEST_HANDLE(ulong) frame_list;
8  };
9  typedef struct gnttab_setup_table gnttab_setup_table_t;
```

dom 域记录了本次授权表创建操作相关的 domainID,大多数情况下,这个值被设置为 DOMID_SELF,因为普通 domain 只能修改他们自己的授权表。当然 domain 0 具有额外的权限,可以设置其他 domain 的授权表,但这种方法通常只用来映射一些只读的共享页面(如将页面传递给一个可以信赖的 domain,或者因为直接对该 domain 的地址空间进行写入操作,会产生一些问题)。将一个页面标记为只读,有时可以用来帮助调试。开发人员可以将客户操作系统的内核地址空间标记为只读,并且在其运行过程中进行追踪调试,这种方法不需要修改任何客户操作系统的代码。

表的大小由 nr_frames 域决定,它指明了新创建授权表大小的最小值。hypervisor 可以创建一个较大的表,客户不会对此有所察觉,此外,授权表使用的内存空间是由调用者 domain 负责分配的。部分 Xen API 中会用到 XEN_GUEST_HANDLE 宏,该宏操作常与 DEFINE_XEN_GUEST_HANDLE 搭配使用,在 x86 体系结构中,后者定义了一个指向参数的指针类型,其名称通常是 __guest_handle_name,而 name 就是具体的参数,以清单 4.6 所示的结构体为例,这里 frame_list 变量的实际类型就是 ulong * 。这个宏为一些内存操作提供了额外的抽象层次,在 x86 体系结构中,hypervisor 可以方便地通过指针访问客户的内存空间,但在其他一些平台上,可能就需要进行一些额外的转换,而上述的宏定义为这种转换提供了抽象,用户可以通过 set_xen_guest_handle 宏来完成相关的设置。这种编码方式为不同硬件平台的 Xen 系统之间进行客户操作系统的移植工作带来便利。

4.4　练习:映射授权页面(granted page)

授权表(grant table)最常见的用法就是在设备前后端之间进行数据传递,后端设备接收来自前端的 I/O 请求,并对其进行处理。每个 I/O 操作都包含一个授权表的引用号,对应的页面中记录了需要读取或者写入的数据。更详细的内容可以参考第 6 章设备驱动。这里以 NetBSD 的实现为例介绍授权表的主要操作。

因为授权表的使用非常频繁,因此 NetBSD 对相关的操作进行了封装,主要的定义位于 xen_shm_machdep.c 文件中,与之相关的函数是 xen_shm_map,该函数用来将多个授权表入口项对应的页面从指定的 domain 映射到当前的内核地址空间中。函数原型如下：

```
Xen_shm_map(int nentries, int domid, grant_ref_t * grefp,
vaddr_t * vap,
grant_handle_t * handlep, int flags)
```

参数的名字基本表明了其含义，即相关的授权表入口数量，源 domain 的 ID，授权表引用号(grant reference)，以及映射的目标地址。引用号在执行映射操作时创建，其中包含了一些标志位，而目标地址和引用号都是输出参数，它们的值在映射(mapping)函数执行时设置。

该函数执行时，首先为授权页(granted page)分配合适大小的地址空间，具体操作如下所示：

```
New_va_pg = vmem_alloc(xen_shm_arena, nentries, VM_INSTANTFIT | VM_NOSLEEP);
```

这个调用会在专门为 Xen 共享内存所保留的地址范围里分配指定大小的空间，与之对应的空间释放函数是 vmem_free()。如果该保留区域的空间不足，会返回错误值 ENOMEM，此时，调用者可以通过解除部分现有的共享页面映射，来释放出所需的空间。由于 NetBSD 总是试图将授权页面映射到连续的地址空间中，因此当现有空闲区域较分散时，分配操作会以失败返回。

最后一步就是建立映射，该操作分两步完成，如清单 4.7 所示。在此之前，必须获得映射所需内存空间的指针，由于 vmem_alloc 返回的只是页面号，因此必须进行一次移位操作，以获得对应的页面基址。

清单 4.7 在 NetBSD 中映射多个授权页面

```
1  new_va = new_va_pg << PAGE_SHIFT;
2  for (i = 0; i < nentries; i++) {
3      op[i].host_addr = new_va + i * PAGE_SIZE;
4      op[i].dom = domid;
5      op[i].ref = grefp[i];
6      op[i].flags = GNTMAP_host_map |
           ((flags & XSHM_RO) ? GNTMAP_readonly : 0);
7  }
8
9  err = HYPERVISOR_grant_table_op(GNTTABOP_map_grant_ref, op,
       nentries);
```

首先就是初始化一个 gnttab_map_grant_ref_t 结构体类型的数组，每个结构体对象都对应着一个具体的授权页面引用号，domainID 和引用号会被填充到对应的数据域中，而 host_addr 中记录了该引用号对应的映射地址在全部内存区域中的偏移。最后对只读标志 flags 进行一次处理，由 NetBSD 中的使用形式转换成 Xen 本地(Xen-native)的使用形式。

在设置好控制结构体数组后，就可以执行映射相关的 hypercall 调用了，随后只需要检查返回值和错误码即可。new_va 的值会通过 vap 指针参数返回,调用者使用偏移地址,就可以访问对应位置的授权页面了。

4.5 练习:在 VM 之间共享内存

本节将介绍一种在两个协同工作的 domain 间共享内存页面的方法,这里假设 domainID 和授权表入口号已经通过其他方法传递给所需的 domain,通常这是通过 XenStore 完成的,具体的内容请参考第 8 章。

共享内存的操作分两步完成:源 domain 提供需要共享的页面,目标 domain 将这些页面映射到其自身的内存地址空间中。下面首先分析源 domain 提供页面的机制,随后再来看目标 domain 如何完成映射操作。

提供一个共享页面首先需要创建一个授权表入口,相关的操作如清单 4.8 所示。

清单 4.8 提供共享内存页面[from:example/chapter4/offering.c]

```c
1  #include <public/xen.h>
2
3  extern void * shared_page;
4  extern grant_entry_t * grant_table;
5
6  void offer_page()
7  {
8      uint16_t flags;
9      /* Create the grant table */
10     gnttab_setup_table_t setup_op;
11
12     setup_op.dom = DOMID_SELF;
13     setup_op.nr_frames = 1;
14     setup_op.frame_list = grant_table;
15
16     HYPERVISOR_grant_table_op(GNTTABOP_setup_table, &setup_op,
           1);
17
18     /* Offer the grant */
19     grant_table[0].domid = DOMID_FRIEND;
20     grant_table[0].frame = shared_page >> 12;
21     flags = GTF_permit_access & GTF_reading & GTF_writing;
22     grant_table[0].flags = flags;
23  }
```

第一步是创建一个授权表,首先要做的就是为其分配足够的内存空间。在本书提供的例子程序中,由于没实现动态分配函数 malloc(),因此这里采用了静态分配的方式,较复杂的系统通常都会利用堆或者 slab 分配器来实现相应的动态分配功能。

这个例子中定义了一个 gnttab_set_table_t 类型的变量,目的是创建一个仅包含一个入口的授权表,并将其保存在变量 grant_table 中,实际的创建过程是由随后调用的 hypercall 完成的。

接下来要做的是填充刚刚创建的入口表项,这里需要注意的是 flags 标志应当在最后一步才被设置,因为一旦该标志置位,就表明该表项对应的共享页面进入了可用状态,如果此时尚未完成其他设置,那么就会产生共享错误。在一些特定的体系结构中,还需要使用内存栅栏来同步这次写操作,由于 x86 处理器默认地保证了写操作的顺序性,因此不需要进行特殊的处理。最后要注意的是共享页面的地址被右移了 12位,目的是给出对应的页面号,如最后的 12 位不是 0 的话,这段共享内存空间就不是页面对齐的了,这样可能导致意想不到的错误。最简单的处理办法就是在启动的时候静态地定义这些共享页面,就如处理其他固定大小页面的方式一样。

第二步要做的就是获取授权引用号(grant reference),并将其映射到自身的用户空间中,这里假设该引用号已经使用其他的方法获得。执行的函数如清单 4.9 所示。

清单 4.9　共享一个被提供的页面[from: example chapter4/offering. c]

```
1  #include <public/xen.h>
2
3  grant_handle_t map(domid_t friend,
4          unsigned int entry,
5          void * shared_page,
6          grant_handle_t * handle)
7  {
8      /* Set up the mapping operation */
9      gnttab_map_grant_ref_t map_op;
10     map_op.host_addr = shared_page;
11     map_op.flags = GNTMAP_host_map;
12     map_op.ref = entry;
13     map_op.dom = friend;
14     /* Perform the map */
15     HYPERVISOR_grant_table_op(GNTTABOP_map_grant_ref, &op,1);
16     /* Check if it worked */
17     if(map_op.status != GNTST_okay)
18     {
19         return -1;
20     }
21     else
22     {
23         /* Return the handle */
24         *handle = map_op.handle;
25         return 0;
26     }
27 }
```

该函数包含 3 个输入参数,第一个是提供该共享页面的 domain ID,第二个是对应的授权表入口,最后一个是共享页面最终被映射的地址,该地址位于调用者 domain 的内存空间中,并且是页面对齐的。输出参数 handle 是一个句柄,用来完成该授权表项的后续操作。

该函数执行了一次授权表的映射操作,GNTMAP_host_map 变量表明本次映射的目的是实现 domain 间通信,而不是和设备驱动进行交互。

最后要做的就是确认映射操作是否正常的执行了,这一点可以通过检查返回值来进行,和标准的 C 函数一样,返回值 0 表明执行成功,而非零值表明执行出错,这里我们使用－1 来作为出错返回值,当然这种情况下,也就没有必要返回相应的操作句柄了。

如果一切正常的话,调用者会收到一个 0 返回值,并且可以开始使用该共享内存页面了。使用完后,可以通过返回的句柄来解除该页面的映射。

这种机制有些情况下是很有用的,比如连接到 NFS 服务器的 Domain 就可以利用这种方法来保持一个公共的缓存块。类似地,用户还可以利用这种方法来实现虚拟网络接口,从而使两个普通 domain 在 Domain0 不参与的情况下,进行数据传递。对于桌面系统来说,可以利用这种机制来快速地向显示设备传送大量的数据,就像MIT 对 X11 进行的共享内存扩展那样。

第 **5** 章

Xen 的内存管理

本章将主要讨论 Xen 的内存管理机制。系统级软件的内存管理机制通常与处理器的体系结构特征息息相关，x86 体系结构中，页表（Pgae Table）的填充工作由操作系统负责完成，而内存管理单元（MMU）在（transaltion lookaside buffer，TLB）缺失的情况下，会自动遍历页表，并完成 TLB 表项替换和虚拟地址到物理地址的映射。但在其他一些体系结构（如 Sun 的 SPARK）中，处理器的 MMU 在 TLB 缺失的情况下，不会自动遍历页表，操作系统必须负责 TLB 表项的替换和填充。虽然 Xen 也可以运行在部分非 x86 硬件平台上，但本章内容将主要讨论 x86 体系结构下，如何进行虚拟机系统的内存管理。

本章主要针对泛虚拟化（Para-virtualization）的客户操作系统进行讨论。由于 HVM 客户操作系统的行为与在真实 x86 硬件平台上运行时大致相同，因此其内存管理方式也基本一致。当然，在某些特殊情况下，HVM 客户操作系统也希望能够了解其底层的运行环境，并在必要的时候采用泛虚拟化的内存管理模式，以改善系统性能，具体的内容将在第 13 章进行讨论。

5.1　x86 环境下的内存管理

作为一种泛虚拟化的解决方案，Xen 精确地反映了其底层硬件平台的特征，因此，为了更好地理解其内存管理机制，用户应当首先了解底层硬件平台的内存模型及相关的内存管理接口。如果读者对 x86 的内存模型比较熟悉，可以跳过本节内容。

从 80286 开始，x86 系列处理器中就引入了"保护模式"的概念，它利用分段机制来实现内存的隔离和保护，在此基础上，80386 又增加了分页模式，并将地址空间大小扩展到了 32 位。这种分段与分页模式共存的情况，一直持续到 Poeron 系列处理器的推出，该处理器中，分段模式被彻底丢弃，只保留了单一的分页模式。

段式内存管理机制的实现主要依赖于段描述符表（descriptor table）以及一组专用寄存器，通常情况下，段描述符表有两种，即局部描述符表（LDT）和全局描述符表（GDT），前者主要用来定义当前用户进程的内存访问控制权限，而后者则用来定义所有进程的内存访问控制权限。

在分段模式下，线性地址的产生，分为两个步骤，首先利用 16 位的段选择码去索引段描述符表,后者保存了指定段的起始地址(段基址)及相关的访问控制标志,将段基址与指令中给出的偏移地址相加,即获得了本次内存访问所需的线性地址,该线性地址随后会通过页表映射,转换为实际的物理内存空间地址。

段选择码保存在 6 种段寄存器中,其列表及含义如表 5.1 所列。前 3 种为专用寄存器,其中,CS 寄存器保存了代码段的选择码,所有指令的 PC 地址都位于该段定义的地址空间中。而 SS 寄存器指向的段描述符表项定义了堆栈段的地址空间信息,该段的段基址和 ESP 寄存器中的堆栈指针相加,就指明了当前处理器所用堆栈的位置,所有的 PUSH 和 POP 指令,都将针对该地址进行操作。DS 寄存器保存了数据段的地址空间信息,通常情况下,所有的数据都保存在该段中。

表 5.1　x86 系统中的段描述符

寄存器	名称	用途
CS	代码段	指令存取
SS	堆栈段	压入式弹出指令
DS	数据段	数据地址
ES	数据段	字段串指令地址
FS	数据段	其他数据地址
GS	数据段	其他数据地址

ES 寄存器在字符串操作指令执行时,被用来进行地址转换,ES 段的段基址与 ESI 寄存器中的地址相加,共同组成字符串操作指令的目标地址。由于字符串操作指令使用频率较低,因此大部分时间里,ESI 寄存器被用作通用寄存器,而 ES、FS 和 GS 寄存器被用作通用段寄存器。大部分指令的内存操作可以使用段寄存器作为前缀,因此使用后 4 种段寄存器可以巧妙地实现内存的隔离和划分。实际使用中,大部分操作系统仅使用了一个段描述符表项,用来指定一个段基址为 0,段长为 4 GB 的地址空间范围。在有些操作系统中,也会把代码段独立出来,并将其标记为只读。有时为了优化性能,还可以将内核地址空间映射到所有用户进程的地址空间中,并加上禁止访问标记,这样可以避免用户/内核空间转换时发生的上下文切换,使用这种机制的操作系统,通常会将整个线性地址空间进行划分,如 1 GB 给内核使用,其余 3 GB 给用户进程使用。而那些每次系统调用都发生上下文切换的内核,通常采用了所谓的 4 GB/4 GB 的内存分割方式,这样可以实现内核/用户地址空间的完全隔离。一个真正的基于面向对象技术的系统,或许应当为每个对象都提供独立的数据和代码段。

段选择码的宽度为 16 位,其中,最低的两位标识了当前运行代码的特权级别(CPL 0~3),运行在低特权等级上的代码,不能访问特权级较高的代码段;接下来的一位,表明使用的是 LDT 还是 GDT;剩下的 13 位,用来索引 LDT 或者 GDT 中的表项。

> ## 段式保护（Segment Protection）
>
> 　　每个段都有自身的访问控制权限标志，用来标识该段的读、写或者执行所需的条件。代码段通常被标记为读和可执行，而数据段通常标记为读和写。出于性能的考虑，一些操作系统会把其自身的地址空间作为一个只读的段映射到所有进程的地址空间中，这样用户进程可以直接访问一些内核数据，如粗粒度的时间数值，从而减少了系统调用的开销。
>
> 　　内存分段属于粗粒度的内存保护机制，而细粒度的访问控制通常是由页表机制来实现的。长久以来被人们忽视的一个问题就是把一个内存页面映射为可读，但是不可执行的功能，当然，大部分最新的处理器，都支持这种设置，即在页面的访问控制标志中加入了 no-execute（NX）位。
>
> 　　AMD 已经将分段模式从 x86_64 体系结构中去除，而在以后的系统中，分段机制的使用也将会越来越少。

　　段基址和段内偏移相加获得的线性地址，可以当作物理地址使用（分页模式未开启），也可以当作虚拟地址使用（分页模式开启）。如果分页模式已经开启，那么虚拟地址会再一次经过转换，并最终映射到实际的物理地址空间中。典型的页面大小为 4 KB，当然现在大部分的 x86 处理器也支持 2 MB 的大页面模式。

　　页式映射机制通常包含两个层次，而在映射的过程中，线性地址（虚拟地址）被划分为 3 个部分：

- 页目录入口索引；
- 页表入口索引；
- 页内偏移。

　　页目录中记录了一系列页表的物理地址，每个页目录入口表项都对应了一个页表，由于页表本身都是 4 KB 对齐的，其地址的低 12 位都是 0，因此页目录表项中只需要 20 位即可标识一个页表的地址。页目录的地址保存在 CR3 寄存器中，即页目录基址寄存器（page directory base register）。虚拟地址的最高 10 位，被用来索引页目录入口。

　　在从页目录中获取了页表地址和相关的控制权限标志后，虚拟地址中接下来的 10 位用来索引页表入口，该入口会给出实际使用页面的基地址，而最低的 12 位被用来标识页内的地址偏移。

　　这种两级定位的页表索引机制，大大简化了"别名"（aliasing）访问的实现，即每个页表可以同时被多个页目录入口引用，进而使得同一块物理内存可以被映射到多个不同的虚拟地址空间中。

5.2　伪物理地址模型(Pseudo – Physical Memory Model)

操作系统很早就引入了虚拟内存这个概念,因此大多数用户不会对此感到陌生。典型情况下:"虚拟内存"(virtual memory)指的是那些在磁盘中分配的页面,与之相反,"保护内存"(protected memory)才指的是通常意义下的虚拟内存。

在具有保护内存(protected memory)的操作系统中,每个进程都有自己的虚拟地址空间,因此,从应用程序的角度来看,它可以访问所有的内存空间。在 Xen 系统中,hypervisor 必须完成与普通操作系统类似的工作,即一个用户进程的地址必须经过两次映射才能真正转化为实际使用的机器物理地址,如图 5.1 所示。

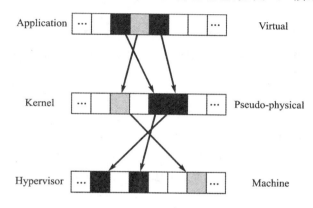

图 5.1　Xen 的 3 层内存结构

其实,这种 3 层地址空间模型并不是必须的,也可以让所有 domain 的内核直接访问机器物理地址空间,并由 hypervisor 来防止越界行为的发生。但并没有这么做,主要原因有两个:①现有的大多数操作系统在设计之初,就假设其运行在一个连续的、平坦的物理地址空间中;支持物理地址空间中存在间隙的典型应用是用来忽略一些有缺陷的内存模型,由于是一种特例,因此其优化的余地也很小。此外,迫使操作系统使用稀疏的地址空间还会明显地降低运行效率,否则的话就需要进行大量的代码修改,显然这两种情况都不符合我们的要求。②一个 VM 在其生命周期中,很可能被迁移到别的物理平台上,在这个过程中 VM 会被暂停,并在迁移完成后再恢复运行。由于目标物理主机和源物理主机的可用物理内存情况可能并不相同,因此客户 kernel 使用的那些物理页面在 VM 恢复时必须被重新映射。

大多数情况下,客户操作系统并不需要关心机器页面(即真实物理机器的页面)的情况,如果必须由客户操作系统进行机器页面的相关处理,那么它会使用一组称为 p2m 表的映射记录,该映射表由 Hypervisor 在 domain 创建时填充,并通过 shared_info page 数据结构传递给客户操作系统,而这种伪物理地址(Pseudo-physical,即客户操作系统看到的物理地址)到机器地址的转换过程与硬件平台的体系结构特征密切相关。以 PowerPC 系统为例，由于硬件本身提供了虚拟化的机制，因此机器地址的相关信息从来都不需要暴露给客户操作系统。

5.3　32 位 x86 系统中的分段模式

正如前面提到的那样，x86 系统采用了分段的内存模型。尽管大多数的操作系统都没有使用这种方法来实现内存保护，但对 Xen 来说，这是一种可用的内存隔离机制。每个段都由一个 64 位的段描述符定义，其中的 32 位用来记录段基址，20 位用来记录段大小，剩下的 12 位中，有一位用来记录段大小的单位，可以是字节（大小范围 0 ~ 1MB），也可以是页（大小范围 4KB ~ 4GB），其余的用来标识访问控制权限。

所有的段描述符都记录在两张表中，即 GDT 和 LDT。Xen 上运行的客户操作系统可以像普通操作系统一样直接访问和控制 LDT，但是必须通过显示的 hypercall 调用，才能操作 GDT。

每次 hypercall 被响应时，Xen 必须能够访问 hypervisor 的内存地址空间。由于大部分的 hypercall 都会给出一个客户空间的地址指针，用来记录数据的位置，因此 Xen 还必须能够访问用户的内存地址空间。一种解决方案是，每次 hypercall 发生时，都执行完整的上下文切换，随后由 hypervisor 将用户空间的页面，映射到其自身的内存地址空间中。这种方法看似简单，但实际上效率非常低下（在 Pentium4 处理器中，需要大约 500 个时钟周期的开销），并且不能经常使用。

另一种方法就是前面提到的内存地址空间划分。在 32 位 x86 系统中，Xen 使用线性地址空间中最高的 64 MB，图 5.2 所示的就是 Xen 系统中，UNIX 类型操作系统的内存地址空间划分情况。

最顶端的 64 MB 空间保留给 Xen 使用，且该段描述符中的保护标志被设置为 0，这也就意味着只有 ring0 上运行的代码可以访问这一段线性地址空间。顶端 1 GB 剩下的部分被分配给客户操作系统内核，而其余的 3 GB 地址空间则由用户进程使用，这里包括了顶部的堆栈和底部的堆，两者分别向下和向上增长。客户操作系统所在段的访问权限被标记为 ring1 可读，这样可以防止用户程序非法侵入到操作系统的内核空间，而客户操作系统本身和 hypervisor 都可以对该部分内存进行访问。

当 hypercall 发生时，处理器的运行状态切换到 ring0，此时 Xen 所在的段可以被访问，从这个角度看，当 Xen、客户操作系统及用户进行地址空间切换时，用户所要做的只是引用正确的段。

这种方法简单而且有效，但大部分的现代处理器都不支持分段模式，因此在 Xen 系统移植的过程中，会出现一些问题。实际上在 x86_64 体系结构中，这种机制就已经被移除，因此当 Xen 运行在 64 位模式下时，这种方法就不再有效。

解决的方案就是使用页式保护机制。在 x86_64 平台下，Xen 在地址空间中保留

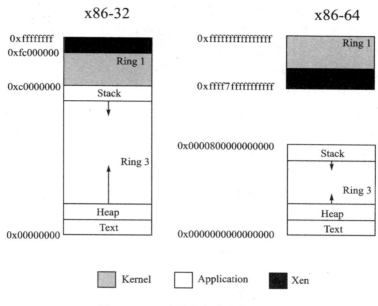

图 5.2　x86 系统内存地址空间划分

了一个很大的空隙,即 2^{47} 到 $2^{64} - 2^{47}$ 这段范围,如图 5.2 所示。尽管系统中可以使用 64 位的指针,但是实际上可用的地址空间只有 48 位,寻址范围从 $0 \sim 2^{47}$ B,由于 x86 - 64 体系结构并不支持分段模式,因此所有的内存隔离和保护都必须由分页机制来实现。

在部分支持 PAE 扩展(Page Address Extension)的 x86 处理器中,Xen 保留了 36 位地址空间中的最高 168 MB,而内存模型的其他特征与普通 x86 处理器一样。

5.4　使用 Xen Memory Assist

在所有的虚拟机系统中,虚拟内存的管理都是关键所在。对于采用了完全虚拟化方案的客户操作系统来说,每次页表更新操作都会导致系统的陷入,并由 hypervisor 代其完成实际的更新工作,目的是为了保证各个 Domain 之间的内存隔离和保护。而在采用了泛虚拟化技术的客户操作系统中,内核会使用 Hypercall 的方式向 hypervisor 提出 MMU 相关的操作请求。

虽然 Hypercall 的方式需要对现有客户操作系统的页表操作代码进行大量修改,但其性能却比直接陷入方式要好得多。对于 HVM 的 domain 来说,Xen 提供了一种称为"影子页表"(shadow page tables)的解决方案,此时客户操作系统拥有一份页表的备份,但这些页表所在的页面被 hypervisor 标记为只读,每当客户更新自己的页表时,就会发生陷入,控制权随即被转移给 hypervisor,由其负责同步客户页表和影子页表(包括安全检查和伪物理地址到机器地址转换)。

由于 HVM 的客户操作系统需要完全虚拟化它们的页表，因此必须采用影子页表模式，但这种方法的性能开销非常大。最新的处理器已经对这种模式提供了硬件支持，如 Intel 的 VT－x 技术和 AMD 的 AMD－v 技术等。影子模式的另外一个重要的用途就是迁移：当客户 Domain 被迁移到其他物理主机时，hypervisor 必须能够追踪那些被修改的页面，这就是由影子页表来完成的。

Xen 还提供了介于"完全的"泛虚拟化(pure para-virtualization)页表和影子页表之间的一种管理模式，即可写页表(writable page)。这种模式下，客户操作系统被提供了一种假象，即页表可写，但实际上并非如此，页表所在的每个页面都被标记为只读，每当客户操作系统更新页表时，都会触发以下操作：

（1）Hypervisor 将指向该页表的页目录入口置为无效，将该页表从系统页表中剔除；

（2）将该页表所在页面标记为可写；

（3）控制权返回给客户操作系统，由其对页表进行修改；

（4）当与该页表相关的地址空间被再次访问时，发生缺页故障；

（5）Hypervisor 捕获该缺页故障，检查该页表的内容，并将其重新链回系统页表中。

这种方式其实很简单，大部分现有的 MMU 相关代码都可以在进行少量修改后直接使用。由于此时页表中记录的地址指向了机器页面，而不再是伪物理地址空间中的页面，因此客户操作系统中的内存管理代码必须能够处理与机器页面相关的地址信息，这也是用户主要需要修改的内容。另一个问题是：页目录用来触发缺页故障，因此其自身不能采用这种"可写"的机制进行管理。

除上述页表管理模式的控制外，memory assist 还提供了一些其他的功能。正如前面所说，Xen 利用了分段机制，保留了线性地址空间顶部的 64 MB，但在一些基于 4 GB 段大小的系统中，这种划分方式会产生一些问题。

与此相关的两类 assist 操作可以为客户提供 4 GB 分段的假象，并在实际使用时导致系统的陷入，系统的 15 号中断被用来传递这种消息。现有的 x86 文档中，该中断被标记为"为将来的可能应用保留"，需要使用这种机制的客户操作系统，必须为该中断指定相应的中断处理程序，详细信息请参考第 7 章。

本节讨论的所有 assist 功能，都可以通过 hypercall 的方式开启或者关闭，其调用形式如下：

```
vm_assist(unsigned int cmd, unsigned int type);
```

其中 cmd 参数可以是 VMASST_CMD_enable，也可以是 VMASST_CMD_diable；参数 type 的类型如表 5.2 所列，其中最后一种类型在此不再详细讨论，它仅在 PAE 模式下才会被使用。

表 5.2　可用的 VM assist

名称	概述
VMASS_TYPE_4gb_segments	仿真 4GB 段空间
VMASST_TYPE_4gb_segments_notify	当使用以前的 assist 时,唤醒客户机中的中断 15
VMASST_TYPE_writable_pagetables	直接生成一个可写的页表(不是目录),而不用 hypercall
VMASST_TYPE_pae_extended_cr3	允许 CR3 在 PAE 模式时包含一个页目录指针表

5.5　使用 Ballon Driver 控制内存使用

目前,Xen 并不支持 swap,因此分配给一个 domain 的内存不会再被 hypervisor 用作其他用途,ballon driver 就是用来提供与之相关的内存管理功能。

通过 ballon driver,一个 domain 可以放弃部分未使用的内存页面,也可以向 hypervisor 申请更多的内存页面。一个实现了 ballon driver 的 domain,可以在内存过剩的情况下,将大量未使用的内存块归还给 hypervisor。功能完整的 ballon driver 会去查看 XenStore 提供的一组数值,该数值通常由系统管理员设定,用来表示该 domain 的内存使用限额,如果 domain 当前使用的内存数量超出了限额,那么它就应当利用其自身的 swap 机制,将部分内存页面交换到磁盘设备中,并将这些内存归还给 hypervisor,如果 domain 当前的内存使用数量较小,那么它可以申请更多的内存页面来作为块设备的缓存。

与此相关的 hypercall 是 HYPERVISOR_memory_op,该 hypercall 包含两个参数:命令类型和一个结构体指针,该结构体中保存了操作相关的数据。命令类型有多种,与 ballon driver 有关的是 XENMEM_increase_reservation 和 XENMEM_decrease_reservation,这两种命令都使用清单 5.1 所示的结构体进行参数传递。

清单 5.1　保留内存数量控制结构体

```
1  struct xen_memory_reservation {
2      XEN_GUEST_HANDLE(xen_pfn_t)  extent_start;
3      xen_ulong_t         nr_extents;
4      unsigned int        extent_order;
5      unsigned int        address_bits;
6      domid_t             domid;
7  };
```

第一个域的含义根据具体操作会有所不同,当执行 increase reservation 操作时,hypervisor 会使用新分配给 domain 的内存页面的机器地址填充该域,而在 decrease reservation 时,domain 利用该域将想要释放的内存空间的起始机器地址传递给 hypervisor。还有另外一种操作也会使用这个结构体,就是 XENMEM_populate_physmap,该操作由 domain0 中运行的 domain builder 调用,用来在 domainU 创建的时候为其分配初始的内存空间,该操作通常会一次性分配较大的内存块。

接下来的两个域用来描述内存的大小,其中 nr_extens 记录了内存区域的数量,而 extent_order 给出了它们的大小。阶数 order 并不是一个绝对值,但必须是对齐的,实际的大小是 2^{extent_order},因此用户可以将 extent_order 的值设置为 3,来指定一个4 字(quad-word)的大小。

address_bits 定义了目标地址空间的大小,只有在 32 位的客户运行在 64 位系统之上时才会用到这个参数,如 I/O 设备相关的内存操作就可能会遇到这种情况(32位的 PCI 设备)。最后一个数据成员 domid 指明了本次操作相关的 domain,除了 domain0 之外,其余 domain 在执行该操作时,domid 必须设置为 DOMID_SELF(因为只有 domain0 可以调整其他 domain 的内存分配情况)。

另外 3 种与 ballon 相关的 hypercall 执行前,第二个参数应当被首先设置为 0,hypervisor 在完成了相关的操作后会将本次内存分配的信息填充在该参数中,并作为返回值传递给客户操作系统。XENMEM_maximum_ram_page 操作给出了该 domain 所拥有的机器内存中最大的那个页面号。在有些体系结构中,hypervisor 不会保留机器页面到伪物理地址的映射表(m2p 表),因此,客户操作系统必须自己完成这种转换,这种情况下,上述操作的返回信息可以用来确定到底需要多大的空间来保存这张 m2p 表。

其他两个操作都与获取内存分配数量信息有关,其中 XENMEM_current_reservation 给出了该 domain 当前已分配的内存页面数量,而 XENMEM_maximum_reservation 给出了上限。虽然这种查询可以用来确认记录的正确性,但客户操作系统大多数情况下应当自己记录拥有的内存页面数量,而不是经常性的向 hypervisor 查询。ballon driver 会监视 XenStore 中给出的内存限额,并不断地调整 domain 拥有的内存数量,使之符合给定的数值。任何超出限额的内存分配请求都会失败,保持内存数量的追踪,可以避免这种失败的发生,从而减少不必要的性能开销。大部分情况下,这两种调用都会返回相应的页面数量,但是偶尔也会有调用失败的情况发生,此时 hypervisor 会返回一个负数。

这些命令的使用都很灵活,并且可以独立于 balloon driver。在气球内存(ballooning memory)中,它们通常用来一次增加或减少 1～2 个页面,当然,对于设备访问这种情况来说,也可以一次分配多个连续的内存页面。

5.6　其他内存操作

除了上一节讨论的操作外,与 HYPERVISOR_memory_op 相关的 hypercall 还有多种,每种都有相关类型的结构体作为命令参数。

XENMEM_exchange 操作用来完成客户机器页面空间中两个页面的交换。有时,客户操作系统会需要较大的连续内存空间,这时就可以使用这种交换操作来改变内存的分配情况。相关的控制结构体如清单 5.2 所示,3 个元素分别对应输入和输出的地址,其基本形式与上一节介绍的几种操作相同。

清单 5.2　页面交换控制结构体

```
1  struct xen_memory_exchange {
2      struct xen_memory_reservation in;
3      struct xen_memory_reservation out;
4      xen_ulong_t nr_exchanged;
5  };
6  typedef struct xen_memory_exchange xen_memory_exchange_t;
```

in、out 两个参数用来保存内存交换操作涉及的两个页面的信息,其中 in 参数的 address_bit 数据成员并没有被实际使用。当该 hypercall 被响应时,in 参数所指定的客户页面被从其当前所在的机器页面中转移到 out 参数指定的机器页面中。

接下来介绍的这个操作只在部分特定的平台下才有效。有些客户操作系统会对伪物理地址到机器地址的映射过程有所了解,并在某些时候需要去追踪这个映射表(当然,对于 x86 和大部分其他平台上运行的 HVM 客户操作系统来说,是不用关心这个问题的,底层的 hypervisor 会自动地完成这个映射工作)。而 XENMEM_machphys_mfn_list 命令就可以用来获取这个映射表的信息,与之相关的结构体定义如清单 5.3 所示。

清单 5.3　获取 m2p 表操作控制结构体

```
1  struct xen_machphys_mfn_list {
2      unsigned int max_extents;
3      XEN_GUEST_HANDLE(xen_pfn_t) extent_start;
4      unsigned int nr_extents;
5  };
6  typedef struct xen_machphys_mfn_list xen_machphys_mfn_list_t;
```

该结构体封装了一个数组,参数 extent_start 是一个输出参数,它指向一组内存块,hypervisor 会在响应该 hypercall 时把所需的 m2p 表写入这个内存块。通常情况下,这种映射是静态的,因为 hypervisor 本身并不支持 swap,虽然客户可以修改它。在 domain 迁移后,通常都需要重新获取并使用这个映射表。max_extents 参数记录了数组的大小,nr_extents 记录了实际的使用数量。表中实际保存的是一个伪物理地址页框号的数组,每个页框号都对应了一个 2 MB 大小的内存块,如果某个表项为空,表示该位置有一个内存空隙。

在某些体系结构中,这张 m2p 表在系统初始化时就被映射到了客户地址空间中,用户可以使用 XENMEM_machphys_mapping 命令来获取其地址,使用到的结构体如清单 5.4 所示。这里的参数都比较简单,它们记录了 m2p 表所在内存页面的虚拟地址范围,以及最大的一个机器页面号。所有这些参数都由 hypervisor 在响应 hypercall 时填充。

清单 5.4 获取 m2p 表虚拟地址的控制结构体

```
172 #define XENMEM_machphys_mapping         12
173 struct xen_machphys_mapping {
174     xen_ulong_t v_start, v_end; /* Start and end virtual
            addresses. */
175     xen_ulong_t max_mfn;             /* Maximum MFN that can be
            looked up. */
176 };
177 typedef struct xen_machphys_mapping xen_machphys_mapping_t;
```

正如前面所说,部分平台下(如 x86 的 HVM domain)的客户操作系统并不了解伪物理地址到机器地址这一层转换关系,因此它们的行为和在普通物理机器中一样,但这在某些情况下,会导致一些问题。当一个客户操作系统要执行 DMA 操作时,它会以伪物理地址的形式给出 DMA 的传输目标,但实际的设备却会把它当作机器地址使用来进行数据传输,这就会导致错误的内存操作。如果有 IOMMU 来进行地址转换,这个问题就可以解决,但并不是所有的硬件平台都提供了这种支持,因此必须由客户操作系统来进行这种地址的翻译。

客户操作系统可以使用 XENMEM_translate_gpfn_list 命令进行这种地址转换(通常这是一个完全泛虚拟化的客户操作系统),如清单 5.5 所示。Domain0 也可以使用该命令把一个从客户那获取的地址指针翻译成对应的机器地址。参数 domid 指明了该操作涉及的 domain,gpfn_list 是一组待处理的伪物理页面号,nr_gpfns 记录了页面的数量。当该 hypercall 被响应时,每一个给出的伪物理页面号都会被翻译成对应的机器页面号,并填充在数组 mfn_list 中,通常情况下,由客户操作系统负责分配保存这两个数组所需的内存空间。如果该 hypercall 被正常的响应并执行,最后会返回一个非负值。

清单 5.5 物理页面号到机器页面号转换操作控制结构体

```
1 struct xen_translate_gpfn_list {
2     domid_t domid;
3     xen_ulong_t nr_gpfns;
4     XEN_GUEST_HANDLE(xen_pfn_t) gpfn_list;
5     XEN_GUEST_HANDLE(xen_pfn_t) mfn_list;
6 };
7 typedef struct xen_translate_gpfn_list
      xen_translate_gpfn_list_t;
```

虚拟机环境下,hypervisor 必须提供 BIOS 的替代功能,因为对客户操作系统来说,它们不能再直接执行 BIOS 调用,AX 寄存器设置为 E820h 的 15 号中断调用就是一个很好的例子,该调用取代了早期 BIOS 中的内存查询功能。Xen 中 hypervisor 提供了 XENMEM_memory_map 命令来完成类似的操作,该命令相关的结构体包含两个参数,nr_entries 记录了已分配内存空间对应的入口数量,而 buff 记录了该入口数组的地址,在 hypercall 被响应时,hypervisor 会负责设置这些参数。

缓存中的入口格式和普通 BIOS 调用中的一样,每个入口都记录了一个 64 位的基地址,一个 64 位的长度,以及一个 32 位的类型号。操作系统可用的内存空间类型号为 1,其他类型的内存也有对应的设置。凡是使用 BIOS 调用的操作系统都会有相应的处理代码,用户只需用 hypercall 代替原有的 BIOS 调用即可。该命令的另一种形式是 XENMEM_machine_memory_map,与上述命令不同的是,返回参数记录的是机器地址,而不是伪物理地址。

　　与此相关的还有另一个命令:XENMEM_set_memory_map,domain0 可以使用它初始化 domainU 的内存。该命令使用的结构体参数包含两个域,第一个域给出了对应的 domID,第二个域(map)本身就是一个结构体。domainU 执行 XENMEM_memory_map 调用时,返回的结果就是 domain0 利用 map 参数传递给 hypervisor 的值。

5.7　更新页表

　　Xen 中的所有页面都有其特定的使用类型,其中属于 GDT/LDT、页目录、页表类型的页面会被 hypervisor 标记为只读,这样可以确保 domain 不能自己更新内存管理状态,进而防止非法内存访问的发生(domainU 只能通过 GrantTable 的方式访问属于其他 domain 的页面)。

　　客户操作系统必须利用 hypercall 来显式地发送页面更新请求,凡是涉及其他 domain 的页面映射请求,都会导致调用的失败。对应的 hypercall 如下所示:

HYPERVISOR_mmu_update(mmu_update_t * req, int count, int * success_count);

　　该 hypercall 的第一个参数指向一个结构体数组,这里保存了所有的操作请求,第二个参数记录了请求的数量,最后一个参数由 hypervisor 负责填充,显示成功完成的操作数量。如果 success_count 的值小于 count,表明部分请求没有正常响应,客户必须自己去遍历页表来确认哪些操作以失败结束。

　　mmu_update_t 结构体如清单 5.6 所示,其中 ptr 指针记录了需要更新的页表项地址,val 参数记录了需要更新的内容,因为每个页表项入口地址都是 4 字节对齐的,因此 ptr 的最后两位并不参与地址计算,而是用来保存本次更新操作的类型。

清单 5.6　MMU 更新操作控制结构体[from: xen/include/public/xen.h]

```
329  struct mmu_update {
330      uint64_t ptr;        /* Machine address of PTE. */
331      uint64_t val;        /* New contents of PTE.    */
332  };
```

　　允许的更新类型有两种,可以在同一个 hypercall 中混合使用,使用 XOR 操作便可以将下面的更新类型信息加入到 ptr 指针:

　　(1) MMU_NORMAL_PT_UPDATE:执行一次标准的页表更新操作,ptr 指针记录了页表或者页目录的入口地址。

（2）MMU_MACHPHYS_UPDATE：执行一次 m2p 表的更新操作，如果调用者是 domainU，那么 val 对应的机器页面必须是该 domain 已经拥有的。

尽管一次执行多个页表项的更新操作会有较高的性能，但有时用户也需要更新单个页表项，如用户空间的 malloc()操作，就只需要更新一个页面的映射关系，此时，创建相关的访问控制结构体就会带来额外的性能损失，而引用客户内存空间数据的性能损失相对较小，为此 hypervisor 也提供了一次更新一个页表项的 hypercall，如下所示：

```
HYPERVISOR_update_va_mapping(unsigned long va, uint64_t val, unsigned long flag)
```

在 x86 平台下，上述 3 个参数通过 EBX，ECX 和 EDX 传递给 hypervisor，因此也就省去了上一种 hypercall 的参数解析和获取过程，前两个参数和前面提到的 ptr 及 val 并不是一一对应的。该 hypercall 会更新当前的系统页表，让 va 对应的虚拟内存页面指向 val 对应的机器页面。而 flags 标志用来决定本次页表更新操作是否需要刷新 TLB。

Flags 标志被分为两个部分解析：低两位用来记录 TLB 刷新的类型，其余部分用来表示刷新的范围。TLB 的刷新类型共有 3 种：

- 不需要刷新 UVMF_NONE；
- 刷新单一的 TLB 表项 UVMF_INVLPG；
- 刷新所有的 TLB 表项 UVMF_TLB_FLUSH。

用来获取类型信息的掩码是 UVMF_FLUSHTYPE_MASK。flags 参数其余的部分用来记录需要刷新的 TLB 范围，对单处理器平台来说，由于只有一个 TLB，因此可以不考虑这个问题。但在多处理器环境下，如果同一进程的多个线程在不同处理器上执行，那么它们会共享同一个页表，因此必须在适当的时候进行 TLB 的同步。UVMF_LOCAL 和 UVMF_ALL 标志，分别用来表明只刷新本地的 TLB 以及刷新全部处理器的 TLB，而 UVMF_MULTI 标志表示需要刷新部分处理器的 TLB，此时需要指定一个处理器位图，该位图指针用 OR 操作加入到 flags 参数中。

除上述更新操作外，domain0 还可以利用一个有 4 个参数的 hypercall HYPER-VISOR_update_va_mapping_otherdomain 来更新其他 domain 的页表。通常情况下，Xen 系统中只有一个特权 domain，即 dom0，但在未来的版本中，也可能在符合 Xen 安全架构的前提下，将部分 domain0 的特权功能移植到其他 domain 中。

上述这些 hypercall 提供了大部分常用的 MMU 操作功能，但有些特殊操作还需要额外的扩展来实现，如：

```
HYPERVISOR_mmuext_op(struct mmuext_op * op, int count, int * success_count, domid_t
domid);
```

该 hypercall 使用的结构体与非扩展版本非常类似，包括一个操作请求数组，一个记录成功操作数量的输出参数，以及相关的 domid。大多数情况下 domid 的值被设为 DOMID_SELF，表明该操作针对的是调用者本身，但特权 domain 可以通过指定 domid 来修改其他 domain 的页表或描述符表，这提供了与 GrantTable 类似的功能，但出于安全性的考虑，这种做法并不值得推荐。

相关的结构体定义如清单 5.7 所示。该结构体比较复杂，其中第一个参数表明需要执行的命令类型，共有 15 种，其中前 5 种与内存页面的 pin 操作相关。如果一个用作页表的页面不再被其他页表项引用，hypervisor 就不会再特别"关注"这个页面，而一旦该页面被再次引用的话，hypervisor 就需要重新去确认它的内容。为了防止由此带来的性能损失，该页面可以被"pin"住（即在其 page_info 结构中加入_PGT_pinned 标志），从而使得 Xen 始终把该页面当作页表的一部分来处理，尽管它可能并没有被实际引用。

清单 5.7　MMU 更新操作控制结构体（扩展模式）[from：xen/include/public/xen.h]

```
236  struct mmuext_op {
237      unsigned int cmd;
238      union {
239          /* [UN]PIN_TABLE, NEW_BASEPTR, NEW_USER_BASEPTR */
240          xen_pfn_t     mfn;
241          /* INVLPG_LOCAL, INVLPG_ALL, SET_LDT */
242          unsigned long linear_addr;
243      } arg1;
244      union {
245          /* SET_LDT */
246          unsigned int nr_ents;
247          /* TLB_FLUSH_MULTI, INVLPG_MULTI */
248          XEN_GUEST_HANDLE_00030205(void) vcpumask;
249      } arg2;
250  };
```

4 个与 pin 操作相关的命令都具有与 MMUEXT_PIN_L1_TABLE 类似的形式，其中 L1 表明了页表所在的层次结构，可以是 L1～L4 中的任意值，对于通常的 x86 系统来说，L1 是页表，L2 是页目录。如果要执行相反的操作，相关的命令就是 MMUEXT_UNPIN_TABLE，对所有的命令来说，arg1 参数中的 mfn 都指明了该操作所涉及页表的机器页面号。不同的硬件平台可以使用的命令也略有不同，如 x86_32 平台下，能操作的页表只有两级（PAE 模式下有 3 级），而 x86_64 平台下具有 4 级页表。

下面的几个命令与页表装载有关，MMUEXT_NEW_BASEPTR 和 MMUEXT_NEW_USER_BASEPTR 分别用来更新全局和用户空间的 CR3 指针，从而使其指向新的页目录，其中第二个的命令只在 x86_64 平台下有效。无论在什么情况下，arg1 参数中的 mfn 都指明了新页表基址对应的机器页面号。

接下来的 6 个命令与 TLB 刷新有关，它们与非扩展模式下的 hypercall 有对应关系，分别用来刷新本地、全局、或者指定处理器的 TLB，其中既可以全部刷新，也可以只刷新指定的入口,相关的命令列表如表 5.3 所列。

表 5.3　MMU 操作相关命令(扩展模式)

命令	操作	范围
MMUEXT_TLB_FLUSH_LOCAL	刷新 TLB	本地的 TLB
MMUEXT_INVLPG_LOCAL	无效入口	本地的 TLB
MMUEXT_TLB_FLUSH_MULTI	刷新 TLB	指定的 TLBs
MMUEXT_INVLPG_MULTI	无效入口	指定的 TLBs
MMUEXT_TLB_FLUSH_ALL	刷新 TLB	全局 TLBs
MMUEXT_INVLPG_ALL	无效入口	全局 TLBs

刷新一个 TLB 入口,必须在 arg1 参数的 linear_addr 中给出指定的地址。而对变量 * MULTI 来说,arg2 参数中的 vcpumask 指明了需要进行 TLB 刷新的 VCPU 位图。

接下来的命令用来刷新处理器的 cache,如果执行了 MMUEXT_FLUSH_CACHE 命令,那么处理器的 cache 数据就会写回内存,并且将所有的 cache 块置为无效,该命令没有参数。

最后一个命令用来设置 LDT,arg1 参数中的 linear_addr 指定了 LDT 的起始地址(按页面对齐),而 arg2 参数中的 nr_ents 指明了入口数量。

客户操作系统可以执行的内存管理相关操作还有另外一种,就是更新段描述符表,其中 LDT 的更新可以利用前面提到的 HYPERVISOR_mmu_update 来实现,而 GDT 的更新则需要 hypervisor 进行特殊处理。

默认情况下,Xen 会使用一个平直的内存段来映射整个地址空间,但有些客户操作系统可能需要自行设置相关的 GDT 表项。普通系统中,用户可以使用 LGDT 指令来修改 GDTR 寄存器,从而使用指定的 GDT 表;Xen 中,客户操作系统所有的 GDT 更新请求都必须由 hypervisor 检查确认,并代其执行,从而防止非法内存访问的发生,这一点和其他的 MMU 操作是一样的。

```
HYPERVISOR_set_gdt(unsigned long * frame_list, int entries);
```

该 hypercall 的函数原型如上所示,参数 frame_list 指向一个数组,包含最多 16 个机器页面的页框号,参数 entries 则记录了上述机器页面中包含的段描述符个数。x86 系统中可使用的段描述符最多有 8 192 个,但是可供客户操作系统使用的并没有这么多。正如前面所说的,hypervisor 会使用部分段描述符来隔离内存,因此它保留了从第 14 个页面开始的 GDT 表空间,客户操作系统能使用的只是剩下的 7 168 个表项。在初始化阶段,系统会为 ring1(泛虚拟化的客户操作系统内核)和 ring3(用户进程)上的代码段和数据段设置 GDT 表项,因此客户实际上可以直接使用已经定义好的平直的线性地址空间,而不必再安装自己的 GDT 表项。相关的宏定义都是

FLAT_RING1_CS 这种形式,如果是用户进程,则将 RING1 替换成 RING3,如果是数据段或者堆栈段,将 CS 替换成 DS、SS 即可。

5.7.1　创建新的虚拟机(VM)实例

创建一个新的虚拟机实例需要两个步骤:创建 domain 和引导客户操作系统,这两者也是相互关联的,在创建 domain 的过程中,hypervisor 必须准备一个 start_info _page,并将其映射到客户操作系统指定的虚拟内存页面上。

新 domain 初始化时的内存页面分配包括了客户操作系统内核、指定的模块以及 start_info_page,此外,还必须包含对 shared_info_page 的访问权限和设备驱动相关的共享内存页面的引用号。每一种设备都会被实例化,并将相关的信息填充至 XenStore 中。

Domain0 可以使用 HYPERVISOR_memory_op 命令来配置其他客户 domain 初始化时所需的内存页面,并利用上一节介绍的 hypercall 设置相关的页表。一般情况下,在创建 domain 时会为 domain0 中的 domain builder,分配合适大小的内存,并完成相关页面的映射,在初始化完必要的数据结构后,便通过 Xen 把控制权转移给新创建 domain 的内核代码,由其完成自身的引导和初始化过程。

5.7.2　处理页故障

当页故障发生时,会产生一次陷入,并异步地跳转到指定的中断处理程序处执行(在 x86 体系结构中是 14 号中断),该处理程序会修复页故障,或在必要的时候结束进程。

中　断

Xen 允许客户操作系统指定其自身的中断描述符表(IDT),通常称之为 trap table,其结构与宿主机中的中断描述符表类似,因此在将普通操作系统移植到 Xen 的时候,其现有的中断描述符表大都可以直接使用。有关这个问题的详细讨论参考第 7 章。

页故障发生时,首先要做的就是记录出错的内存地址。在传统的 x86 体系结构下,这个值保存在处理器的 CR2 寄存器中,而在 Xen 系统中,这个值被复制到 arch_ vcpu_info 结构的 cr2 数据域中。普通系统的页故障处理程序会首先把 CR2 寄存器中的值复制到安全的地方,因为该处理程序本身也需要访问内存,可能导致新的页故障(通常是由损坏的页表或者错误的内存引用导致),这样原先的错误地址就会被新的地址所覆盖。

在确认了页故障发生的地址后,通常需要修改页表来使得该虚拟内存地址可以被正常的访问。这里可能的处理有两种,一种是分配新的物理页,并建立映射;另一种是将此前交换到磁盘上的页面交换回内存。在完成了这些操作后,客户操作系统需要调用 HYPERVISOR_update_va_mapping 这个 hypercall 来向 Xen 提出页表更新请求,给出虚拟地址到机器地址的映射关系(译者注:原文中使用了 physcial page 一词,但分析代码后确认应当是机器地址),并代为执行实际的页表更新操作。

5.7.3　暂停(suspend)、恢复和迁移

大部分客户希望能够支持 domain 的暂停(suspend)和恢复,这样就可以将 domain 的运行状态和数据保存到磁盘文件中,并在需要的时候读取和恢复。domain 恢复运行所在的宿主机硬件环境可以和原先物理主机的不完全一致,但必须遵循以下几个原则:

● 处理器体系结构必须保持一致;

● 新的宿主机必须有足够的 RAM 来支持 domain 的运行;

● 必须有可用的块设备(如果有正在使用的)。

用户可以将块设备的信息备份到 FlashDisk 的一个分区中,然后将 VM 暂停并保存到另一个分区中,随后这些数据可以被带到别处,并在其他的物理主机上恢复运行。这种方式的迁移也可能带来一些问题,因为 domain 的网络接口需要重新初始化,客户可能会发现其 IP 地址突然改变了。当然对于大多数面向移动计算平台的操作系统来说,这个问题已经得到了妥善的解决。

暂停一个 domain 之前,客户操作系统会首先从 XenStore 获取暂停的指令,并对其自身的运行状态进行调整,进而为暂停工作做好准备,随后调用一个 hypercall,真正开始执行暂停操作。

CPU 暂停

这个话题尽管与内存管理无关,但是用户仍然必须记住,在暂停 domain 的过程中,Xen 只负责暂停第一个 VCPU 的运行,如果该 domain 运行在多处理器环境下,客户必须负责停止其他 VCPU 的运行。同样,在 domain 恢复的过程中,客户操作系统必须负责恢复其他 VCPU 的运行。

当保存的 domain 重新恢复运行时,其引用的机器页面位置可能已经发生了变化,如果仍使用原先的虚拟内存到机器内存映射,可能会导致错误的内存访问,因此在 domain 保存的过程中,必须修改页表内容,即以虚拟地址到伪物理地址映射的形式进行保存。在恢复运行时,再根据实际的机器内存页面分配情况,重新建立起虚拟地址到机器地址的映射。

一个需要内存地址更高层次抽象的例子就是那些用作虚拟设备前后端通信的内存页面,在 domain 迁移到新的宿主机后,设备前端必须重新和设备后端建立起连接,而客户操作系统与此相关的代码必须负责定位这些用作设备驱动的共享内存页面,并在必要的时候重新建立起链接,客户操作系统的其他代码则一直使用伪物理地址进行操作,直到这些页面被重新映射。

domain 恢复运行的过程与保存的过程完全相反：首先，共享的内存页面会通过授权表进行重新映射，这里通常需要重定位的引用参数，因此 XenStore 使用的页面必须被重新链接，并用来发现新的共享内存页面。在执行完其他操作后，剩余的 VCPU 会被重新启动，并进入运行状态，进而完成 domain 恢复的过程。

5.8　练习：映射 Shared Info Page

客户操作系统引导时首先需要做的就是把 shared info page 映射到其自身的地址空间中，该页面的机器地址通过 start info page 结构的 shared_info 域传递给客户 domain，在前面章节的讨论中，读者已经看到，客户操作系统内核为这个页面专门预留了地址空间，因此用户需要做的就是更新页表并添加对应的映射项。

如果想访问预留的地址空间，用户必须利用 extern 关键字声明一个符号通知编译器，随后，编译器在检查时就会认为该引用是合法的，而链接器在执行链接操作时会利用实际的内存地址来替换这个符号。完整的定义如下所示：

    extern shared_info_t shared_info;

整个操作非常简单，因为用户只需要更新一个页表项，因此可以直接使用清单 5.8 所示的 hypercall，这里唯一需要设置的标志是用来指明本次操作是否需要刷新对应的 TLB 表项。

清单 5.8　将 shared info 页面映射到指定的地址空间

```
1  HYPERVISOR_update_va_mapping(
2      (unsigned long) &shared_info,
3      (unsigned long long) start_info->shared_info,
4      UVMF_INVLPG);
```

完成上述操作后，客户操作系统已经可以像普通的结构体变量一样，使用这个 shared info page 了，而其他一些相关的页面，也会通过同样的方式在启动阶段映射到客户地址空间中。包括 XenStore 和控制台（console）驱动，以及其他 XenStore 中提供的设备相关页面。

这个过程在 domain 恢复运行（resume）时也会被执行，因此，用户应当把它打包成一个函数，并在每次内核引导和 domain 恢复时调用执行。

第 6 章

理解设备驱动

在任何操作系统中,设备驱动都是其中的重要组成部分。没有设备驱动,内核 (应用程序)将无法与连接到系统上的物理设备通信。

大部分全虚拟化解决方案都提供简单设备的模拟形式,被模拟的设备一般选择 为常用硬件设备,因而在任何给定的客户操作系统中多半都存在其驱动。例如简单 的 IDE 硬盘、NE2000 兼容网络接口等。当客户操作系统不可修改时,这是一种合理 的解决办法,它同样被 Xen 应用在运行未经修改客户操作系统的 HVM Domain 中。

但是,泛虚拟化客户操作系统无论如何都需要被修改才能运行,因此,虚拟化环 境必须使用客户操作系统现有驱动的要求就不存在了。然而,让客户操作系统内核 开发人员编写大量代码,同样不是一个良好的设计方案,因此 Xen 设备必须易于实 现。同时,它们还需要是高效的,否则与模拟实现的设备相比,它们就没有了优势。

Xen 的方式是提供抽象设备,抽象设备实现了针对特定设备类的高级接口。如 Xen 中提供了抽象的块设备,而不是提供 SCSI 设备和 IDE 设备。块设备只支持两 种操作:读数据块和写数据块,其实现方式与 POSIX 中的 readv 和 writev 调用比较 相似,并且允许多个操作聚合为单个请求(这允许 I/O 操作在 Domain 0 内核中或控 制器中进行重新排序,从而更加有效的利用它们)。网络接口相对比较复杂,但是对 客户操作系统而言仍然比较易于实现。

6.1 分离设备模型

对 Xen 而言,支持商用 PC 中大量硬件产品是一件令人畏惧的任务。所幸的是, 大部分需要支持的硬件已经被 Domain 0 中的客户操作系统支持。如果 Xen 能够重 用这种支持,那么它将免费获得大量的硬件兼容能力。

此外,在操作系统中提供多路复用服务已经十分平常,操作系统存在(相对于在 硬件上直接运行应用程序)的目的是提供一个真实硬件设备的抽象。现代操作系统 中的这种抽象的特性之一便是用户应用程序通常互相不可见,两个应用程序可以使 用同一个物理磁盘、网络接口或者声卡设备,而彼此无需担心。通过捎带这种能力, Xen 能够避免编写大量新的和未经测试的代码。

这种复用能力非常重要,高端系统(尤其是大型主机)中的一些设备提供了虚拟化可知(virtualization-aware)特性,它们能够在固件中被分区,从而每一个运行中的操作系统都可以与它们直接通信。但是对于消费级硬件,这种虚拟化可知特性是不常见的。大部分消费级设备假设只有一个用户,并要求运行中的操作系统来完成任何要求的多路复用。在虚拟化环境中,设备访问必须在它被操作系统处理之前被多路复用处理。

正如之前讨论的一样,Hypervisor 提供了 Domain 间通信的简单机制——共享内存。设备驱动利用该机制建立两个组件间的通信。本章后面要描述的 I/O 环(I/O ring)机制主要为用于这种通信机制。

关于 Xen 设备需要注意的重要内容之一是,它们实际上不是 Xen 中的一部分。Hypervisor 提供了设备发现和 Domain 间移动数据的机制,驱动在一对客户 Domain 之间被分割,这种成对的 Domain 通常是由 Domain 0 和其他客户 Domain 组成,尽管可能用专门的驱动 Domain 来代替 Domain 0。Xen 定义了接口,而实际实现将交给 Domain 操作系统来实现。

图 6.1 演示了一个典型的分离设备驱动的结构,前端和后端驱动在不同 Domain 间隔离,只能通过 Xen 提供的机制来进行通信。最常见的机制是 I/O 环,它构建在 Xen 提供的共享内存的顶端。

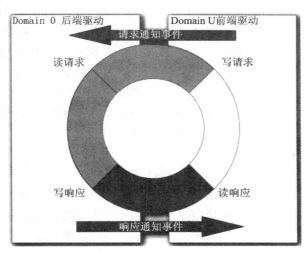

图 6.1　分离设备驱动的组成部分

单独的共享内存环自身需要大量的查询操作。尽管查询在有较高比例等待处理的数据的情况下,查询操作处理十分迅速,但通常效率比较低。由于 Xen 提供了允许异步通知的事件机制,从而消除了这种需求。事件机制用来告知后端驱动有一个请求需要被处理,或者通知前端驱动有一个响应正在等待。事件的处理和传递将在第 7 章讨论。

"拼版游戏"的最后一部分是 XenStore,这是一种简单的分层结构,在 Domain 间共享。与 Grant Tablet 不同,其接口相当高级。XenStore 的一个主要用途是发现设备,在这一角色中,它类似于 OpenFirmware 提供的设备树,另外它还有附加用途。Domain 0 中的客户操作系统导出一个包含每一个非特权 Domain 可见设备对应的树状结构,用于最初的设备发现阶段。设备树被期待运行前端驱动的客户操作系统遍历,从而配置其感兴趣的设备。一个例外是控制台(Console)驱动,这是因为预期中控制台驱动是在启动过程中较早就必需的(至少是希望具备的),因此它通过起始信息页(start info page)进行广播。

XenStore 自身是作为分离设备来实现的,用来通信的页面的地址是通过起始信息页中的机器帧号来提供的,这一点与其他设备稍微不同的,页面在系统启动之前就对客户操作系统可用,而不是通过 Grant Table 机制来导出并在 XenStore 广播。

82

6.2 将驱动程序移出 Domain 0

Xen 提供了非 Domain 0 的 Domain 委托访问硬件设备的机制,该 Domain 被称为驱动 Domain(driver domains)。在不包含 IOMMU 或者实现 IOMMU 保护原理的类似硬件的平台上,通常不能安全地实现这一目标。

Hypervisor 能够使用 MMU 来隔离用于内存映射 I/O 的内存区域并将区域中的页面授权给驱动 Domain。它同样可以阻止处于 Ring 1 的过程使用 I/O 端口操作指令,并且强迫这些指令被捕获并通过 Hypervisor 来模拟它们,从而增加了相当的开销。但是在没有额外的硬件支持的情况下,这一机制并不能防止驱动 Domain 发出不安全的 DMA 请求。这使得传统硬件上大部分驱动 Domain 是不完全安全的。

驱动 Domain 的应用提供了两个关键优势,首先是为系统组件提供了额外的隔离性。在标准配置下,Domain 0 具有两个截然不同的职责:

● 支持硬件平台,并运行后端设备驱动;
● 提供 Xen 的管理接口。

Xen 的重要特性之一是只有少量代码运行在 Ring 0 中,这有助于提供一定的安全性与稳定性。Domain 0 中的代码运行在 Ring 1 中,但是仍然通过 Hypervisor 执行许多通常限制在 Ring 0 中的操作。通过减少运行在 Domain 0 中的代码,从而使得系统的安全性得到提高。设备驱动日益成为现代操作系统代码库的主要组成部分,同样不幸的是,它同样日益成为内核中最有可能出现问题的部分。这是容易理解的,由于不是所有人都使用相同的硬件,因此它们是最少经过测试的。设备驱动同样需要去处理(潜在的未经文档描述的)物理硬件缺陷,以及在正常工作的时候大量可能的设备间交互作用。带有 IOMMU 的系统中的驱动 Domain,在遇到不正确的 DMA 请求的时候,只是会损坏其自身,因为 IOMMU 阻止了它对其他 Domain 空间的访问。

驱动 Domain 的另一个优势就是这一机制可以提供对更多设备的支持。例如,如果用户选择在 Domain 0 中运行 Solaris,但并没有被限制只能使用 Solaris 所支持的设备。用户可以通过在驱动 Domain 中运行 Linux 或 NetBSD,从而增加对其他设备的访问。这一机制还可以被硬件制造商扩展,从而提供"Xen 原生(Xen Native)"的设备驱动——一个内嵌有设备驱动的小型化内核,能够运行在驱动 Domain 中,从而减少对操作系统专用驱动的需求。

6.3　理解共享存储器环形缓冲区

环形缓冲区是一个相当标准的无锁数据结构,用于提供生产者—消费者的通信。Xen 中使用的变体有一些不同,它使用了自由运行计数器。典型的环形缓冲区有一个生产者指针和一个消费者指针,由消费者进行检测,由生产者进行累加。当一个指针越过了缓冲区末尾的时候,它需要卷回。这带来的开销相对较大,并且由于它涉及到许多边界情况的编程,因此也很容易造成错误。

如果能保证缓冲区的大小为 2 的乘方,Xen 中的环形缓冲区就可以避免这一问题。这意味着计数器的最低 n 位可以用作缓冲区中的索引值,这些位可以通过简单的掩码操作来获得。计数器可以运行到大于缓冲区的大小,因此用户不需要手动计算溢出;只需将计数器的值进行简单的减法运算,就可以获得缓冲区中数据的数量。一个特殊的情况来自于计数器自身还可能溢出的事实。下面以一个简单的例子来说明,一个包括 32 个元素的缓冲区,对应 8 位计数器,当计数器溢出的时候会发生什么事情? 生产者的值被累加到 258,从而导致一次溢出,该值将卷回为 2。而此时消费者的值尚未溢出,因此消费者的值就大于生产者的值。当尝试进行一次减法运算的时候会发生什么呢?

```
    0 0 0 0 0 0 1 0    (生产者的值为2)
  - 1 1 1 1 1 1 0 0    (消费者的值为252)
    1 0 0 0 0 0 1 1 0  (减运算得到 -250)
    0 0 0 0 0 1 1 0    (截断操作得到6)
```

减法运算结果中的起始位 1 来自于使用 1 的补码计算,如果计算结果为负值,第一位将是 1,而剩余的值将是它正值的补码。这种表现方式应用于所有现代 CPU 中,它简化了大量不同情况的数量(增加有符号数的支持能够使用同样的电路来实现,而不需要考虑它们的符号),这一机制的好处是如果一个值已经溢出的情况下,减法运算仍然可以工作。注意此时起始位将被截断,因为它无法放在 8 位的数值中。大部分 CPU 将它保存在某处的状态寄存器中,但是,这里将简单的忽略它。

需要注意的是,如果在消费者值溢出前,生产者值已经溢出两次的话,这一结果将出错。幸运的是,这种情况不会发生,因为这要求缓冲区的大小比计数器的大小更大,也就是意味着没有掩码操作能够将计数器的值转换为缓冲区的索引值。

Xen 的环机制的另一个有趣的事情是每个环中包含有两种数据,一种为请求,另一种为响应,通过驱动的两半(前端与后端)来更新。从原理上讲,这可能会引发一些问题:如果响应数据比请求数据多,那么响应数据的指针将赶上请求数据的指针,从而阻止后端驱动继续写入任何请求。

Xen 通过只允许响应以覆盖请求的方式被写入,来解决这一问题。图 6.2 演示了一个 I/O 环动作的典型顺序。在这个序列中,驱动的前半端发起两次请求,接着后端驱动填充了它们。序列中的前两个操作显示了驱动将一对请求写入到环中,当每写完一个请求之后,它将累加用于标示环中已用部分的计数器的值。后端驱动接着针对第一个请求写入响应数据,在完成这一操作后,它增加响应计数器的值,标示响应已经被写入。前端驱动接着可以读取这个响应,并增加计数器的值来标示结尾的位置。接着重复以上操作来处理第二个请求。

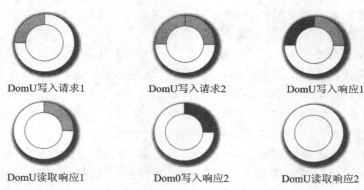

DomU写入请求1   DomU写入请求2   DomU写入响应1

DomU读取响应1   Dom0写入响应2   DomU读取响应2

图 6.2   环形缓冲区上动作的顺序

这里有 3 个相关的计数器,第一个用来标示请求的开始。它的值被前端驱动累加,而且永远不会减少。如果后端驱动读取这个值的时候,它能够保证这个值将永远不会比读取值更低[1]。后端驱动能够顺序使用从请求段的结尾到开头的任何空间来存储响应。

在保存完一个响应后,后端驱动将增加计数器(用来标示响应已经被填充)的值。前端驱动能够读取该计数器,从而得知在它和尾部计数器之间的空间中包含有响应数据,从而前端驱动可以读取它们,并更新尾部计数器为不会导致超越响应计数器的计数值。接着尾部计数器能够再次被前端驱动使用,来确保前端驱动不会用新的请求覆盖现有请求。

环形缓冲区只有在没有等待处理的请求时,才会出现没有空间可以填充响应数据的情况,但是这种情况下就不需要产生任何响应。如果没有空间可以填充请求数

① 此项要求如果要生效,仅需要存储器的写操作是原子性的,而大部分现代 CPU 都是这样的。注意存储器栅栏(memory barrier)不是必须的。计数器的原有值永远是可以安全使用的,因为它是单调变化的。

据的时候,这将意味着两种情况。或者环形缓冲区中已经填满了请求,这种情况下前端驱动需要后退片刻从而允许后端驱动来处理这些请求;或者环形缓冲区中包含有一些响应,在这种情况下前端驱动需要考虑在继续提交请求之前处理其中的一些响应。

6.3.1　分析 Xen 的实现

大部分与 Xen I/O 环相关的定义可以在 xen/interface/public/io/ring.h 中找到。这个文件包含许多创建、初始化以使用 I/O 环的宏定义。这一通用化接口并不被所有驱动使用,一些驱动使用更简单得具有两个单向环的机制,其他的则使用更复杂的接口。这里定义的宏被网络设备和块设备接口使用,并且适合与任何请求和响应是一对一映射的接口。这明显不是控制台所对应的情况,控制台从键盘中读取输入和将数据写入到屏幕上是不相关的操作。

第一个宏定义用于创建环结构,方式如下:

DEFINE_RING_TYPES(name, request_t, response_t);

它创建一个环形缓冲区结构体,请求数据通过 request_t 来指定,响应数据通过 response_t 来指定。它定了表示环的 3 个结构体——一个是共享数据的结构体,保存在共享存储器页中,另外两个保存有私有变量,一个为前端驱动所有,另一个为后端驱动所有。它们被其他宏使用。同时被定义的是请求数据类型和响应数据类型的联合体,用于将环形缓冲区分割为用来保存请求数据或响应数据的段。

在一个环形缓冲区可以被使用之前,它必须被初始化。这一操作将设置生产者和消费者的索引值为它们正确的初始值。用于初始化共享环的宏定义依赖于 memset 的存在,因此应确保在内核中已有一个可以工作的 memset 的实现,即使它并没有被彻底优化。

为了给出这它们如何使用的方法,下面将简要地看一下虚拟块设备是如何使用它们的。该设备对应的接口定义在 io/blkif.h 公共头文件中。

块设备接口定义了 blkif_request 和 blkif_response 结构体,分别对应请求数据和响应数据。接着以如下方式定义了共享存储器环形结构体:

DEFINE_RING_TYPES(blkif, struct blkif_request, struct blkif_response);

这里定义了 blkif_string_t 类型,表示共享环缓冲区和其他两个用来标示环前端和后端使用的私有变量的结构体。前端驱动需要分配共享结构体的空间,接着初始化环形缓冲区。Linux 以如下方式实现这个驱动并初始化环形缓冲区:

SHARED_RING_INIT (string);
FRONT_RING_INIT (&info -> ring, string, PAGE_SIZE);

这里,string 变量是指向共享环形缓冲区结构体的指针,info 变量是指向一个结构体的指针,这一结构体中包含有关于虚拟块设备的一些内核特有的记录信息。

ring 字段的数据类型为 blkif_front_ring_t,是由环形缓冲区宏定义定义的结构体,用于存储与环形缓冲区前端驱动相关的私有变量。数据发送到环形缓冲区的方式决定了这些定义是必需的。

第一步工作是将请求数据写入环形缓冲区,接着,(共享的)环形缓冲区请求生产者计数器被增加。出于效率考虑,通常一次将多个请求写入到环形缓冲区中,接着执行更新操作。因此,需要保留一个请求生产者计数器的私有备份,当被增加的时候可以让前端驱动知道它应该在哪个位置放置新的请求。接着它被压入共享环形缓冲区中。前端驱动以如下方式获得环形缓冲区中下一个可用的请求:

```
ring_req = RING_GET_REQUEST(&info->ring , info->ring.req_prod_pvt);
```

请求随后被使用正确的信息填充,接着准备好压入前端。使用如下宏定义完成:

```
RING_PUSH_REQUESTS_AND_CHECK_NOTIFY(&info->ring , notify );
```

在这里,notify 是一个返回参数,用来标示前端驱动是否需要传递一个事件给后端驱动。这个宏定义设置共享环形缓冲区的请求生产者计数器的值等于私有备份,之后检查请求消费者计数器,如果它仍然低于更新操作被提交之前的请求生产者计数器的值,这就意味着后端驱动仍然在处理更新操作提交之前入队的请求,在这种情况下,将不需要给后端驱动发送事件,从而 notify 被设置为 false。

在请求被发送后,后端驱动将处理它,并向环形缓冲区中插入响应数据。从环形缓冲区中取到下一个响应的方法如下所示:

```
blkif_response_t * bret = RING_GET_RESPONSE (&info->ring , i);
```

这一操作设置 bret 为环形缓冲区中索引值为 i 的响应数据,i 的值需要位于共享环形缓冲区的 res_prod 和前端驱动的 resp_cons 值之间的一个位置。这两个字段标示响应数据的生产者和消费者的索引值。在处理完响应 i 后,前端驱动的 res_cons 值需要被更新来反映它。这个值在向环形缓冲区中插入一个新的请求时被使用,因为它标示了环形缓冲区被使用段的后端的位置。没有新的请求能够被插入到该值的前面。当取完所有等待的请求后,块设备执行如下的检查:

```
RING_FINAL_CHECK_FOR_RESPONSES(&info->ring , more_to_do );
```

当环形缓冲区中仍然有请求等待处理,more_to_do 的值被设置为 true。完成这一检查后,事件通道将被解除屏蔽,环形缓冲区最后一次检查,并将控制返回。

后端驱动有着类似的接口,但是使用其他的私有结构体,并以其他途径使用队列。

Grant Table 用途

为了使用环形缓冲区机制,驱动的两端都需要能够访问它。这意味着底层的存储器必须能够共享,完成这一功能的标准机制是通过 Grant Table。

Xen 分离驱动模型的约定是前端设备驱动需要提供 grant reference,同时后端驱动来映射它,这意味着前端将不需要发出 Hypercall 来设置驱动环形缓冲区。除了一致性之外,这同时提供了优势,使得 HVM 客户机可以实现泛虚拟化驱动而不需要使用任何 Grant Table Hypercall。这同时有助于迁移,共享环形缓冲区属于前端驱动,并且被后端驱动共享,因此当前端驱动被移动到另外一台机器上,它们仍然在同样的位置(在伪物理地址空间中),从而可以方便的重新映射。

这一约定应用于所有使用分离设备模型的 Xen 驱动上,而不仅仅是哪些使用通用环形宏定义的驱动上。这意味着前端设备驱动需要去使用的 Hypercall 是那些与事件通道相关的 Hypercall。

6.3.2　通过内存栅障(Memory Barriers)实现顺序操作

对环形缓冲区的一些操作需要系统中的内存栅栏,在纯粹的顺序(in-order)架构中,内存操作保证以它们被发射的顺序来完成。这也就意味着,只要数据总是在计数器增加之前写入环形缓冲区,那么一切都将工作正常。

x86 开始是顺序架构,随着发展,它必须维护对传统代码的兼容性,因此,现代 x86 处理器仍然是强顺序类型。在强顺序类型的 CPU 上,内存操作保证以它们被提交的顺序来完成。但是在 x86 上,只是对于 store 操作才是顺序的,load 可能被重排序执行。

Xen 支持的平台中,并不是所有的体系结构都是顺序的。例如 IA64 是一个弱顺序类型架构,因此就不存在类似的保证。安腾处理器的早期版本是强顺序类型的,因此这存在一些麻烦,这也就意味着在一些早期安腾上编写和测试的代码也许在新版本的处理器上会突然出现故障。

为了防止重排序,大部分体系结构提供了内存栅障指令,它们强制所有的 load、store 或者 load 和 store 指令必须在继续执行之前完成。Xen 代码使用宏定义来实现这些,并且基于每种处理器的定义来扩展。当在 x86 上开发的时候,忽略它们中的一些操作是十分诱人的,因为写 barrier 在 x86 上实际扩展为 nop 操作。如果用户这样做的话,需要了解这些代码也许在其他平台上将无法执行。

Xen 环形缓冲区宏定义包括正确的 barrier,并且在所有支持的平台上都有效。对于其他不使用这些宏定义的设备而言,重要的是用户自己来添加 barrier。最常被使用的 barrier 宏定义是 wmb()和 mb(),分别提供了写内存 barrier,以及全(读和写)barrier。下面是在标准环形缓冲区宏定义中使用 barrier 的示例:

```
#define RING_PUSH_REQUESTS (_r) do {
```

```
                          \
    wmb();  /* back sees requests / before / updated producer
       index */    \
    (_r)->sring->req_prod = (_r)->req_prod_pvt;
                 \
} while (0)
```

在这里使用的 wmb()宏定义是用来保证在私有的请求生产者计数器被复制到共享环形缓冲区之前,被写入环形缓冲区的请求已经实际在内存中了。一个全内存 barrier 被使用在用来检测是否需要通知另一端驱动有新数据的宏定义中,用来保证在检查消费者计数器之前任何远端驱动读取环形缓冲区中数据的操作已经完成。

注意 x86 平台并没有直接的 barrier 指令,写 barrier 是不需要的,但是读 barrier 是由场合决定的。以 LOCK 开头的指令是隐含的读 barrier,并且一个原子加法指令被用于一个直接的 barrier 的位置上。这意味着当 barrier 随后紧跟着一个原子操作时,在 x86 平台中是可以忽略的。

6.4 通过 XenBus 连接设备

在设备驱动的上下文中,XenBus 是构建在 XenStore 之上的非正式协议,它提供了遍历指定 Domain 可用的(虚拟)设备的方法,并且连接它们。当移植一个内核到 Xen 之上时,实现 XenBus 不是必需的,它主要在 Linux 中用来在一个相对抽象层之后隔离 Xen 特有代码。

XenBus 接口用来实现设备总线(如 PCI)的一个概括映射,它定义在 linux-2.6-xen-sparse/include/xen/xenbus.h 中[①]。每一个虚拟设备有 3 个主要组件:

- 一个共享内存页,其中包含环形缓冲区;
- 一个事件通道,传递环形缓冲区中事件对应的信号;
- 一个 XenStore 入口,包含配置信息。

这些组件通过清单 6.1 中所示结构体而在总线接口上组合在一起。这个设备结构体在很多函数中作为参数进行传递,而这些函数中很多用于实现设备驱动。

清单 6.1 定义 XenBus 设备的结构体[来自于:linux-2.6-xensparse/include/xen/xenbus.h]

```
71        struct xenbus_device{
72        const char * devicetype;
73        const char * nodename;
74        const char * otherend;
```

---

① 尽管头文件是 sparse Linux 代码树中的一部分,但是当不作为 Linux 中一部分发布的时候,它在更多协议下是可用的。

```
75          int otherend_id ;
76          struct xenbus_watch otherend_watch ;
77          struct device dev ;
78          enum xenbus_state state ;
79          struct completion down ;
80      }
```

这个结构体的精确定义，与 Linux 紧密相关；例如，device 结构体，标示一个 Linux 设备。但是，它可以作为一个很好的起点，成为构建其他系统类似抽象层的起点。

XenBus 接口的核心组件，也就是所有希望使用 Xen 客户机可用的泛虚拟化设备的系统所需要真正实现的唯一内容，是 xenbus_state 枚举类型。每一个设备有一个类型与其对应。

XenBus 状态，不像 XenBus 接口的其他部分，是在 io/xenbus.h 中由 Xen 定义，当设备驱动两端间协商一个连接的时候使用。其中定义了 7 种状态，在一般操作中，状态会随着设备被初始化、被连接以及被断开而逐步累加。可能的状态有：

● XenbusStateUnknown，表示总线上设备的最初状态，这是在任何一端已经连接之前。

● XenbusStateInitialising，当后端驱动在初始化自身的过程中保持的状态。

● XenbusStateInitWait，当后端驱动在初始化完成之前等待信息的时候，需要进入的状态，信息源可以是 Domain 0 内核中的热插拔通知，或者来自于正在连接的客户操作系统的进一步的消息。这一状态意味着驱动自身已经初始化，但在其可以被连接之前需要更多的信息。

● XenbusStateInitialised，需要被设置用来标示后端驱动已经就绪，可以被连接。当总线在这一状态之后，前端驱动可以执行连接过程。

● XenbusStateConnected，是总线的正常状态。在客户机运行的大部分时间中，总线将保持在该状态，表示现在前端和后端驱动正常通信中。

● XenbusStateClosing，当置位的时候，它表示设备已经不可用。这时驱动的前端和后端仍然连接，但是后端驱动已经不再对从前端驱动接收到的命令进行响应。当进入这一状态时，前端驱动需要执行一个合适的关闭操作。

● XenbusStateClosed，一旦驱动的两端彼此断开连接后，就进入该最终状态。

并不是所有的驱动都使用 XenBus 机制，两个显著的例外是控制台（console）驱动和 XenStore。两者都是直接从起始信息页（start info page）映射，而且在 XenStore 中没有其对应信息。就控制台而言，这是为了使客户机内核能够尽早的输出调试信息到控制台上。而就 XenStore 而言，显而易见的是这个设备不可能使用 XenBus，因为 XenBus 就是构建在 XenStore 之上，并且 XenStore 不能被用于获得需要映射到自身的信息。

6.5 　 处理来自消息的通知

真实硬件通过中断通道来通知 CPU 有异步事件发生,它们使 CPU 进入特权模式并跳转到被配置为该事件的处理程序的地方继续处理。

Xen 提供了与此类似的机制,也就是事件通道(event channels)的形式。它们被异步的传递到客户机,与中断不同,当客户机不在运行的时候它们将被排队。按照惯例,中断是不知道虚拟机存在的,因此此立刻被传递[①]。

当驱动需要通知设备有一些数据等待处理的时候,它通常通过写控制寄存器来完成。在 Xen 中,事件机制同样替代为通知分离设备驱动的后端,因为两方向都是 Domain 间通信的示例。

与中断相比,事件有两个主要区别,它们是双向的,并且是面向连接的。中断请求(IRQ)被传递给指定处理程序,但是连接的概念是不会出现的。什么可以发起中断是在硬件层上定义的,中断描述符表指出一个程序需要在哪个特权级才可以在软件中触发一个给定中断,而硬件定义了哪个设备可以外部触发它们。

事件必须更好进行访问控制,一个恶意的客户机可能通过触发大量虚假事件从而引发严重问题。因此,事件只能在给定的通道上由两个 Domain 之一传递给它所连接的另一个 Domain。当事件通道被一个 Domain 分配,它明确规定了允许绑定到另一端的 Domain 的序号。其他 Domain 必须明确地要求绑定到该事件通道上。直到这时两端才可以触发事件传递。

在连接之前,设备的事件通道序号必须以某种方式传递给前端驱动。

除了提供从一个 Domain 到另一个 Domain 之间的异步信息发送之外,事件还可以被客户机用来接收实际 IRQ。它们不能使用一般的机制来传递,因为正如前面所提到的,它们可能被传递给错误的虚拟机。Hypervisor 必须捕获设备提交的中断并将它们排队,从而不管当中断生成的时候客户机是否正在运行,当 Domain 运行有对应后端驱动程序的 Domain 可以接收到它们。

事件通道同样用于传递来自于 Hypervisor 中运行的(少量)设备发出的通知。其中最常见的是虚拟时钟设备,它通常用于调度。当一定量虚拟时间已经流逝(也就是 Domain 获取到 n ms 的 CPU 时间)时它发送一个通知。

6.6 　 通过 XenStore 进行配置

在其他事务中,XenStore 是 Xen 等效于 OpenFirmware 设备树,或者查询外部总线的结果。它提供了获取 Domain 可用设备相关信息的中心位置。XenStore 自身

---

① 　 现代的虚拟化可知的硬件提供一种机制,从而可以对中断进行排队。

也是一个设备,因此必须使用起始信息页(start info page)中的信息自引导。第 8 章将更详细地讨论这一过程,从而给出 XenStore 更加详细的综述。

XenStore 的每一个虚拟机都有一个入口,存储了 VM 的所有信息。对于设备的前端和后端都是这样。如前面所述,后端驱动并不是总在 Domain 0 中,因此当连接到典型 Xen 设备时,前端驱动必须知道以下 3 件事:

- 运行有后端驱动的 Domain;
- 共享存储页面的 Grant Reference;
- 用于通知的事件通道。

也许还需要知道一些其他设备相关的信息,它们能够在共享存储器页面内进行传递,但是如果在 store 中进行传递的话,可以在设备初始化之前进行检查,并且允许添加额外信息而不需要破坏设备的 ABI(应用二进制接口)。这同样允许工具出于各种原因来访问设备相关信息。

XenStore 提供了抽象方法来发现设备信息,以及系统的其他方面信息。它是系统第一个必须支持的设备,因为它容纳有其他设备被发现所需要的信息。

XenStore 是一个简单的包含有字符串的分层名称空间,这去除了一系列潜在的问题。当在同一台机器行运行 x86 和 x86 - 64 的客户机时,字长成为二进制接口的争论焦点。一些更严重的问题在一些体系结构上可能发生,如 PowerPC、ARM 或者 SPARC,同时支持大端与小段模式(bi - endian),大端和小端模式的客户机可能在同一个系统中运行,不使用字符(字节)组成的串的情况下传递数据都需要小心的使用诸如 htonl 等宏定义来保证一致性存储。XenStore 基于文本的特性的另一个优势是它使得使用脚本语言编写的工具更加容易处理数据。

6.7　练习:控制台设备

控制台设备比很多其他设备都简单。不使用通用的只有一个环形缓冲区来保存请求和响应的机制,它提供了两个环形缓冲区分别保存输入和输出字符。这是由于哑终端模型上交互的控制台是固有的由两个单向系统组成的。键盘向系统写入数据作为对用户的响应,而屏幕显示信息不需要提供任何信息。

控制台接口自身是非常简单的,清单 6.2 描述了控制台所用的基于共享存储页面的结构。这个页面的机器地址通过起始信息结构体传递给客户机。

清单 6.2　Xen 控制台接口结构体[来自于:xen/include/public/io/console.h]

```
34        struct xencons_interface{
35        char in[1024];
36        char out[2048];
37        XENCONS_RING_IDX in_cons,in_prod;
```

```
38    XENCONS_RING_IDX out_cons,out_prod;
39    };
```

在控制台可用之前,客户机需要映射将其到它的地址空间。这是用和第 5 章中的例子类似方法完成的。当这一工作完成后,控制台事件对应的事件通道必须被绑定,这将在第 7 章详细描述,目前只将控制台作为只写设备来看待,并且尝试显示启动信息。

清单 6.3 演示了如何映射控制台,这里将留下一些设置事件处理程序的空白,并且在第 7 章详细讨论事件系统之后,再回来做这些工作。变量 console_evtchn 用来保存在控制台中使用的事件通道记录。

清单 6.3 映射控制台[来自:**examples/chapter6/console. c**]

```
10    /* 初始化控制台 */
11    int console_init(start_info_t * start)
12    {
13      console = (struct xencons_interface *)
14        ((machine_to_phys_mapping[start->console.domU.mfn]<<12)
15        +
16        ((unsigned long)&_text));
17      console_evt = start->console.domU.evtchn;
18      /* TODO:Set up the event channel */
19      return 0;
20    }
```

当想向屏幕写入一些内容时,用户需要在假设缓冲区中还有空间的情况下将它们复制到缓冲区中,如果空间不足,则需要等待直到有空间为止。典型地,复制大量数据将使用 memcpy 来完成。但是由于没有链接到 C 标准库这里需要自己实现复制操作。这里演示的版本一点也没有优化,因此能将它修改的更加快速。对于控制台驱动而言这并不是非常重要的,因为控制台是一个典型的低数据率的设备。对于其他设备,如果内核中没有实现这个函数,则可能值得去复制一个良好优化的 memcpy 实现。

清单 6.4 是一个简单的函数向控制台写入字符串。函数循环处理输入字符串中的每一个字符直到碰到 NULL,再从输入字符串中复制字符到缓冲区中。

清单 6.4 向控制台写入数据[来自:**examples/chapter6/console. c**]

```
22    /* 写入 NULL 终结字符串 */
23    int console_write(char * message)
24    {
25      struct evtchn_send event;
26      event. port = console_evt;
27      int length = 0;
```

```
28          while( * message ! = '\0')
29          {
30              /* 等待后端驱动在缓冲区中清理出足够的空间 */
31              XENCONS_RING_IDX data;
32              do
33              {
34                  data = console - >out_prod - console - >out_cons;
35                  HYPERVISOR_event_channel_op(EVTCHNOP_send,&event);
36                  mb();
37              }while(data> = sizeof(console - >out));
38              /* 复制数据 */
39              int ring_index = MASK_XENCONS_IDX(console - > outprod, console - >
    out);
40              console - >out[ring_index] = * message;
41              /* 在继续之前确保数据已经在环形缓冲区中 */
42              wmb();
43              /* 输入和输出指针递增 */
44              console - >outprod + + ;
45              length + + ;
46              message + + ;
47          }
48          HYPERVISOR_event_channel_op(EVTCHNOP_send,&event);
49          return length;
50      }
```

　　注意宏定义 MASK_XENCONS_IDX 的使用,它在这里使用是由于控制台缓冲区与 Xen 中其他 I/O 环形缓冲区类似,使用了自由计数器。计数器中的最低有效 n 位用于标示环形缓冲区的位置。这种方法的优势是不需要检测计数器是否溢出缓冲区。另外,因为索引变量的最大值大于缓冲区大小的两倍,而生产者计数器在消费者计数器溢出一次之前不会溢出两次的,因此公式:生产者—消费者所获得的差值将总是给出正确结果。

　　这意味着在向环形缓冲区添加内容的时候只需要检测一种情况,也就是生产者减去消费者小于环形缓冲区的大小。因为生产者减消费者总是给出当前环形缓冲区中的数据的数量,如果环形缓冲区满了,就不允许用户继续操作。在一个控制台的完整实现中,在处理这里之前会等待一个事件到达。

　　在将数据放入缓冲区后,用户需要通知后端驱动来移除并显示它,这是通过事件通道机制实现的。事件将在第 7 章中详细讨论,包括如何处理传入的事件。目前只是通知事件通道,将在第 7 章中查看实际发生什么。

　　通知事件通道相当简单,并且可以被认为与发送一个 UNIX 信号使用同样的方式。变量 console_evtchn 保存用于控制台的事件通道的数量,这类似于 UNIX 中的信号的数量,但是这是在运行时决定的,而不是编译时。注意在每一个字符被放置在环形缓冲区之后再发送一个消息是非常低效率的,只在发送结束的时候,或者缓冲区满的时候发送一个事件将会更加高效,这一方式将留做读者的一个练习题。

发送信号使用 HYPERVISOR_event_channel_op 的 Hypercall。用户给它的命令告诉它去发送一个事件,而对应控制结构体包括一个参数,用来标示被通知的事件通道。

这里为简单的半控制台驱动额外添加一个函数,它通过阻塞缓冲区将输出缓冲输出并清除,直到缓冲区为空(也就是,在输出环形缓冲区中消费者计数器追上生产者计数器)。因为当等待后端驱动追上的时候,函数只是自旋,因此可以发送一个 Hypercall 来通知 Hypervisor 当等待的时候它可以调度其他虚拟机。内存障栅在这里几乎确定不需要,因为 Hypercall(以及由此导致的环形缓冲区迁移)已经是内存障栅,但是出于清晰目的,内存障栅仍然保留。清单6.5演示了 flush 函数。

清单6.5: 输出控制台输出缓冲[来自于:examples/chapter6/console.c]

```
52    /* 当数据已经在输出缓冲中时阻塞 */
53    void console_flush(void)
54    {
55      /* 当在输出通道中有数据时 */
56      while(console->out_cons<console->out_prod)
57      {
58        /* 让其他程序运行 */
59        HYPERVISOR_sched_op(SCHEDOP_yield,0);
60        mb();
61      }
62    }
```

现在已经有了只写控制台驱动的一些有希望工作的实现(还没有读取用户输入的文本),下面尝试使用它。首先创建包含有两个函数原型的 console.h 文件,接着尝试调用它们。清单6.6给出内核的主体,它向控制台写"Hello world"。"Hello world"是任何系统固有的第一条输出消息,但是它总是有一些枯燥。这里同时打印了包括正在运行的 Xen 版本和其他内容的 Xen 魔(magic)字符串。

需要注意:在退出之前调用函数 console_flush()。这是由于当 domain 销毁的时候控制台环形缓冲区终止并退出,如果我们非常不幸,这将在后端驱动读取缓冲区内容之前发生。

现在全部剩余的工作是将 console.o 添加到 Makefile,构建并测试内核。当加载最终的简单内核时,用户可以使用命令 xm create,这将在后台创建一个新的 domain。启动这个 Domain 时,如果希望能够看到控制台的输出,可通过添加一c标志位来完成,用来告诉 xm 来自动附加到控制台上。

```
# xm create - c domain_config
Using config file "./domain_config".
Started domain Simplest_Kernel
Hello world!
Xen magic string：xen - 3.0 - x86_32p
#
```

接着新的 domain 被销毁，这是由于已经告诉内核在写完消息后退出。如果这一情况发生，那么一切都如预期。现在可以在启动过程的其他部分使用控制台来输出数据了。当映射了事件通道后，用户还可以用它来输入数据。

目前控制台输出还是有一些原始，添加一些类似 C 标准 printf() 的函数将会更好。这一工作将作为留给读者的练习题。一个好的方法是去查看现有 C 库（在这里使用 OpenBSD 的实现是一个好的选择）中的 vfprintf() 函数，并将其中用于实际输出字符的函数或者宏定义替换为调用 console_write() 函数。

清单 6.6　"Hello world"内核的主体[来自于：examples/chapter6/kernel.c]

```
12    /* 主内核入口点，由 trampoline 调用 */
13    void start_kernel(start_info_t * start_info)
14    {
15        /* 映射共享信息页面 */
16        HYPERVISOR_update_va_mapping((unsigned long)&shared_info,
17          pte(start_info - >shared_info | 7),
18          UVMF_INVLPG);
19        /* 设置 bootstrap 中使用的指针
20         * 用于在向上调用后重新使能事件传递 */
21        HYPERVISOR_shared_info = &shared_info;
22        /* 设置和取消事件屏蔽 */
23        init_events();
24        /* 初始化控制台 */
25        console_init(start_info);
26        /* 写入消息来检查它实际能够工作 */
27        console_write("Helloworld! \r\n");
28        /* 循环，处理事件 */
29        while(1)
30        {
31            HYPERVISOR_sched_op(SCHEDOP_block,0);
32        }
33    }
```

第 **7** 章

使用事件通道

事件通道是 Xen 中用于异步通知的基本机制,它们和共享存储页面中的环形缓冲区一起,为分离设备驱动的前端与后端之间提供一种高效的消息传递机制。

本章将研究 Xen 事件与软件硬件中断间的相似之处与不同之处,将关注事件通道如何被绑定,终端端点如何被使用,从而学习如何去通知一个事件通道以及如何处理被提交的事件。

7.1 事件和中断

事件是从 Hypervisor 到客户机,或者客户机之间传递消息的标准机制。从概念上讲,它们类似于(传统的)UNIX 信号。每一个事件传递一位消息:也就是对应事件已经发生。

信号传递的标准方式是通过一个来自 Hypervisor 的向上调用(upcall),像信号一样,当另一个事件正在被处理的时候,消息仍然能够被传递。因此在一个事件的处理过程中通常禁用事件传递。

与 UNIX 信号不同的是,在传递被禁止时所发生的事件并不会丢失,在对应处理过程被重新使能后,它们也不会被传输;但是,通过查询共享信息页面中相关虚拟CPU(Virtual PC,VCPU)结构体可以检测到现有的尚未处理的事件。

在很多情况下,Xen 事件替代了硬件中断。中断是一种异步传输的事件,标示与机器硬件相关的一些事情的发生。事件是一种异步传输的事件,标示和虚拟机相关的事件的发生。一个实际网卡在每次数据包到达的时候会发送一个信号,而虚拟接口则会发送一个事件。

7.2 处理陷阱(Trap)

除了事件之外,Xen 还提供了一种异步通知的更底层形式——陷阱。和事件能够动态创建和绑定不同,陷阱具有静态意义,直接对应于硬件中断。

IA32 规范将中断分为 3 大类:被使用的,未被使用的,以及被保留的。最前面

20 个中断(除 1、9 和 15 号中断被保留外①)都是被使用的,接下来的 11 个中断是被保留的,剩余的则是未被使用的。在未被使用的中断中,80h 通常被用于系统调用,82h 在较早版本 Xen 中被用于 Hypercall。

传递一个陷阱所需要的代码路径比传递事件所需要代码路径更加简单。当客户机运行在一个特定(物理)CPU 上时,Hypervisor 为客户域(Domain)设置中断描述附表(IDT),这意味着所有的中断都被客户机直接处理,从而中断处理路径将不再涉及 Hypervisor。

因为 Xen 陷阱直接对应于硬件中断,同样的代码可以被重用来处理它们。例如,浮点错误或者导致正在运行的过程中的一个信号被提交,从而过程将会被中止;或者信号被简单的忽略。这取决于操作系统或者用户的标准行为。Xen 下并没有不同,一项修改是访问特定控制存储器的方式。当一个中断处理例程正在运行,同时中断被禁止,这完全保证了没有其他因素会影响处理器状态。在 Xen 中则不同,一个虚拟机可以被抢占从而允许另一个虚拟机运行②,因为 x86 中特定寄存器不能直接读写,当客户机下一次运行的时候,它们的内容将不能被写回。为了避免丢失信息,Hypervisor 将这些脆弱的控制寄存器的值保存在共享信息页面中的虚拟 CPU 结构体中。在 x86 处理器中,保存上一次页故障地址的 CR2 寄存器就是以这种方式处理的。

客户机希望这样做的最明显的理由是它希望直接处理 80h 中断。Xen 客户机不能使用 SYSCALL 或 SYSENTER 来完成(快速)系统调用,因为它们将直接跳转到 Hypervisor 常驻的特权级 0 中,接着必须折返回客户机内核,而更多传统 80h 中断的方法经常被使用。通过为 80h 中断建立陷阱向量,使得客户机能够处理系统调用,而不需要 Hypervisor 有任何参与。

快速系统调用和 HVM

　　与泛虚拟化客户机不同,运行在硬件虚拟 Domain 不用经历特权级压缩。一个 HVM 客户内核运行在 Ring 0,而 Hypervisor 运行在一个新的模式中,对特权级 0 隐藏。这就意味着提供快速跳转到 Ring 0 功能的 SYSENTER 和 SYSCALL 能够用于系统调用。

　　在写作本书的时候,泛虚拟化客户机不运行在 HVM 模式中,因此不能利用以上方式。在未来的发行版本中,有可能更多的 HVM 特性被添加到 PV Domain 中,使得当底层硬件支持 HVM 的时候,所有类型的客户机都能进行快速系统调用。

当客户机不再运行的时候,由 Hypervisor 设置的 IDT 被移除。因此,它只能用

---

　　① 更准确的说法是,9 号中断不再被使用。它是一个历史产物,并且在现代 x86 处理器中将不再产生。

　　② 理论上,在中断的处理例程正在运行的时候,可以通过在 Hypervisor 中禁用占先来避免此种情况。但实际上,这将使得其他客户机对通过在中断服务程序中运行整个内核的恶意客户机发起的拒绝服务攻击完全开放。

于接收在 Domain 中运行的组件产生的中断,例如,处理器异常(只有内核所依赖的处理器所引发的,内核才会关心)。这一机制不能用于诸如从设备中接收中断等用途中,因为当 VM 没有被调度的时候,这将导致中断丢失。

陷阱表的结构与 IDT 的结构不同,早期版本的 Xen 没有尝试去模仿宿主平台的结构,为了提供一个相当通用的抽象层,陷阱表是一个简单的结构体,能够很容易的被客户机操作,如清单 7.1 所示。

清单 7.1　x86 的陷阱表入口【摘录自:xen/include/public/arch - x86/xen. h】

```
101    struct trap_info {
102            uint8_t              vector;    /* 异常向量 */
103            uint8_t              flags;     /* 0～3:特权级;4:清除事件使能? */
104            uint16_t             cs;        /* 代码选择子 */
105            Unsigned long        address;   /* 代码偏移量 */
106        };
```

每一个入口包含陷阱序号、能够在软件中提交中断的最高优先级的特权级值以及陷阱处理程序的地址。陷阱号与宿主机的中断号一样;优先级则定义了一个特权级值,这在 x86−64 平台中没有实际意义,因为在这里内核和用户空间程序都运行在 Ring 3 中,而在 32 位 x86 平台中,特权级 1 到特权级 3 都是客户 Domain 可用的,内核通常运行在特权级 1 中,而用户空间程序运行在特权级 3 中。一些内核设计将某些特权组件降级到 Ring 2 中,这需要他们提交由特权级 1 内核组件处理的中断。在这一情况下,用户可以设置第二个参数为 2,从而允许特权组件来执行 INT 指令并将控制权传递给 Ring 1 的组件,但是避免同样的事情从用户空间应用程序发起的情况。

清单 7.2 显示了陷阱表初始化代码,它来自于随 Xen 发布的 Mini−OS 的例子中。每一个入口中的最后两个字段以段序号和段内偏移值来标示处理程序,__KERNEL_CS 符号被设置为 Xen 定义的 FLAT_KERNEL_CS,这表明由 Xen 创建的代码段映射在一个平面地址空间中,也就是整个地址空间被映射到一个段中。

清单 7.2　Xen Mini−OS 中陷阱表初始化代码

```
202    Static trap_info_t trap_table[] = {
203            {   0,  0,  __KERNEL_CS,  (unsigned long) divide_error   },
204            {   1,  0,  __KERNEL_CS,  (unsigned long) debug   },
205            {   3,  3,  __KERNEL_CS,  (unsigned long) int3   },
206            {   4,  3,  __KERNEL_CS,  (unsigned long) overflow   },
207            {   5,  3,  __KERNEL_CS,  (unsigned long) bounds   },
208            {   6,  0,  __KERNEL_CS,  (unsigned long) invalid_op   },
209            {   7,  0,  __KERNEL_CS,  (unsigned long) device_not_available   },
```

```
210      {  9, 0,  __KERNEL_CS,  (unsigned long)
         coprocessor_sagement_voerrun  },
211      {  10, 0,  __KERNEL_CS,  (unsigned long) invalid_TSS  },
212      {  11, 0,  __KERNEL_CS,  (unsigned long) sagement_not_present  },
213      {  12, 0,  __KERNEL_CS,  (unsigned long) stack_sagment  },
214      {  13, 0,  __KERNEL_CS,  (unsigned long) general_protection  },
215      {  14, 0,  __KERNEL_CS,  (unsigned long) page_fault  },
216      {  15, 0,  __KERNEL_CS,  (unsigned long) spurious_interrupt_bug  },
217      {  16, 0,  __KERNEL_CS,  (unsigned long) coprocessor_error  },
218      {  17, 0,  __KERNEL_CS,  (unsigned long) aligment_check  },
219      {  19, 0,  __KERNEL_CS,  (unsigned long) simd_coprocessor_error  },
220      {  0, 0,      0, 0  },
221      };
222
223      Void trap_init ( void )
224      {
225         HYPERVISOR_set_trap_table ( trap_table );
226      }
```

表中的每一个地址是一个入口点，由汇编语言编写，将寄存器的值保存到堆栈中的一个 pt_regs 的结构体，接着调用执行实际处理过程的 C 函数。它在结构上类似于本章后面详细描述的事件处理程序入口点。

> **非 x86 陷阱**
>
> 在大部分非 x86 平台上，Xen 移植版本使用平台自有支持来进行虚拟化。在一些情况下，客户机简单的设置 IDT 就可以正常工作，在 PowerPC 和 IA64 平台中就是这样的。其他平台（如 ARM）可能需要使用陷阱表机制，但是提供了一个不同的陷阱结构体。在本书正在编写的时候，陷阱机制有实际意义的唯一平台是 x86 平台，由于 trap_info_t 结构体定义依赖每一个平台，在未来移植版本中也许会希望使用底层平台的 IDT 结构体，而不是创造一个新的结构体。

7.3　事件类型

事件分为三大类：域间事件（interdomain events）、物理 IRQ（physical IRQ）和虚拟 IRQ（virtual IRQ，VIRQ）。物理 IRQ 也许是最容易理解的，它们是实际的 IRQ 到事件通道的映射，与陷阱不同，即使 Domain 没有被调度运行时，事件也会被加入队列中，在 Domain 被调度运行时事件被传递。由于这个原因，它们应该被用于与硬件设备的通信中。

Domain 0 或者驱动 Domain 中的客户机将希望为它所控制的大量设备的物理

IRQ 设置到事件通道的映射。当然在做这一工作之前，它需要发现哪一个设备已经被绑定到哪一个 IRQ 上。典型的，这是通过 BIOS 或者 APIC 调用来完成的。在 Xen 中这是不允许的，因此它们被强制使用 HYPERVISOR_physdev_op 的 Hyper-call 来完成。

第二种事件是虚拟 IRQ，它们类似于物理 IRQ，但是与虚拟设备相关联。最简单的例子是定时器。定时器虚拟设备类似于其物理副本，但是存在于 Domain 虚拟时间中。客户机可以请求某一虚拟时刻的定时器事件，在对应时刻它将在绑定到 VIRQ_TIMER 的虚拟 IRQ 的通道上接收到一次事件。

有一些其他虚拟 IRQ 与 Hypervisor 提供的设备相关联，但是它们中的大多数只在 Domain 0 中可用。通常，它们与调试客户 Domain 相关。其中的一个例子是 VIRQ_CONSOLE，它通知 Domain 0 有其他客户机将一些数据写到调试控制台。①

最后一类，也就是 Domain 间事件，是更加模糊定义的。它们由两阶段过程创建出来。一个 Domain 分配一个新的未绑定的通道，并允许其他 Domain 绑定到该通道。第二个 Domain 分配一个新的通道并绑定到远端 Domain 的端口处。当连接完成时，两个 Domain 中的任意一个可以通过向本地端口发送事件来给另一个 Domain 发送信号。Domain 间事件的主要用途是作为"泛虚拟化 IRQ"，它们是由泛虚拟化设备引发的中断。大部分设备使用该事件来通知客户 Domain 有数据正在等待。和 IRQ 不同，Domain 间事件是双向的，客户 Domain 发送一个事件来通知客户机在相反的方向有数据等待被传输。

尽管不常用，还存在着第四种事件：Domain 内事件（intradomain events）。它们是 Domain 间数据的特例，发送和接收 Domain 是同一个，这等价于实际物理系统中的处理器间中断（IPI）。可以使用事件通道在同一个客户机中的不同 VCPU 间进行通信。完成这一工作通常有更好的方法，但是像 UNIX 用户空间的域套接字编程一样，它有一个优势是能够稍后扩展到外部 Domain 中。如果希望操作系统具有与其他 Domain 更好的隔离性来获得额外的安全性的时候，事件通道也许是一个好选择。

需要了解，当 VCPU 间进行通信的时候，并没有担保它们能够并行运行。也许一个物理处理器被用于调度被配置给它的所有 VCPU，如果有两个 VCPU 具有生产者/消费者关系，需要确保当其中一个 VCPU 等待另一个的时候，发射"放弃执行"的调度操作给 Hypervisor，从而允许另一个 VCPU 去运行。

7.4　请求事件

请求事件是一个相当简单的过程。所有需要做的是绑定一个事件通道到一个事件源——实际的 IRQ、虚拟 IRQ 或者远端 Domain 的事件通道。过程可以被分解为

---

① 只有在 Hypervisor 在编译过程中开启了调试支持，调试控制台才对其他 Domain 可用。

如下两步：

（1）绑定通道到一个事件源；

（2）为该事件配置一个处理程序。

第一步是实际绑定通道到一个中断源的过程，内核需要首先绑定的事件之一是定时器虚拟中断，由 VIRQ_TIMER 来标示，提供了用于调度的周期定时器事件。

清单 7.3 演示了定时器中断如何被绑定。Hypervisor 选择了调用者中一个尚未绑定的事件通道，接着设置 op. port 为该值。在第二步中该值将被用于配置处理函数。

通道和端口

术语"通道"和"端口"通常可以交替使用。技术上讲，通道是两个端点间的抽象连接，而端点是用来标示通道所连接到的端点的标识符。

当一个 Domain 间事件通道被分配的时候，它连接到了创建者 Domain 中的一个端口。当远端 Domain 绑定它的时候，两端都有一个端口以及对应通道可以使用。从任何一个 Domain 的视角看，本地端口就是通道，没有其他方式来标示它。了解通道和端口的区别是重要的，尽管在实践中大部分情况下忽略这种区别是安全的。

清单 7.3　绑定定时器虚拟中断

```
1   Evtchn_bind_virq_t op;
2
3       op.virq = VIRQ_TIMER;
4       op.vcpu = 0;
5
6       if ( HYPERVISOR_event_channel_op(EVTCHNOP_bind_virq, &op) ! = 0 )
7       {
8         /* 处理错误 */
9       }
```

另一种经常被请求的事件是 Domain 间事件，它被用于分离设备驱动的两端传递事件，并且可以用于通知另一个异步 Domain 间通信事件。绑定到这些事件上的过程类似于绑定 VIRQ。注意不是所有的该类事件天然的需要绑定，用于控制台和 XenStore 的事件通道被 Domain Builder 绑定。控制台事件通道被绑定，从而可以在很早时候就用于输出内核调试信息，XenStore 事件通道被绑定，从而 XenStore 可以用于引导其他 Domain 间通信。

虚拟 IRQ 源自 Hypervisor 中，因此绑定它唯一需要的信息是 VIRQ 序号。Domain 间事件必须被绑定到另一个远端 Domain 和其中一个已分配（但是尚未绑定）的通道。

清单 7.4 显示了一个新的事件通道如何被分配的。和前面的一样,op. port 被设置为要分配的端口。这一操作分配一个通道,远端 domain 可以绑定其上从而实现 Domain 间通信。Op. port 的值通常被放置在 XenStore 中,从而远端 Domain 可以访问它。只有在通道分配时指定的 Domain 才被允许绑定到其上。

清单 7.4　分配一个未绑定的事件通道

```
1    evtchn_alloc_unbound_t op;
2    op.dom = DOMID_SELF
3    op.remote_dom = remote_domain;
4    if ( HYPERVISOR_evnet_channel_op(EVTCHNOP_alloc_unbound, &op ) ! = 0)
5    {
6      /* 处理错误 */
7    }
```

假设另一个 Domain 已经通过一些途径(典型的是 XenStore)设法获得事件通道端口序号,那么它可以绑定从而实现 Domain 间访问,如清单 7.5 中所示。

清单 7.5　绑定事件通道实现 Domain 间通信

```
1    evtchn_bind_interdomain_t op;
2    op. remote_dom = remote_domain
3    op.remote_port = remote_port;
4    if ( HYPERVISOR_evnet_channel_op(EVTCHNOP_bind_interdomain, &op ) ! = 0)
5    {
6      /* 处理错误 */
7    }
```

下一节将讨论一些和屏蔽事件相关的注意事项。通常在启动阶段屏蔽所有的事件通道,当它们被绑定的时候解除屏蔽,从而防止接收到虚假事件。当绑定一个新事件的时候,需要清空与该事件相关的挂起位,如果不这做的话,将会在不应该的时刻触发对应的处理程序。最后一件需要注意的事情是在启动时事件传递是被禁止的,需要通过清空 VCPU 的 evtchn_upcall_mask 标志来使能它。在做完这一工作之后,用户必须检查 VCPU 的 evtchn_upcall_pending 标志位是否被置位,如果被置位的时候,需要处理等待的事件。不这样做的话会导致事件被丢失或者被延误。

Domain 内事件,作为处理器间中断的虚拟化形式,是第三类事件通道。它们与其他类型的事件通道有些许不同。因为全部两个端点都是在同一个 Domain 中,两端的端口号都是一样的。创建这种事件通道所需要传递的信息很少,Domain 是隐含的——它必须是本地 Domain 自身——两端的端口号由 Hypercall 来分配,一端的虚拟 CPU 隐含的成为调用者的 VCPU,需要的全部内容是通道另一端的 VCPU,如清单 7.6 所示。

清单 7.6　绑定一个事件通道来完成 Domain 内通信

```
1    evtchn_bind_ipi op;
2    op. vcpu = other_vcpu
3    if ( HYPERVISOR_evnet_channel_op(EVTCHNOP_bind_ipi, &op )! = 0)
4    {
5       /*处理错误*/
6    }
```

　　最后一种需要处理的事件是物理 IRQ,正如之前讨论的那样,它们不能直接传递给正在运行的客户机[①],从而必须通过 Hypervisor 来传递。

　　不像其他的事件类型,大部分 Domain 不允许请求硬件 IRQ,Domain 0 一般允许这样做,同样任何驱动 Domain 都被明确配置为可以访问给定的 IRQ。

　　绑定过程的第二步不涉及 Hypervisor 的参与,完全发生在客户机之中。所有的事件被传递给客户机内核中的单个事件处理函数,它负责将事件转发到正确的位置。在一个事件通道被设置为处理传入事件之前,需要在处理程序中设置一些东西,从而它可以知道如何处理新的事件。在本章的结尾将更详细讨论完成上述工作的方法之一。

7.5　绑定事件通道到 VCPU 上

　　对于单处理器客户机,事件被传递给唯一一个 VCPU。对于 SMP 客户机,可能给定事件对应的处理程序希望被绑定到特定 VCPU 上。在非虚拟化客户机中这更加有用,因为这样可以更好地利用处理器指令缓冲;在虚拟化系统中同样有用,这样允许实现更加廉价的加锁操作,以及更加灵敏的调度决策。

　　只有 Domain 间事件可以被绑定到 VCPU。当通道被绑定时虚拟 IPI 被绑定到一对 VCPU 上,并且每一个 VCPU 的 VIRQ 也类似的被绑定到对应 VCPU 上。在创建的时候 Domain 间事件被绑定到 VCPU 0 上,但可以随后被重新绑定到其他 VCPU 上。

　　清单 7.7 演示了 event_channel_number 标示的事件通道如何被分配到由 vcpu_number 标示的 VCPU 上。注意在 Hypercall 名称中一些混淆的术语。在 Xen 源代码和文档中的许多地方,与事件通道相关的动词"绑定到(to bind)"有 3 种截然不同的意思:

● 连接通道的端点到一个端口;
● 为给定通道分配一个 VCPU 来接收事件;
● 对特定事件设置处理函数。

---

① 除非在一些带有虚拟化支持的中断控制器的平台上。

清单 7.7　分配一个绑定的事件通道到 VCPU

```
1        evtchn_bind_vcpu op;
2        op.port = event_channel_number ;
3        op. vcpu = vcpu_number ;
4        if ( HYPERVISOR_evnet_channel_op(EVTCHNOP_bind_vcpu, &op ) ! = 0)
5        {
6          /* 处理错误 */
7        }
```

第三种用途 Hypervisor 自身不存在(因为它发生在客户内核中),但是在 Xen 发行版中包括的示例 Mini－OS 内核中包含了这一应用。

在 SMP 客户机中,每一个事件通道都需要被"绑定"到所有前面提到的 3 种方式。首先,通道必须被分配并绑定在两端,接着,处理事件的正确的 VCPU 被绑定到事件通道上,最后,处理函数需要被绑定到通道中,接着通道被解除屏蔽从而事件传递能够被处理。

7.6　绑定通道上的操作

对一个绑定的通道最明显的可做的事情是通过它发送一个事件发生的信号,这在第 6 章的例子中简单演示了。传递一个事件的信号非常简单,因为事件通道是面向连接的,需要的全部内容是本端通道的端口号。

这一用途之前看到过——通知控制台事件通道有信号到达——并且看上去和清单 7.8 有一些相似。操作对应的结构体中只需要的单一参数控制结构体:发送信号的端口。

清单 7.8　向控制台事件通道发送信号

```
1    struct evtchn_sned event;
2    Event.port = start － >domU. console. evtchn;
3    HYPERVISOR_event_channel_op(EVTCHNOP_send, &event);
```

除了通过通道发送消息外,对于一个已绑定的接口的其他有意义的操作就剩下关闭它了。此操作将使通道失效,从而避免后续的事件通过它来发送。此操作还使得端口可以重复使用。后者是十分重要的,因为你只有机器字长度×8 个事件端口,也就是同时最多可以有 256 个或者 512 个通道能够被绑定。

关闭端口的操作(evtchn_close_t)与向它发送一个消息的操作完全一样,它包括一个存有端口号的单一字段,发送给 Hypercall 的命令是 EVTCHNOP_close。在该命令被调用后的所有访问该通道的尝试都将失败。

7.7 获取通道状态

有时获取通道的状态是有用的,用户可以通过事件通道 Hypercall 使用 EVTCHNOP_status 命令获取通道状态。这一操作需要一个相当复杂的结构体,包括两个输入参数和一系列输出参数。结构体如清单 7.9 所示。

清单 7.9 事件通道状态操作符

```
1    struct evtchnstatus{
2        /* 输入参数 */
3        Domid_t dom;
4        evtchnport_t port;
5        /* 输出参数 */
6        uint32_t status;
7        uint32_t vcpu;
8        union{
9            struct{
10               domid_t dom;
11           }unbound;
12           struct{
13               domid_t dom;
14               evtchnport_t port;
15           }interdomain;
16           uint32_t pirq;
17           uint32_t virq;
18       }u;
19   };
20   typedef struct evtchnstatus evtchnstatust;
```

两个"输入"参数唯一的标识了事件通道的端点为一个(Domain,端口)对。这一对必须标识一个已经被绑定到通道上的端口。如果不是的话,Hypercall 将返回错误。剩余的结构体由 Hypervisor 来填充。通常,非特权 Domain 只能设置 Domain 字段为 DOMID_SELF。

对任何种类的通道,有两个字段会一直被填充。第一个是 status 字段,必须设置为表 7.1 中的某个值,用来表明连接的当前状态。另一个是 VCPU 字段,被指派来接收通过该通道发送的事件。

表 7.1　事件通道状态值

常量	通道状态
EVTCHNSTAT_closed	当前尚未使用
EVTCHNSTAT_unbound	等待 Domain 间的连接
EVTCHNSTAT_interdomain	连接到一个远端 Domain
EVTCHNSTAT_pirq	绑定到物理 IRQ 上
EVTCHNSTAT_virq	绑定到虚拟 IRQ 上
EVTCHNSTAT_ipi	绑定为 Domain 内使用

最后一个字段是一个联合体,随着状态值的不同而设置为不同值。对于未绑定通道,允许绑定到远端的 Domain 被返回。绑定为 Domain 间通信的通道则会给出用于唯一标示连接远端的(Domain 与端口)对。

绑定到 IRQ 的事件通道,物理或者虚拟的 IRQ 将对应 IRQ 号返回。最后一类,Domain 内事件通道(虚拟 IPI)则不返回附加信息,这个 Hypercall 返回的 VCPU 是事件通道被配置的时候指定的。

7.8　屏蔽事件

当事件处理程序被调用的时候,传输到正在处理的虚拟 CPU 的事件传递被自动禁用。有时,当执行其他操作时,屏蔽事件是必需的(或者,至少是有用的)。对于全部事件,屏蔽可以在每一个事件的全局粒度上执行,或者在每一个 VCPU 基准上的粒度上执行。

当传递一个事件时,Hypervisor 执行图 7.1 所示的路径。在传递过程中,它在 3 个地方可以放弃:

(1) 如果通道的轮询位被置位。这意味着一个事件已经等待处理,因此这一个事件还不能被处理。

(2) 事件通道被屏蔽。发生这一情况的原因有很多,但是它通常被用于保护内核中的不可重入部分。

(3) 将要处理事件的 VCPU 被选择为不接收事件,这经常由于另一个事件处理程序正在运行而导致的。

事件被屏蔽之后,通过检查对应的“挂起”位仍然可以查询事件。这通常在退出事件处理程序之前完成,因为当传递被处理程序屏蔽时其他事件也许已经进入队列。这在繁忙的事件通道通常十分有用,由于进入和退出的开销,向上调用(Upcall)机制并不是特别高效。如果给定的事件通道尤其繁忙,通过屏蔽它并且在通道中周期的轮询事件可以达到更高的性能。当事件通道预期为尤其繁忙,这可以在运行时检测,

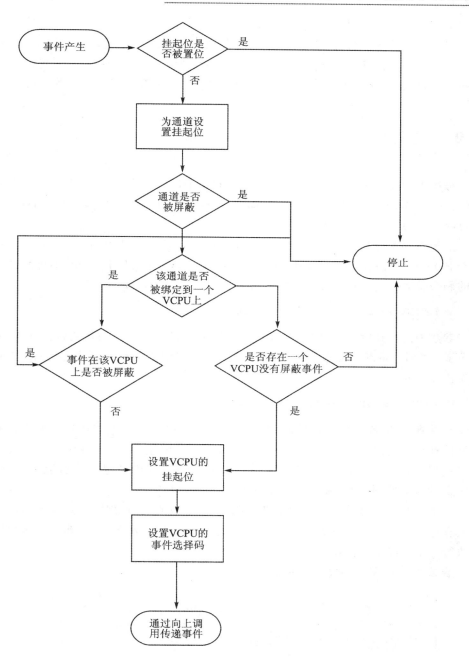

图 7.1　传递事件的过程，从 Hypervisor 视角

或者在设计阶段实现。

　　屏蔽位和挂起位字段都在共享信息页面中，Hypervisor 从来只执行挂起字段中位从 0 到 1 的转换，并从来不改变屏蔽字段。客户机根据自己需要切换屏蔽位字段中的位,并且需要在事件处理完毕后清除挂起标志。注意:Hypervisor 只是通过设置挂起位来告诉客户机有"一个或多个"事件已经传递到给定通道上。因此,在事件处理函数中尽早清除挂起位是一个好的选择。这将允许处理函数运行时传递的事件能够入队,接着内核就可以检查在解除对应通道屏蔽前该通道上提交的等待处理的时间了。

7.9　事件和调度

传递事件与虚拟机调度紧密相连,目前有 4 个调度操作可用,其中的两个直接与事件传递相连,所有的调度操作通过同一个 Hypercall 来使用。习惯上,Hypercall 接收两个参数:一个命令和一个操作。

最简单的调度操作是主动放弃(yield),等价于 UNIX 进程的 Sleep(0)(或者等价于 POSIX 线程的 sched_yield())。它告诉 Hypervisor 对应 Domain 不再需要使用它的剩余份额。这一操作以如下方式发射:

```
HYPERVISOR_sched_op ( SCHEDOP_yield ,NULL);
```

参数中的操作字段在此处被忽略,因此通常传递 NULL。当使用该操作时,Hypervisor 将稍后重新调度该 Domain,一个比该操作稍微强硬的版本是阻塞(Block)操作:

```
HYPERVISOR_sched_op (SCHEDOP_block ,NULL);
```

它具有 yield 操作同样的即时效果:Domain 被不再调度,它将不再被调度直到一个事件被传递到来。如果客户机中的所有进程处于阻塞状态,这将允许客户机一直等待直到它有一些事情需要在运行前工作。定时器 VIRQ 通过事件通道传递,所以下次定时器事件到来时,调用此 VIRQ 的 Domain 被唤醒。

剩余的两种调度操作相对更复杂一些,它们都接收一个参数。关闭操作接收一个只有一个字段的操作参数,用来标示关闭操作的原因。清单 7.10 演示了客户机如何执行一个干净的关闭操作。

清单 7.10　干净的关闭客户机

```
1  Sched_shutdown_t op;
2  op . reason = SHUTDOWN_poweroff ;
3  HYPERVISOR_sched_op (SCHEDO_ shutdown , &op ) ;
```

其他合法的原因有:标示 Domain 预计在关闭后重新启动的 SHUTDOWN_reboot,标示切断设备连接并准备内核挂起的 SHUTDOWN_suspend,或者标示客户机崩溃的 SHUTDOWN_crash。

还有一种调度操作:轮询,类似于阻塞,但是粒度更加细。这一操作只能在客户

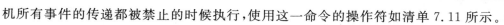
机所有事件的传递都被禁止的时候执行,使用这一命令的操作符如清单 7.11 所示。

清单 7.11　事件轮询控制结构体【来自于:xen/include/public/sched. h】

```
1   struct sched_poll {
2     XEN_GUEST_HANDLE( evtchn_port_t)ports ;
3     unsigned int nr_ports ;
4     uint64_t timeout ;
5   }
6   typedef struct sched_poll sched_poll_t ;
```

前两个字段定义了一组被监视端口的数组,字段 timeout 指定了一个 wall clock 时间,从 UNIX 时代以来这一值就以纳秒为单位。如果这一时间到达时,Hypercall 返回一个非零值。否则,它将被阻塞,直到数组中的一个通道被通知到有事件发生。事件传递被屏蔽,事件将不会产生向上调用,因此调用者必须确定哪一个事件被传递并处理它。

7.10　示例:一个完整的控制台驱动

第 6 章创建了一个基本的控制台驱动。它映射了控制台使用的存储器页面,并且允许一些简单的输出。本示例扩展了基本驱动,在有可用数据的时候触发事件并处理数据。

所有的 Xen 事件被一个处理例程接收,用户需要设置分发事件方式,当接收到事件时将它们分发到指定处理例程。这里通过创建一个简单的处理例程来分发它们到正确的处理例程。这将保存一个可能事件的矩阵,并且在需要的时候触发正确的一个。

由于 Xen 事件传输是完全异步的,它们会在执行过程中的任意一点出现,包括执行用户空间过程中,因此在处理前需要保存当前状态。当整个事件处理例程回调后,Hypervisor 屏蔽所有的事件。接着取决于事件处理例程来决定是否重新使能它们。

x86 平台上的一个中断处理例程退出时,通常使用 IRET 指令。它将恢复被中断的过程的控制器,并自动重新使能中断。从中断处理例程中返回是良好的,但是当从事件处理例程中返回,将不是完全有用,因为事件是不一致的。事件是完全的软件概念,因此 IRET 指令无从得知如何使能它们。对此有两种可能的解决方法:

- 提供一个 IRET 的 Hypercall;
- 并自动完成这一工作,而是在它全部出错的时候再收拾残局。

两种方法都被 Xen 采用。IRET Hypercall 易于使用,但是开销相当大,因为它需要执行上下文切换到 Hypervisor 和后端。大部分时间中,上自动处理并不是必须的,因为没有新的事件打断旧的事件。如果有的话,去检测并修复它仍然比每次都发射 Hypercall 更加廉价。清单 7.12 展示了一个安全的入口点。

清单 7.12　事件入口点【来自于:extras/mini－os/arch/x86/x86_32.S】

```
119   ENTRY( hypervisor_callback )
120          PUSHL      % EAX
121          SAVE_ALL
122          movl       EIP(% esp), % eax
123          cmpl       $ scrit, % eax
124          jb         11f
125          cmpl       $ ecrit, % eax
126          jb         critical_region_fixup
127   11：   push       % esp
128          call       do_hypervisor_callback
129          add        $ 4, % esp
130          movl       HYPERVISOR_shared_info, % esi
131          xorl       % eax, % eax
132          movb       CS(% esp), % cl
133          test       $ 2, % cl              # 缓慢的返回特权级 2 或者 3
134          jne        safest
135   safest：movb      $ 0, 1(% esi)              #  重新使能事件回调
136   scrit：  /* * * * 临界区域开始 * * * */
137          testb      $ 0xFF, (% esi)
138          jnz        14f                   # 如果需要的话处理更多事件…
139          RESTORE_ALL
140   14：   movb       $ 1, 1(% esi)
141          jmp        11b
142   ecrit：  /* * * * 临界区域结束 * * * */
```

真正的事件处理例程是 do_hypervisor_callback 函数,它定义在其他地方。代码的第一部分读取起始地址,并检测其是否在 scrit:和 ecrit:标签之间。如果在,这就意味着当前事件正在中断事件处理例程,而不是实际的处理代码。这是一个问题,因为那已经将一些寄存器的值从保存它们的地方(堆栈上)恢复出来,但是并不是它们的全部。如果事情发生,程序将出现问题,将会在堆栈上有一个完整的寄存器备份,以及一些垃圾。用户需要将两个基于堆栈的备份合并在一起。

清单 7.13 显示了如果检测到问题时,这一工作是如何进行的。这里引用的临界修复表是一个简单的表格结构,它允许确定多少已经被成功恢复。接着这一工作将数据复制到堆栈底部并设置堆栈指针为正确的值。当寄存器文件的堆栈备份中的两部分在同样的位置时,宏定义 RESTORE_ALL(只是将它们弹出堆栈)能够将它们恢复处理,好像中断从未发生过一样。在这一过程发生后,它跳转回事件处理函数,处理函数接着一直尝试去处理事件,直到没有剩余未处理的事件。

这段代码的整体流程是进入事件处理程序，并将所有寄存器的内容压入堆栈中。接着，检查是否来自于临界区（位于重新使能事件传输和返回之间的部分）。如果是这种情况，堆栈帧重新被破坏，因此它包括如果中断没有发生时会包含的同样的内容。在此之后，它进入循环，反复处理挂起的事件，直到运行完成，此时它重新使能事件传输，恢复寄存器文件并返回。

堆栈指针的内容先于调用实际处理函数被压栈，它指向先前的堆栈帧，其中包含有所有在事件发生前的寄存器的所有内容。这允许寄存器处理函数访问处理器状态，并随意调整它需要的事情。

清单 7.13　临界区域中断修复[来自：extras/mini－os/arch/x86/x86_32.S]

```
150    critical_region_fixup:
151            addl $ critical_fixup_table? scrit, % eax
152            movzbl ( % eax), % eax          # % eax 中包括需要弹出的数据数量
153            mov % esp, % esi
154            add % eax, % esi                # % esi 指向源区域的底部
155            mov % esp, % edi
156            add $ 0x34, % edi               # % edi 指向目标区域的底部
157            mov % eax, % ecx
158            shr $ 2, % ecx                  # 将字转换为字节
159            je  16f                         # 如果没有剩余需要复制的内容则跳过
160    15：    subl $ 4, % esi                 # 预先递减的复制循环
161            subl $ 4, % edi
162            movl ( % esi), % eax
163            movl % eax, ( % edi)
164            loop 15b
165    16：    movl % edi, % esp               # 最后 % edi 是被合并堆栈的顶部
166            jmp 11b
```

事件处理程序代码的内容是高度平台相关的，在其他平台上运行需要重写。但是它给出了一些抽象层，并且"实际的"事件处理函数可以在 do_hypervisor_callback 中，它可以定义为一些 C 代码。其中相当零乱的代码在清单 7.14 中显示，来自于本章示例代码的 event.c 文件中。

清单 7.14　事件回调函数[来自于：examples/chapter7/event.c]

```
67    /* 将事件分发给正确的处理函数 */
68    void do_hypervisor_callback(struct pt_regs * regs)
69    {
70      unsigned int pending_selector;
71      unsigned int next_event_offset;
72      vcpu_info_t * vcpu = &shared_info.vcpu_info[0];
73      /* 确保没有丢失新的事件的边界... */
```

```
74        vcpu->evtchn_upcall_pending = 0;
75        /* 设置挂起选择子为0,并自动获取原有值 */
76        pending_selector = xchg(&vcpu->evtchn_pending_sel,0);
77        while(pending_selector! = 0)
78        {
79          /* 获取选择子的第一位并清除它 */
80          next_event_offset = first_bit(pending_selector);
81          pending_selector&= ? (1<<next_event_offset);
82          unsigned int event;
83
84          /* 当有事件在未屏蔽通道上等待时 */
85          while((event =
86          (shared_info.evtchn_pending[pending_selector]
87          &
88          ~shared_info.evtchn_mask[pending_selector]))
89          ! = 0)
90          {
91            /* 寻找第一个正在等待事件 */
92            unsigned int event_offset = first_bit(event);
93
94            /* 合并两个偏移量来获取端口 */
95            evtchn_port_t port = (pending_selector<<5) + eventoffset;
96            /* 处理事件 */
97            handlers[port](port, regs);
98            /* 清除挂起标志位 */
99            CLEARBIT(shared_info.evtchn_pending[0], eventoffset);
100         }
101       }
102     }
```

　　第一件需要做的事情是清除挂起的向上调用标志位。如果其他事件到达,标志位将重新被置位,并且 hypervisor 稍后传递其他的向上调用。等待一会再清除这一标志位有可能会导致一些事件被延迟,直到后续事件到达后才被处理。

　　接着挂起事件选择被清除,而它的一个备份被保留。这在事件位域(bitfield)中每一个字均对应一位。外部的循环扫描这个选择器,每次设置一位,并在事件位图中寻找对应的字。注意这是针对 x86 特有的优化,在不支持位域操作指令的平台上,额外的移位和测试通常比简单的将每一个字与 0 进行比较慢得多。

　　当有等待处理的事件并且没有屏蔽的情况下内部循环运行,对于每一个事件,它调用对应的处理函数,接着清除挂起位。当没有挂起的未屏蔽的事件时,这个函数就会返回,并将剩余的工作留给汇编代码来重新使能中断。

当然，在这些操作能够进行之前，事件处理函数需要被设置好。清单7.15显示了完成这项工作的另外两个函数。首先通过注册两个hypervisor向上调用入口点开始。前者用于事件传输，后者在一些工作出现严重错误的时候使用。它接着为所有事件设置一个默认的处理函数（不做任何事情）并屏蔽相关通道。最后，它使能向上调用。在大部分情况下，在完成这一工作后可以接着检测是否有丢失的事件。这里不需要这样做，因为刚刚屏蔽了所有的事件通道，因此向上调用不会调用任何处理函数。第二个函数为端口设置处理函数并解除其屏蔽。

在新的控制台初始化程序中使用第二个函数，如清单7.16所示。这非常类似于上一个，但是是在输入数据就绪时注册一个处理函数。该事件的处理函数在清单7.17中演示，它非常简单，只是检查是否真的有任何数据在等待，如果有的话将它们复制到输出设备。

清单7.15　设置事件处理函数[来自：examples/chapter7/event.c]

```
21   static evtchn_handler_t handlers[NUM_CHANNELS];
22
23   void EVT_IGN(evtchn_port_t port,struct pt_regs * regs){};
24
25   /* 初始化事件处理函数 */
26   void init_events(void)
27   {
28       /* 设置事件传递回调函数 */
29       HYPERVISOR_set_callbacks(
30       FLAT_KERNEL_CS,(unsigned long)hypervisor_callback,
31       FLAT_KERNEL_CS,(unsigned long)failsafe_callback);
32       /* 设置所有的处理函数为忽略,并屏蔽它们 */
33       for(unsigned int i = 0;i<NUM_CHANNELS;i + + )
34       {
35       handlers[i] = EVT_IGN;
36       SET_BIT(i,shared_info.evtchn_mask[0]);
37       }
38       /* 允许向上调用 */
39       shared_info.vcpu_info[0].evtchn_upcall_mask = 0;
40       }
```

清单7.16　新的控制台初始化函数[来自：examples/chapter7/console.c]

```
24   /* 初始化控制台 */
25   int console_init(start_info_t * start)
26   {
27       console = (struct xencons_interface * )
```

```
28        ((machine_to_phys_mapping[start->console.domU.mfn]<<12)
29        +
30        ((unsigned long)&text));
31        console_evt = start->console.domU.evtchn;
32        /* 设置事件通道 */
33        register_event(console_evt,handle_input);
34        return 0;
35  }
```

清单 7.17   控制台事件处理函数[来自于：examples/chapter7/console. c]

```
10   /* 控制台事件通道接收到的事件 */
11   void handle_input(evtchn_port_t port,struct pt_regs  * regs)
12   {
13        XENCONS_RING_IDX cons = console->in_cons;
14        XENCONS_RING_IDX prod = console->in_prod;
15        int length = prod ? cons;
16        if(length>0)
17        {
18          char buffer[10];
19          console_read(buffer, + + length);
20          console_write(buffer);
21        }
22   }
```

设置事件处理函数的工作已经几乎完成了。现在需要做的所有内容是配置内核来调用相关的初始化函数。内核中的内容在清单 7.18 中显示。首先要做的事情是映射共享信息页面到内核镜像留给它的空间中，它同样为此设置了指针，被汇编自引导程序拿来定位向上调用屏蔽位并清除它。

下一步，它调用刚刚讨论的事件和控制台初始化例程，并且执行必要的输出"Hello world!"，来证明它已经完全工作。最后，它进入循环，这个无限死循环和前面的那个有稍微不同，在这里它告诉 Hypervisor 不去调度客户机直到事件到达。事件接着通过向上调用被处理，控制权返回给循环，并马上再次进入睡眠。这一模型能够用于创建纯粹的事件驱动内核。

如果所有这些都已经工作，内核就应该可以运行，接收输入并将其回显在屏幕上：

```
# xm create - c domain_config
Using config file "./domain_config".
Started domain Simplest_Kernel
Hello world!
```

```
Does this work? Yes, seems to...^]
# xm list
Name              ID    Mem   VCPUs    State     Time(s)
Domain-0          0     250   1          r - - - - -      1376.4
Simplest_Kernel   181   32    1             - b - - -        0.0
```

注意来自于 xm list 的输出,尤其是时间那一列。由于正在阻塞中,这一项只是在按键被按下而产生事件时才会累加(以若干毫秒为步长)。这是和稍早尝试的鲜明对照,那个版本花费了大量时间来执行不必要的自旋。

清单 7.18　事件处理内核主体[来自于: examples/chapter7/kernel. c]

```
10        shared_info_t * HYPERVISOR_shared_info;
11
12        /* 主内核入口点,由 trampoline 调用 */
13        void start_kernel(start_info_t * start_info)
14        {
15          /* 映射共享信息页面 */
16          HYPERVISOR_update_va_mapping((unsigned long)&shared_info,
17          pte(start_info->shared_info | 7),
18          UVMF_INVLPG);
19          /* 设置 bootstrap 中使用的指针,
20           * 用于在向上调用后重新使能事件传递 */
21          HYPERVISOR_shared_info = &shared_info;
22          /* 设置并屏蔽事件 */
23          init_events();
24          /* 初始化控制台 */
25          console_init(start_info);
26          /* 写入消息来检查它实际工作了 */
27          console_write("Hello world! \r\n");
28          /* 循环处理事件 */
29          while(1)
30          {
31            HYPERVISOR_sched_op(SCHEDOP_block,0);
32          }
33        }
```

第 **8** 章

深入学习 XenStore

XenStore 是一种在 Xen 客户机间共享的存储系统,它是一个简单的分层存储结构,由 Domain 0 维护,并且通过共享存储页面和事件通道访问。尽管 XenStore 对 Xen 系统的操作相当重要,但是没有 Hypercall 与其关联。起始信息页面(start info page)中包括共享存储页面的地址,用来与 store 进行通信。客户机映射该页面,从而通过本页面中的环形缓冲区进行后续的通信工作。

本章将研究 XenStore 的内容,以及现有系统的用户空间和新移植内核与其交互的方法。与 Xen 中其他部分不同,XenStore 具有良好定义的接口供用户空间程序使用,用来降低工具对宿主操作系统特性的依赖程度。

8.1 XenStore 接口

Hypervisor 自身并不知道 store 的存在,它由 Domain 0 中运行的守护程序(daemon)来维护,并且使用类似其他设备驱动的方式进行访问。设备驱动的接口将在 8.2 节详细描述。

store 的基本接口包括两个环形缓冲区,每个方向占用一个。更新 store 的请求或者通知当前内容的请求被放置在一个环形缓冲区中,而响应和更改的异步通知被插入到另一个环形缓冲区中。第一个环形缓冲区被 DomainU 客户机写入并被 Domain0 客户机读取,第二个环形缓冲区被 Domain0 客户机写入而被 DomainU 客户机读取。

XenStore 由目录组成,目录可以包含其他目录或者子键。每个子键有一个关联值。XenStore 可以被想象为一个嵌套关联数组,或者字典。这一结构很类似于文件系统,尽管用途有所不同。并没有打算使用 store 来存储或者传输大量的数据,实际上,这一接口使得它难于应用在该用途。它通常用做在 Domain 间传递少量信息的易于扩展的方法。例如,虚拟设备的位置是通过 XenStore 暴露的。

Store 同样用于以相当易读的格式提供正在运行 Domain 的信息,这能够被管理工具访问从而提供给管理员信息,并且为它们提供一个持久的位置用来存放它们自身的信息。

不像大部分文件系统,XenStore 支持 I/O 的事务模式,一组请求可以被打包到一个事务中,从而确保它们原子的被完成。这使得 store(或者一些子树)的一致性视图易于创建。

XenBus

读者可能在很多语境中听到 XenBus 的术语,可能关于它的精确含义存在一些混淆,这是因为同样的术语被用来描述两种事情。在 Linux 的 Xen 接口中,该名词用于描述到 XenStore 的接口。在更加一般的场合中,它用于描述构建在 XenStore 顶端的用于连接到设备驱动的协议。

8.2 浏览 XenStore

Xen 发行版包括了一系列命令行工具来检查和操作 store,它们是 xenstore— * 家族,并可以从 Domain 0 中使用。为了获取 XenStore 的内容的完整列表,使用 xenstore—ls 命令:

```
# xenstore - ls
tool = ""
...
vm = ""
00000000 - 0000 - 0000 - 0000 - 000000000000 = ""
...
local = ""
...
```

Store 中的 3 个顶层实体是 tool、vm 和 local,tool 层被工具用来存储信息,这一部分的存在用来允许工具拥有一个一致的存储和通信机制,从而与底层的 Domain 0 的文件系统隔离。

/vm 树包括每一个运行的虚拟机的入口点,互相通过全局唯一的 ID 来识别。这个树中的信息是相当稳定的,在客户机的生存周期内不应该大量修改。依靠 UUID 进行索引允许这个树在迁移后被复制出来,一台机器上的 Domain 5 也许被迁移为另一台机器上的 Domain 12,但是它们的 UUID 将保持不变。通过向 xenstore —ls 指定一个精确路径,用户可以查看单个 VM 的入口。如下演示了 Xen Mini OS 实例的输出:

```
# xenstore - ls /vm/1d6af2c8 - edf6 - fc8c - c659 - 222ebbf3feea
image = "(linux (kernel /root/xen - src/extras/mini - os/mini - os.elf))"
 ostype = "linux"
 kernel = "/root/xen - src/extras/mini - os/mini - os.elf"
 cmdline = ""
 ramdisk = ""
```

```
shadow_memory = "0"
uuid = "1d6af2c8 - edf6 - fc8c - c659 - 222ebbf3feea"
on_reboot = "restart"
start_time = "1176124400.97"
on_poweroff = "destroy"
name = "Mini - OS"
xend = ""
 restart_count = "0"
vcpus = "1"
vcpu_avail = "1"
memory = "32"
on_crash = "destroy"
maxmem = "32"
```

这里的许多设置是由用于创建 Domain 的配置文件提供的,字段 ostype 有些让人迷惑,它指向用来创建该 Domain 的 Domain builder。目前,随 Xen 发布的有两种 Domain builder:Linux 和 HVM。Linux 的 Domain builder 是一个相当通用的支持可加载模块的 ELF 加载器,而 HVM 的 Domain builder 被设计为用来启动未经修改的操作系统。增加一个新的 Domain builder 需要对 Xen 打补丁,Plan 9 和 Minix 正在进行这一工作,从而支持启动一个 a.out 格式内核镜像。

字段 vcpus 和 vcp_avail 表明 Domain 已经访问的虚拟 CPU 的数量。第一个值包括了分配给 Domain 的全部数量,第二个数字是没有被禁用的。/vm 树中信息的一部分被复制到/local/domain 树中,而/local/domain 以 Domain 为单位来索引虚拟机。这个树中同样包括运行时信息,例如已经连接设备的配置。同样的 Mini OS Domain 在树中的/local/domain 中有这一信息:

```
# xenstore - ls /local/domain/1
console = ""
 ring - ref = "5400"
 port = "2"
 limit = "1048576"
 tty = "/dev/ttyp1"
name = "Mini - OS"
vm = "/vm/1d6af2c8 - edf6 - fc8c - c659 - 222ebbf3feea"
domid = "1"
cpu = ""
 0 = ""
  availability = "online"
memory = ""
 target = "32768"
store = ""
```

```
ring - ref = "5401"
port = "1"
```

Mini OS 比其他大部分客户机都简单,它只使用了两种设备:控制台和 Xen-Store。正如前面所提到的,它们的位置都在启动时通过共享信息页面传入。Store 中的 ring－ref 以及端口入口需要与起始信息页面(start info page)提供的 Grant Reference 以及事件通道序号一致。控制台子树同样包括与后端驱动实现相关的信息,例如将要缓冲的数据的数量以及控制台使用的设备。这个数据缓冲不是 I/O 所用的环形缓冲区,而是与虚拟终端的回滚缓冲区的内容类似。在这个例子中,1 MB 大小的文本可以被保存在这里。这一机制在虚拟机上比在物理机器上更加重要,因为虚拟机的控制台在很多时候没有被连接到实际设备上,因此维护历史是十分重要的。

/local/domain 树概念上类似于 UNIX 系统中的/proc 分层结构(它是一个虚拟文件系统,其中包含系统运行的每一个进程对应的一个目录)。/proc 的内容在类 UNIX 系统间变化多样(例如 Linux 使用它,从而在很多情况下取代 sysctl,而 XNU 完全忽略它),但是至少它通常为系统中的每一个有效 PID 保留一个入口。Xen-Store 中的本地 domain 层次结构类似安排,它为系统中的每个 Domain 准备一个入口点。Xen 中的 Domain 十分类似于 UNIX 中的进程,它们都有自己的地址空间,并且可以有多个线程(VCPU)可以同时或不同时执行,这取决于系统中物理 CPU 的数量。

8.3　XenStore 设备

在之前的章节中,XenStore 是在较高层次上进行讨论的。下面将看一下客户机如何确切的和它交互。XenStore 使用的页面被 Domain Builder 映射到客户机的地址空间中,机器帧序号(machine frame number)由起始信息页面提供。

为了使用这一页面,你必须首先获取指向它的指针。在 x86 等平台上,客户机了解虚拟物理地址和机器地址的区别,用户能够使用机器帧列表完成这一工作。它放置在客户机虚拟地址空间的顶端,对客户机而言是只读的,通过变量 machine_to_phys_mapping 来标示。它是虚拟物理帧号的数组,通过机器帧号来索引。Store 页面的虚拟物理帧是:

machine_to_phys_mapping[start_info. store_mfn]

需要记住这只是帧号,而不是地址。要将其转换为地址值,需要将其乘上单个页面的大小,这通常为 4 KB。一般通过一个向左移位操作来完成,因为页面大小通常是 2 的乘方。获取的地址从而可以用于如清单 8.1 中所示结构体的指针,它在公共头文件 io/xs_wire. h 中定义。

清单 8.1　XenStore 接口结构体【来自于:xen/include/public/io/xs_wire.h】

```
99    #define MASK_XENSTORE_IDX( idx )( ( idx ) & (XENSTORE_RING_SIZE－1) )
100   struct xenstore_domain_interface {
101     char req[XENSTORE_RING_SIZE] ; /* 向 Xenstore 的守护进程的请求 */
102     char rsp[XENSTORE_RING_SIZE] ; /* 回应和异步监视器事件 */
103     XENSTORE_RING_IDX req_cons , req_prod ;
104     XENSTORE_RING_IDX rsp_cons , rsp_prod ;
105   } ;
```

这个结构体中包括两个环形缓冲区——一个用于请求,另一个用于响应——并且它们关联有生产者和消费者计数器。注意它们并不使用前面描述的环形缓冲区宏定义。因为它们不符合通常环形缓冲区宏定义的纯粹的每一个请求对应一个响应的概念。请求可能是注册一个监视器,从而在每一个被监视的节点更新的时候产生一些响应。更严重的情况,也许在请求被添加后的很长时间第一个响应才到来。在使用通用环形缓冲区定义的模型中,环形缓冲区中的空间很快被用完。替代地,请求被编队到一个环形缓冲区中,而响应被编队到另一个,使用事件(在第 9 章中有详细描述)来通知有新响应到来。

发给后端驱动的请求通常概念上类似于网络封包,用来标示它们的结构体被叫做 xsd_sockmsg,这只是用来帮助加强这种关联。结构体实际上只是消息头,而不是整个消息,它包含 4 个字段,均是 32 位整型,如下所示:

```
Struct xsd_sockmsg
{
    Uint32_t type;
    Uint32_t req_id;
    Uint32_t tx_id;
    Uint32_t len;
};
```

第一个字段用来指示包的类型,必须从同一文件中定义的枚举类型中选择。第二个字段是一个唯一标示,每一个对该请求的响应将具有同样的 req_id 值。字段 tx_id 用来标示请求是哪个事务的一部分,如果一些请求必须原子性的完成,它们能够在一对以 XS_TRANSACTION_START 和 XS_TRANSACTION_END 类型的请求之间进行分组。相应地,它们都拥有同样的事务 ID 设置。后端驱动应该等待直到事务的结尾,并锁定任何相关的数据类型,接着一次性执行事务。最后,字段 len 标示主体的长度。

在消息头之后,消息主体通常是一个文本字符串。为了简化,XenStore 是基于文本字符串的。如果给定的请求或者响应需要多于一个的字符串,它们通过 NULL 进行分隔,例如,写一个值时,键的路径和分配的值都需要以消息体中的字符串来提供。注意:这里隐含了 XenStore 在大小上的应用中的一个限制,因为一个键的长度、值和消息头必须全部能够一次性放在请求环形缓冲区中,从而可以设置它们。在当前实现中,环形缓冲区每个大小为 1 024 B。

　　XenStore 消息的类型全部以 XS_开头,最简单的是 XS_READ 和 XS_WRITE,分别负责读和写一个键值。

　　当读一个键值时,XS_READ 命令被用在消息头的类型字段,消息体被设置成以 NULL 结尾的字符串,从而标示键值。接着带有同样的 req_id 的响应数据在响应环形缓冲区中排队,如果响应的 type 字段为 XS_ERROR,那么请求失败。在这种情况下,消息体将包含错误的名称(例如,如果路径不存在,其为"ENOENT")。注意错误返回的是一个字符串,而不是一个符号值。

　　如果读请求正常工作,响应的消息体将包含有对应键被分配的值。一个写请求以类似的方式处理,而请求应该包括两个 NULL 终结(从而以 NULL 分隔的)字符串,第一个用来标示键的路径,第二个用来标示值。错误将以同样的方式来报告,当类型不是 XS_ERROR 值时,请求成功完成。

　　键路径以和 UNIX 文件路径的同样方式写入,因此/local/domain/0/name 用来标示指向 dom0 客户机的名称的路径。每一个 VM 在/local/domain 下有以其 domain 序号标示的子树,所有的相对路径都假定从这里开始。这允许一个 domain 可以检查设备而不需要了解它自身的 domain 序号。例如路径/device/vbd/0 通常指向该 domain 第一个可用的虚拟块设备。一个所有可用设备类型的列表可以通过遍历 device 层的键而获得,每一种类型的可用的设备通过遍历子树中的键获得。例如,可用的虚拟网络接口可以通过遍历 device/vif 子树下的键来发现。

　　使用 XS_DIRECTORY 消息类型来完成遍历键,它返回了一个 NULL 终结的字符串列表,表示给定键的子值。再次注意,任何键的子值都必须能够在响应环形缓冲区中放得下,从而客户机可以遍历它们。这通常不成问题,因为键占用空间通常都很小,它们的数量也很少。

　　但是,如果用户准备将其他信息保存在 XenStore 中,需要注意这些限制。XenStore 应当作为用于少量数据通信的机制。用它作为通用目的的存储或者通信系统是十分诱人的,但是块设备、虚拟接口或者共享存储页面更加适合于这种用途。

8.4　读和写一个键

　　XenStore 的主要用途是便于在正在运行的客户机和工具访问的位置上存放成对的键值,用户空间工具可以用来存放它们的配置信息,或者设置信息供其他客户机访问。

　　有 3 种方式可以用来访问 XenStore。用户可以在支持 Python 并已经移植工具的运行系统的 shell 中使用命令行工具。这是从 shell 脚本中访问 XenStore、或执行简单的需要 XenStore 交互的管理任务的最好的方式。到稍微更低的层次时,用户可以使用 C API,与宿主操作系统暴露的 XenStore 设备进行通信。最后,用户可以直接使用内核空间接口。最后一种方式是一个新移植客户机最有可能采用的方式,因为只有内核暴露接口的情况下更高层次的方法才可以被工具使用。下面将考察它们是如何工作的。

8.4.1 用户空间方法

通过命令行使用 Store 相对容易进行键值的读写。xenstore-read 和 xenstore-write 命令用于这一目标[①]。下面将尝试用多种方法创建、检查并移除/example 名称空间的键。首先,简单地利用现有工具,用户可以执行如下命令:

```
# xenstore - write /example ""
# xenstore - write /example/foo bar
# xenstore - list /example
Foo
# xenstore - read /example/foo
Bar
# xenstore - rm /example/foo
# xenstore - list /example
#
```

注意,除了示例用途外,在 XenStore 的根中创建新键通常是不好的做法。

第一条命令创建字典,用来保存例子的其他部分。下一条命令创建了其中的名为 foo 的键,内容为“bar”。一个键同时拥有值和子键并没有什么价值。键/example 包括一个空字符串作为它的值,但含有键 foo 作为一个子键。XenStore 中的传统是每一个键应当只有值或者子键之一,但是这并不是强制的。

命令 xenstore-list 是前面介绍的 xenstore-ls 的非递归版本,这个命令只列举特定键的子键,它既不显示它们的值也不显示子键下的子键。这个命令在底层 XenStore 命令被提交上与 xenstore-ls 非常类似。

下面将看一下当用户执行命令时它实际做了哪些工作。所有的 XenStore 函数通过 libxenstore 导出给用户空间工具。这个库和所有使用它的工具都位于 Xen 代码树中的 tools/xenstore 部分。首先先了解一下工具。

Xenstore-*类工具都构建于同一代码文件,文件中填充有大量的条件编译指令。这个文件是 xenstore-client.c。这里的很多代码用来处理参数,调用这个库的实际代码很简单。首先需要发生的是建立到 XenStore 的连接:

---

① 本节的命令行示例运行于 Domain 0,根据用户的配置,当从其他 Domain 中运行时,其中一些可能会失败。

```
Xsh = socket ? xs_daemon_open() : xs_domain_open();
```

变量 xsh 是指向一个 xs_handle 结构体的指针,这使用两个函数之一来进行示例,取决于－s 的参数是否被指定(也就是是否设置 socket 变量)。

如果使用事务,工具下一步需要创建一个事务:

```
Xth = xs_transaction_start(xsh);
```

这给出了一个 xs_transaction_t 变量,包括事务 ID。返回值 XTB_NULL 用来标示一个错误。这个函数的返回值被传递给其他的 XenStore 函数,从而标示关联的操作需要被作为事务的一部分。作为选择,值 XBT_NULL 能够用来标示操作不是任何一个事务的一部分。

在事务的结尾,使用如下调用来完成事务:

```
Xs_transaction_end(xsh, xth, ret);
```

它结束了与 xsh 相连的事务 xth,包含有一个布尔值的 ret 标示事务中的操作是否成功。如果它们失败,整个事务需要被卷回。

在事务的开始与结束之间,一些操作需要被执行,这些操作当中最简单的是读取一个键:

```
Char * val = xs_read (xsh, xth, argv[optind], NULL);
```

这个函数的第三个参数是要读的键的名称,如果多个键值通过命令行传递,函数将循环处理它们,累加 optind 的值直到它已经尝试读完全部的值。最后一个参数是一个指向返回字符串的长度的指针,如果它是 NULL 时,它将会被忽略。

返回的字符串将由被调用者通过 malloc()分配,必须由调用者释放。同样的通用结构被用在所有与 XenStore 交互中。命令使用如下的 API 调用列举一个键的子键:

```
Char * * list = xs_directory(xsh, xth, argv[optind], &num);
```

这基本上等同于读取函数,这里,一组字符串被返回,而不是单一字符串,最后一个参数标示了数组的长度(元素的数量)而不是单个字符的长度。

用于写入 XenStore 的函数使用了一个稍微不同的结构:

```
Xs_write(xsh ,xth, arv[optind], argv[optind + 1], strlen(argv[optind + 1]);
```

它将返回一个布尔值,用来标示错误(遵循用 0 表示成功的 C 惯例)。和惯例一样,前两个参数是 Xenstore 连接和事务 ID。下一个参数是要写入的键和值,随后跟着值的长度。例子的剩余部分创建/example 键的调用如下所示:

```
Xs_write ( xsh , xth ,"/ example" ,"", 1);
```

注意长度值包括终结的 NULL,最小的可以被存储的值是单独 1 个 0。

8.4.2 从内核调用的方法

客户机内核能够以类似程度的控制与 XenStore 进行交互。XenStore 像其他设备一样,通过共享存储页面和事件通道进行交互。在实现中,它类似于控制台设备。不像其他设备需要从 XenStore 中获取它们的配置信息,store 将自己的页面映射到客户机的地址空间,在系统启动时连接事件通道。

开始使用 XenStore 所需要的两个信息保存在起始信息页面的 store_mfn 和 store_evtchn 字段中。前者给出了保存有 XenStore 环形缓冲区的共享存储器页面的机器帧序号,在使用之前必须转换为虚拟地址。另一个字段是事件通道,它需要配置一个处理程序,在稍后章节中会加以讨论。

XenStore 在接口方面很类似于控制台设备,两者都是由 Domain builder 映射到新的 Domain 的地址空间,而且在启动时分配了它们的事件通道。两者都有两个环形缓冲区,一个保存请求数据另一个保存响应数据,在共享环形缓冲区中分别保存有生产者/消费者计数器。两者都主要处理文本。

和控制台一样,设置 XenStore 设备只是简单的获取共享页面的虚拟地址并将其保存在一个指针中。在完成这一工作后,需要设置一个事件处理函数来接收来自于请求和监视器的异步响应。清单 8.2 演示了 store 要求的基本的初始化过程。

XenStore 接口和其他大部分设备接口之间的最大的不同之处在于前端和后端发送数据的方式。控制台是相当独特的,没有离散的请求和响应,而只需要提供一个连续接口。然而大部分其他设备有固定长度的消息。XenStore 类似于基于数据包的接口,XenStore 消息结构体显示在清单 8.3,只展示了消息头,而不是整个消息。消息体是纯文本字符串。

清单 8.2 设置 XenStore【来自于:examples/chapter8/xenstore.c】

```
21  /* 初始化 XenStore */
22  Int xenstore_init (start_info_t * start)
23  {
24    Xenstore = (struct xenstore_domain_interface *)
25      ((machine_to_phys_mapping[start->store_mfn] << 12)
26      +
27      ((unsigned long) & _text));
28    Xenstore_evt = start->store-evtchn;
29    /* TODO:设置事件通道 */
30
31    Return 0;
31  };
```

清单 8.3　XenStore 消息头【来自于:xen/include/public/io/xs_wire.h】

```
80   Struct xsd_sockmsg
81   {
82     Uint32_t type;      /* XS_??? */
83     Uint32_t req_id;    /* 请求标识符,在守护进程的响应中中回复 */
84     Uint32_t tx_id;     /* 事务 ID(如果与事务无关,则为 0 */
85     Uint32_t len;       /* 后面数据的长度 */
86
87     /* 通常后面跟有 NUL 终结的字符串 */
88   }
```

下面将写一个 store 的纯同步方式的实现,而不是将消息放到请求队列中,然后处理回调中的响应,将使用一个调度器操作来轮询响应并等待直到有响应到达。这将使得下面的实现是不可重入的,因此在没有锁的情况下,一个时刻内核中只有一个线程可以访问它,但是这将使得执行流程非常容易查看。

和 store 交互的大部分内容都需要向缓冲区中写消息并通知后端驱动。由于这将被多次使用,这里将它放在一个函数中,从而也可以从其他地方调用。清单 8.4 所示的该函数非常类似于向控制台写入数据的代码,主要区别是该函数不支持写入大于缓冲区大小的消息。控制台是基于流的,可以写入一部分消息,接着通知后端驱动去处理它,随后写入剩余部分。但不能对 XenStore 这样做,因为请求必须作为完整消息来处理。如果消息过大不能放入缓冲区,那只好是返回。

清单 8.4　向 XenStore 后端驱动写入消息【来自于:examples/chapter8/xenstore.c】

```
34   /* 向后端驱动写入请求 */
35   Int xenstore_write_request (char * message, int length)
36   {
37     /* 检查消息能够放入 */
38     If (length > XENSTORE_RING_SIZE)
39     {
40       Return - 1;
41     }
42
43     Int i;
44     For (i = xenstore - >req_prod; length > 0; i + + ,length - -)
45     {
46       /* 等待后端驱动在缓冲区中清理出足够空间 */
47       XENSTORE_RING_IDX data;
48       Do
```

```
49        {
50          Data = I - xenstore->req_cons;
51          Mb();
52        }while (data >= sizeof(xenstore->req));
53        /* 复制数据 */
54        Int ring_index = MASK_XENSTORE_IDX(i);
55        Xenstore->req[ring_index] = *message;
56        Message++;
57      }
58      /* 在继续之前,确保数据已经实际在环形缓冲区中 */
59      Wmb();
60      Xenstore->req_prod = I;
61      Return 0;
62    }
```

另一个不同是这里需要明确声明消息长度。对于控制台输出,用户可以简单地使用终结符 NULL 来检测消息的结束。但 XenStore 消息使用它们作为分隔符,例如当写入 store 时,键和值都以 NULL 终结的字符串形式传递。如果接收到 0 数据后就停止发送,那么就只发送了键而没有发送值。

清单 8.5 中所示的函数用来读取来自 store 的响应,从 store 中读取固定长度的消息到预先准备的缓冲区中。不幸的是,这里不能只使用环形缓冲区中的数据,因为当它在缓冲区结尾卷回的时候,需要用户追踪这种不连续性。在原理上,可以只复制毗邻的数据,但是为了简化,我们将总是复制。

清单 8.5 从 XenStore 读取响应【来自于:examples/chapter8/xenstore.c】

```
64    /* 从响应环形缓冲区中读取响应 */
65    int xenstore_read_response (char *message, int length)
66    {
67      int i;
68      for (i = xenstore->rsp_cons; length > 0; i++,length--)
69      {
70        /* 等待后端驱动将数据放入缓冲区中 */
71        XENSTORE_RING_IDX data;
72        Do
73        {
74
75          Data = xenstore->rsp_prod - I;
76          Mb();
77        }While (data == 0)
78        /* 复制数据 */
```

```
79        Int ring_index = MASK_XENSTORE_IDX(i);
80         * message = xenstore->rsp[ring_index];
81        Message + + ;
82         }
83      Xenstore->rsp_cons = I;
84      Return 0;
85    }
```

清单 8.6 中演示变量和宏定义,变量 req_id 包括下一个使用的请求 ID,用户每提交一个新的请求,就累加这个计数器。宏定义用于通过事件通道通知后端驱动,以及忽略部分响应。当响应包括一些请求者不需要的额外信息时,后者将被使用。目前使用它来忽略错误,尽管一个完整的实现应当适当的处理它们。

清单 8.6　来自 XenStore 驱动的宏定义【来自于:examples/chapter8/xenstore. c】

```
87     /* 当前请求 ID */
88     Static int req_id = 0;
89
90     #define NOTIFY() \
91       Do { \
92         Struct evtchn_send event;\
93         Event.port = xenstore_evt;\
94         HYPERVISOR_event_channel_op(EVTCHNOP_send, &event);\
95       }while(0)
96
97     #define IGNORE(n) \
98       Do {\
99          Char buffer[XENSTORE_RING_SIZE];\
100         Xenstore_read_response(buffer, n);\
101       }while(0)
79         Int ring_index = MASK_XENSTORE_IDX(i);
80          * message = xenstore->rsp[ring_index];
81        Message + + ;
82        }
83      Xenstore->rsp_cons = I;
84      Return 0;
85    }
```

这个例子首先要求写一个键,因此需要首先实现它。进行这一工作的基本过程如下:

(1)准备消息头;

(2)发送消息头;

（3）发送（键、值）对；

（4）通知事件通道；

（5）读取响应。

清单 8.7 中展示的函数完成了这一工作。消息的 3 个部分——消息头、键和值——被依次写入，接着读取一个响应。这种基本的实现没有检查返回值是否有错误，而只是简单的忽略它。

清单 8.7　向 XenStore 写入键【来自于 : examples/chapter8/xenstore. c】

```
103    /* 向 XenStore 写入键/值对 */
104    int xenstore_write(char * key,char * value)
105    {
106      int key_length = strlen(key);
107      int value_length = strlen(value);
108      struct xsd_sockmsg msg;
109      msg.type = XS_WRITE;
110      msg.req_id = req_id;
111      msg.tx_id = 0;
112      msg.len = 2 + key_length + value_length;
113      /* 写入消息 */
114      xenstore_write_request((char * )&msg,sizeof(msg));
115      xenstore_write_request(key,key_length + 1);
116      xenstore_write_request(value,value_length + 1);
117      /* 通知后端驱动 */
118      NOTIFY();
119      xenstore_read_response((char * )&msg,sizeof(msg));
120      IGNORE(msg.len);
121      if(msg.req_id! = req_id + + )
122      {
123        return - 1;
124      }
125      return0;
126    }
```

写入一个键之后，下一件需要做的事情是尝试把它读出来。这两个过程非常类似，首先准备好消息头，读取消息的结构体比写入稍微简单一些，它只有消息头和键，而不包括值。响应使用请求相同的数据包头，后面跟随着读取到的值。

清单 8.8 演示了怎样读取一个值。首先写入类型为 XS_READ 的消息头，随后是想要读取的键，注意键实际上是键的路径，以/字符间隔，尽管接口的设计使得在当前目录下键和全路径或者相对路径的键之间没有了区别。

这些消息都以同样的方式返回错误，它们将不返回预期的字符串，而是返回包含有错误值的字符串,例如对无效键时的"EINVAL"或者当权限错误时的"EACCES"。当写入一个键时[①]这不是问题,因为用户并不期待字符串来返回值,因此任何跟在消息头后面的都将是一个错误码。对于读操作,将会期待返回值,这也许会导致问题。只要用户避免将错误码作为键或者值写入 XenStore,这样就可以区分它们。按照惯例,XenStore 实体都是小写的,从而使得它们很容易与错误码区分开来,但这并不阻止用户将大写字符串写入到 store 中。

清单 8.8　从 XenStore 读取值【来自于:examples/chapter8/xenstore. c】

```
128    /* 从 store 中读取值 */
129    int xenstore_read(char * key,char * value,int value_length)
130    {
131      int key_length = strlen(key);
132      struct xsd_sockmsg msg;
133      msg. type = XS_READ;
134      msg. req_id = req_id;
135      msg. tx_id = 0;
136      msg. len = 1 + key_length;
137      /* 写入消息 */
138      xenstore_write_request((char * )&msg,sizeof(msg));
139      xenstore_write_request(key,key_length + 1);
140      /* 通知后端驱动 */
141      NOTIFY();
142      xenstore_read_response((char * )&msg,sizeof(msg));
143      if(msg. req_id! = req_id + +)
144      {
145        IGNORE(msg. len);
146        return - 1;
147      }
148      /* 如果我们在缓冲区中有足够空间 */
149      if(value_length> = msg. len)
150      {
151        xenstore_read_response(value,msg. len);
152        return 0;
153      }
154      /* 截短 */
155      xenstore_read_response(value,value_length);
156      IGNORE(msg. len? value_length);
157      return - 2;
158    }
```

---

① 同样也不是这个实现所需要面对的问题,它假设错误从不发生。

　　另一个我们将要添加到简单 XenStore 驱动的操作是 xenstore_ls 函数,它并没有列举在这里。它的请求部分看上去非常类似于读函数,其类型为 XS_DIRECTORY 而不是 XS_READ。除此之外,实现也非常相似,不同之处是此时响应是一个 NULL 分隔的字符串列表,而不是单个字符串。为了帮助调用者将它们分离开,函数被修改从而在 msg.len 中返回数组的总长度。

　　为了保证所有这些都工作正常,这里添加了一个最终函数来测试 store。它首先尝试从 name 键获取 Domain 的名称;接着向 example 写入值 foo,并尝试回读该值;最后列举 console 字典下的键。

　　清单 8.9 演示了测试函数的完整实现,它和 xenstore_init() 被内核主函数调用。注意这里的基于堆栈分配的缓冲区,在用户空间程序中是合理的(堆栈方面读取数据的安全性考虑),但是对小型内核来说可能会产生问题,因为内核只有静态分配的 8 KB 堆栈。目前还是可以的,因为堆栈之上只有一个函数,并且之下也只有一个函数。较深的事件处理函数也许会导致问题,但这里并没有这类函数。但通常而言这不是一个好的做法。

清单 8.9　测试 XenStore【来自:examples/chapter8/xenstore. c】

```
191        /* 测试 XenStore 驱动 */
192        void xenstore_test()
193        {
194          char buffer[1024];
195          buffer[1023] = '\0';
196          console_write("\n\r");
197          /* 获取正在运行的 VM 的名称 */
198          xenstore_read("name",buffer,1023);
199          console_write("VMname:");
200          console_write(buffer);
201          console_write("\n\r");
202          /* 设置键"example"的值为"foo" */
203          xenstore_write("example","foo");
204          xenstore_read("example",buffer,1023);
205          console_write("example = ");
206          console_write(buffer);
207          console_write("\n\r");
208          /* 获取控制台的信息 */
209          int length = xenstore_ls("console",buffer,1023);
210          console_write("console contains:\r\n   ");
211          char * out = buffer;
212          while(length>0)
213          {
```

```
214          char value[16];
215          value[15] = '\0';
216          int len = console_write(out);
217          consolewrite("\n\r");
218          length - = len + 1;
219          out + = len + 1;
220      }
221  }
```

现在基本的 XenStore 驱动已经完成,用户可以看它是否可以正常工作。可以和其他测试内核一样的方式启动它,并在其启动后告诉 xm 去获取其控制台,如下所示:

```
# xm create - c domain_config
Using config file "./domain_config".
Started domain Simplest_Kernel
Hello world!
Xen magic string: xen - 3. 0 - x86_32p

VM name: Simplest_Kernel
example = foo
console contains:
ring - ref
port
limit
tty
```

VM name 后面的字符串在 domain_config 文件中指定。为了检查它是否正常工作,可以尝试修改这一设置。由于这不再是最简单可以运行的内核(它具有控制台和 XenStore 驱动,尽管并不与它们打很多交道),这里将其改名为"SimpleKernel"。通过编辑配置文件并修改 name 行成为如下:

```
Name = "SimpleKernel"
```

如果再次运行该内核,用户应该得到如下不同的输出:

```
# xm create - c domain_config
Using config file "./domain_config".
Started domain SimpleKernel
Hello world!
Xen magic string: xen - 3. 0 - x86_32p
VM name: SimpleKernel
...
```

以上演示了 XenStore 的一个关键特性,它能够很容易地被不同 Domain 中的不同组件访问,用户空间工具写入名称,随后简单内核可以读到它。

8.5 其他操作

前一节的内核示例读和写不同键到 Domain 0 用户空间例子中,这是由于它可能没有正确的权限来写入 XenStore 根。用户可以在特定键上使用 XS_GET_PERMS 来检查这一权限,并使用 XS_SET_PERMS 来写入它们(假设有足够的特权级这么做)。

节点的权限通过单个字符来标识:'r'表示只读权限,'w'表示只写权限。拥有全部权限的节点通过值'b'标识,而没有权限时通过值'n'标识。在这一字符之后是权限涉及的 Domain ID。Domain 5 具有读和写权限的节点将通过字符串"b5"来进行标识。

XenStore 还没有在这里被讨论的特性中最有用的是设置监视器的能力。发送一个类型为 XS_WATCH 的消息,在一个键上创建监视器,这个消息的内容是一对包含有键的路径和被监视的键的数据。它类似于读或者列表操作,但不是立即返回的。作为替代,当被监视的键下一次更新的时候,一个响应数据被放置在队列中,直到对应的 XS_UNWATCH 的请求被发送。XenBus 机制使用这一命令,在第 9 章有更加详细的描述,从而分离驱动的前端能够等待后端驱动进入正确的状态来继续处理连接,反之亦然。

严格意义讲,监视系统并不是必需的。同样的效果可以通过周期轮询键来达到。轮询对于少量键而言是合适的,但是并不能随规模增大而保持有效。

第 9 章

支持核心设备

Xen 有两种设备可以被称为"核心"设备——块设备和网络设备。块设备允许客户机具有持久性存储,防止状态因重启而丢失,而网络设备允许客户机与世界其他部分通信。这两种设备都允许 Xen 客户机为系统用户提供服务。

9.1 虚拟块设备驱动

除了最无足轻重的客户机之外,所有的客户机都需要支持块设备驱动。这一驱动用来呈现一个抽象块设备的接口,通常是一个虚拟硬盘。它可以由多种实体来支持:实际磁盘、独立分区甚至是宿主文件系统中的文件。

典型操作系统的启动过程在早期就涉及到块设备驱动的初始化,接着将控制权传递给用户空间的初始化代码。除了控制台设备的支持之外,对块设备的支持在操作系统硬件支持的要求上通常是相当少的。

Xen 虚拟块设备是通用块设备的简单抽象,和大部分其他设备一样,它使用共享存储器页面之上的 I/O 环机制。虚拟块设备支持 3 种操作。前两种是显而易见的:读出和写入一个数据块(或者一些数据块)。第三种是写障栅(barrier),并不是所有的后端设备都支持这种操作。写障栅将所有已提交的写操作强制完成,它可以用来实现用户空间调用,例如 fsync。

在对指令重排序(command－reording)的支持上,虚拟块设备与很多实际块设备(尤其是 SCSI 和 SATA 设备)非常类似。这意味着已经提交的命令可能并不以它们被提交的顺序完成。尽管在真实机器上这是有用的,但它是在虚拟化环境下获取好的吞吐率的核心。多个客户机可能在同一时间访问同一设备,对它们的指令进行重新排序,将会给出一个有效的速度提升。当大量客户机只读的访问同一个后端存储器时,这种表现尤其显著,而在其他情况下它仍然是可用的。

块设备大量使用了 Grant Table(授权表),每一次传输都是块大小的倍数,通常至少为若干 KB。正如实际设备所表现的那样,传输这么多数据的情况下,使用 DMA 传输通常比基于宿主机控制的复制更加有效。为了促进这一应用,DomU 客户机使得目的页面能够被后端驱动直接访问,从而可以在 DMA 传输中直接使用它。

读和写操作在结构上类似于 lio_listio 系统调用。它使用一组 Grant Reference

（授权索引）和块区域，在指定存储器和设备间传输被请求的数据。每一次传输都由调用者写入一个 ID，在响应中同样提供 ID，从而使得客户机内核很容易对响应进行重排序从而使它们对应正确的请求。一个典型的实现可能会保存一小组表示传输的控制结构，并设置给每一个请求一个 ID 作为关联缓存的索引值。

9.1.1　设置块设备

和其他分离设备驱动一样，前端驱动应当初始化共享存储页面，并提供 Grant Reference 给后端驱动。它同样分配一个事件通道，并将其传递给后端驱动。Xen-Bus 机制被用于确定前端驱动和后端驱动间的连接状态，XenStore 用于在驱动两端传输设置信息。

当虚拟块设备被分配给给定 Domain 时，XenStore 会弹出一些关于它的信息。前端驱动的第一步是读取 XenStore 并找到任何它需要知道的与设备相关的信息。XenStore 中的 Domain 的 device/vbd/0/backend 键给出 XenStore 中第一个虚拟块设备的后端驱动的位置。其中包括一些结束连接前的前端驱动需要读取的一些键值：

（1）Sector－size 包括数据块的大小。

（2）Size 包括设备中扇区的数量。

（3）Info 提供了一些设备的额外信息。这将是由 ORing 一些标志位一起生成的数字。当前支持的标志位标示了设备是 CDROM、可卸载的和只读的。

XenStore 的前端驱动和后端驱动入口点都包括一个 state 入口。前端驱动设置它的 XenBus 状态，并且读取后端驱动的状态，而后端驱动则以相反顺序完成工作。当附加设备时目标是设置两个状态值为 XenbusStateConnected，标示设备的两端驱动间已经连接。

前端驱动不应该做任何工作，直到后端驱动是 XenbusStateInitialised。在此之前，后端驱动仍然打开必需的设备，并设置好后端驱动。特定的详尽的前端驱动实现也许会在它等待的时候将后端驱动的状态输出到控制台上，但是这通常不应该持续很长时间以至于让用户实际读取它。

为了使设备就绪，前端驱动需要做两件事情：分配共享存储段和事件通道。这些步骤的第一步可以被分解为如下阶段：

（1）分配一个空闲页面。

（2）在该页面上初始化环形缓冲区。

（3）初始化其他位置的私有数据。

（4）使用 Grant Table 共享页面。

（5）将 Grant Reference 加入 XenStore。

第一阶段是相当的内核相关的，内核可能在某些地方保存了一组空闲内存页面，那么它可以用来分配一个尚未使用的页面。假设函数（或宏定义）new_page() 从这个列表中获得一个新页面,清单 9.1 演示了环形缓冲是如何准备的。这使用了在第6 章中详细讨论的环形缓冲区宏定义。它们初始化了与环形缓冲区相关的生产者和消费者计数器。

清单 9.1　为块设备准备共享缓冲区

```
1   Blkif_string_t * shared = new_page();
2   Blkif_front_ring_t ring private;
3   SHARED_RING_INIT(shared);
4   FRONT_RING_INIT(&private, shared, PAGE_SIZE);
```

在实际的实现中,私有环性缓冲区明显的没有在堆栈上分配,因为在未来使用该设备的时候它会被用到。

在页面被分配并正确初始化之后,它必须设置为与后端驱动共享。不要忘记 Grant Table 使用的是机器帧序号(MFN),而不是虚拟地址。宏定义 virt_to_mfn 能够用来将地址转换为 MFN。后端驱动的 Domain ID 同样是需要的,这被保存在前端驱动的 XenStore 树中的 backend—id 键中。在大部分当前配置中,它的值是 0。

清单 9.2 假设存在一个函数 get_grant_ref(),可以返回下一个空闲的 Grant Reference。变量 GRANT_TABLE 为 Grant Table 自身,变量 backend_domain 应该被填充为 XenStore 中的 backend—id 的值。这个代码片段演示了如何提供共享页面来实现共享:

清单 9.2　共享块设备环形缓冲区

```
1   Int ref = get_grant_ref();
2   GRANT_TABLE[ref].frame = virt_to_mfn (shared);
3   GRANT_TABLE[ref].domid = backend_domain;
4   Wmb();
5   Ref -> GTF_permit_access;
```

和惯例一样,这只是示例代码而不是实际代码。它假设函数 new_page() 和 get_grant_ref 总是成功的。在实际环境中,由于只有有限的存储空间,这一假设也许不成立。如果这些错误中任何一个发生,真实的驱动应该给内核返回合适的错误消息。

现在共享环形缓冲区设置完毕,并且已经对后端驱动就绪可用。前端驱动的 XenStore 树中的 ring—ref 入口应该被设置为该环形缓冲区的 ref。不要忘记 XenStore 是完全基于文本的,因此需要一个该数字的字符串表现形式。

下一步是设置事件通道。这相对比较简单,必须分配一个未绑定的通道,接着传递给后端驱动来完成连接。

在环形缓冲区和事件通道已经提供给后端驱动后,前端驱动需要设置它的 XenBus 状态为 XenbusStateInitialised。这告诉后端驱动它已经就绪可以连接。前端驱动必须去做的所有的工作是等待后端驱动来设置它的状态为 XenbusStateConnected。接着它需要读取前面提到的 3 个键来获取设备的布局,接着为了使内核其他部分使用该设备,应完成内核中任何需要完成的配置工作。最后,它设置自身的状态为 XenbusStateConnected,从而传输可以开始。

从后端驱动的视角看,连接过程相当类似。它完成任何它需要访问物理设备所需要进行的工作,并接着设置它的状态为 XenbusStateInitialised。前端驱动接着完成所有前面描述的连接步骤,进入 XenbusStateInitialised 状态,并等待。现在后端驱动就需要去执行它自身部分的连接。

这是与前端驱动操作对称的,后端驱动必须映射被提供的 Grant Reference,并且接着绑定被提供的事件通道。映射 Grant Reference 需要在客户虚拟地址空间中分配一些空间来安放它;执行 Grant Table 映射操作来更新指向共享页面的特定页面的页表入口,但是空间必须在内核虚拟地址空间分配,从而避免映射到真实页面上。

典型地[1],客户机内存布局是内核正文放置在底端,接着余下的存储器能够被客户机使用。Xen 被映射到顶端,一些共享数据(特别是 MFN 到 PFN 映射表)只读,剩余的不可访问。这是一种优化措施,使得上下文切换到 Hypervisor 变得更加高效。当切换到 Xen 时,到 Hypervisor 内存的翻译已经映射,并且当通过 Hypercall 进入特权级 0 时,存储器变得可以访问,其中的位可用。当执行映射的时候,客户机内核需要从这个区域中分配一个页面。

假设可以通过 spare_page() 获取一个空闲页面,映射需要查看类似于清单 9.3 中的一些内容。

清单 9.3　映射共享环形缓冲区到后端驱动

```
1   Blkif_string_t * shared = spare_page();
2   Struct gnttab_map_grant_ref op;
3   Op.host_addr = shared;
4   Op.flags = GNTMAP_host_map;
5   Op.ref = front_end_ref;
6   Op.dom = front_end_dom;
7   HYPERVISOR_grant_table_op(GNTTABOP_map_grant_ref, &op, 1);
```

变量 front_end_ref 和 front_end_dom 应该已经由 XenStore 提供的信息填充,Hypercall 返回一个 Grant Reference,它必须被保留用于 Grant 被解除映射时稍后的清理阶段。

9.1.2　数据传输

传入或者源自块设备的每一个传输都是由客户机 Domain 插入一个请求到 I/O

---

[1]　这种布局描述了 32 位客户机,64 位的客户机有着不同的 hypervisor 映射。

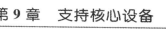
环形缓冲区而被初始化的,请求的结构体在清单 9.4 中显示。它定义了哪种操作应该被开始,以及数据应该写入或读取的位置。

清单 9.4　块设备请求结构体【来自于:xen/include/public/io/blkif.h】

```
74   Struct blkif_request_segment {
75     Grant_ref_t gref;              /* I/O 缓冲帧的引用 */
76     /* @first_sect:(包括在)要传输的帧的第一个扇区   */
77     /* @last_sect:(包括在)要传输的帧的最后一个扇区 */
78     Uint8_t        first_sect, last_sect;
79   };
80
81   Struct blkif_request {
82     Uint8_t        operation;      /* BLKIF_OP_??? */
83     Uint8_t        nr_segments;    /* 段的数量 */
84     Blkif_vdev_t   handle;         /* 只用于读/写请求 */
85     Uint64_t       id;             /* 私有客户机值,在响应中回送 */
86     Blkif_sector_t sector_number;  /* 磁盘上起始扇区索引值(只读/写) */
87     Struct blkif_request_segment seg[BLKIF_MAX_SEGMENTS_PER_REQUEST];
88   };
89   Typedef struct blkif_request blkif_request_t;
```

　　环形缓冲区自身不包括被装入或者被存储的数据,而包含指令队列。Seg 成员的每个元素指定了一个 Grant Table Reference。这需要被视为大概等同于 DMA 操作,用户指定一组内存,告诉设备从其中读取或者写入其中,并在操作结束时告诉用户。完全相同的事情在块设备上发生。主要的区别是存储器必须明确通过 Grant Table 机制使能可用。如果用户已经写过 IOMMU 另一端的设备的驱动,那么应该相对熟悉这些。

　　磁盘上的位置通过一对扇区号来指定,标示连续区域的开头和结尾。但是需要知道,区域可能不像它看上去是连续的,一个实际磁盘通常向内核呈现一个线性接口,隐藏了多重磁道和磁头的杂乱的细节。虚拟块设备很可能使用执行这一抽象的磁盘来作为最终的后端存储。但是也可能虚拟块设备由 Domain 0 文件系统中的一个对象来支持,从而给出另一个抽象层。这个文件在磁盘上也许并不连续。因此,当需要实现类似于前向读缓冲时需要小心,向前多读一个字节的开销也许并不是想像的那么小。

　　当与块设备交互时一个常见的术语是维护块缓冲。被加载的数据块被保存在缓存中,如果它们被修改,那么它们将被写回到磁盘中。一个用户进程可能通过使用mmap()或者等效的调用来直接访问这些缓冲的一部分的物理页面,或者使用 read()和 write()系统调用来访问缓冲中的这些数据的子集的备份。

　　在这样一个系统中,执行对块设备的读操作的第一步是分配并准备一个缓冲区用来接收数据块。这个例子的剩余部分将假设块大小 512B 和缓冲区大小 4 KB(页面大小,页面对齐)。清单 9.5 演示了这样一个缓冲区如何准备好。

清单 9.5　为读操作准备缓冲区

```
1    char * buffer = new_buffer();
2    int ref = get_grant_ref();
3    GRANT_TABLE[ref].frame = virt_to_mfn(buffer);
4    GRANT_TABLE[ref].domid = block_backend_domain;
5    wmb();
6    ref - >GTF_permit_access;
```

缓冲区必须被分配并通过 Grant Table 机制提供给后端驱动。如清单 9.6 所示,下一步将是告诉后端驱动哪些数据需要被传输以及放置在什么位置。

清单 9.6　从块设备中读取一个数据块

```
1    blkif_request_t * RING_GET_REQUEST(private,private - >req_prod+ +);
2    request - >operation = BLKIF_OP_READ;
3    request - >handle = block_vdev;
4    request - >sector_number = block_index;
5    request - >id = read_index;
6    request - >nr_segments = 1;
7    request - >seg[0].gref = ref;
8    request - >seg[0].first_sect = 0;
9    request - >seg[0].last_sect = 7;
10   RING_PUSH_REQUESTS_AND_CHECK_NOTIFY(private,shouldNotify);
11   if(shouldNotify)
12   {
13     struct evtchn_send event;
14     event.port = block_port;
15     HYPERVISOR_event_channel_op(EVTCHNOP_send,&event);
16   }
```

首先需要做的是使用环形缓冲区宏定义获取新的请求。注意这里对私有环形缓冲区的使用。首先更新本地的请求生产者计数器,接着更新共享的请求生产者计数器。下一步是设置请求。对于这个请求,这里只是提交一个读操作,成员 sector_number 表示请求的开始扇区。每一段接着用于提供缓冲区的一部分。每个页面被分割为 8 块 512 字节[①]的扇区。请求的第一个和最后一个扇区字段标示了这些中的哪一部分被使用。相应的分别设置它们为 0 和 7 表示整个页面被填充。后端驱动执

---

①　不同的扇区大小可以在 XenStore 中定义,但是 512 是当前唯一被使用的。很多现代硬盘使用 4 KB 的扇区,因此在未来可能会更改。

行一个线性的读操作,从 sector_number 开始,并继续执行直到缓冲区填充数据已满。如果当前分段的最大值(BLKIF_MAX_SEGMENTS_PER_REQUEST)为 11,那么它提供了一次最大的读/写 44 KB 的能力。但是注意,在传递它们给硬件前后端驱动也许将一些请求合并,一组读操作中后者在前者结束的时候开始的话,它们可以组合为单独的连续的读操作。

当请求被设置好的时候,它必须被压入后端驱动。这执行一个写内存障栅(为了确保请求已经被提交到内存中),接着更新共享环形缓冲区中的请求生产者来反映私有值。

用来将请求压入的宏定义同样检查后端驱动是否有等待处理的请求。如果有,就不需要通知后端驱动了,因为后端驱动会持续读取请求直到处理完所有请求,接着休眠来等待未来的事件。如果它正在等待,则需要使用事件通道来通知它。

后端驱动和前端驱动间的通信是异步的,因此在前端驱动能够继续之前需要等待数据就绪。它可能需要通过屏蔽事件并轮询它们来完成,或者返回并等待事件向上调用。当以上任何一种情况出现时,驱动需要执行一些类似于清单 9.7 中的代码片段。

清单 9.7 处理一次读操作对应的响应

```
1    blkif_response_t * response RING_GET_RESPONSE(private,i);
2    if(response - >id = = read_index)
3    {
4      /*处理响应*/
5    }
```

当然一个真实的实现很可能在同一时刻有多种请求提交,为了支持它,用户可能需要在某个位置保存一个输出,有一些元数据和每一个请求关联,用这个来执行正确的操作。不要忘记检测响应 ID,因为后端驱动允许对请求进行重排序。假设这些都工作正常,那么响应的 status 字段被设置为 BLKIF_RSP_OKAY。

执行一个写操作几乎完全一致。操作需要被设置成为 BLKIF_OP_WRITE,除此之外,其他步骤完全一样,唯一的区别是数据在写操作执行前需要已经在缓冲区中。

9.2 使用 Xen 网络

大部分 Xen 客户机需要一些网络功能,这是由虚拟接口驱动实现的,它符合块设备驱动和其他驱动使用的标准环形缓冲区模型。不像块设备驱动,在启动的时候网络不太可能需要,因此它通常能够在很多其他操作系统在 Xen 之上工作以后才进行实现。有的时候有可以工作的网络对于 Xen 客户机上比对其他平台更加重要,这是由于客户机和外部世界间的很多通信都是通过网络进行的。Xen 客户机可能使用

NFS 来进行存储,使用 X11 来实现用户交互,并可以不使用任何网络接口外的任何本地设备。

9.2.1 虚拟网络接口驱动

网络接口的基本结构非常简单,它使用两个 I/O 环形缓冲区,一个用于输出报文,另一个用于输入报文,它们在 xen/include/public/io/netif.h 中声明。环形缓冲区用于发送指令而不是数据,数据通过共享内存页面发送,页面通过 Grant 机制来提供。每一次传输需要包括一个 Grant Reference 和一个被 Grant 的页面中的偏移量,它允许重用传输和接收缓冲区,从而避免 TLB 经常更新的需要。

一个类似的参数用于接收报文。Domain U 客户机插入接收请求到用来指示报文保存位置的环形缓冲区中,而 Domain 0 组件将内容放在那里。这一机制的更早版本使用 Grant Table 传输机制在 Domain 间移动数据,当一个报文接收到时,缓冲区将在两个正在通信的 Domain 的地址空间间移动。但是这导致大量的 TLB 扰动,从而对性能产生负面影响,因此较新版本中使用了复制机制。复制操作由 Hypervisor来处理,而同样旧的传输操作仍然可以工作。

9.2.2 设置虚拟接口

映射网络接口和映射块接口几乎以同样的方式执行,最显而易见的不同是虚拟网络接口使用两个环形缓冲区,一个用来发送,另一个用于接收。这是由于网络传输能够在未被直接请求的情况下到达。

发送环形缓冲区和块设备环形缓冲区在写入的时候以同样的方式使用。请求在其中排队,附带有要向网络写入的报文。接收环形缓冲区与块设备缓冲区执行读操作的时候具有类似的方式。前端驱动需要注意:在接收缓冲区中总是需要有一些缓冲可用。当一帧数据从网络中接收到,它被放置在第一个可用①缓冲中,如果已经没有接收缓冲,帧将简单的被丢弃。

环形缓冲区和之前完全同样的方式被设置,同样的 ring.h 中的宏用来定义它们。通过这些宏定义的块设备的数据结构体以 blkif 开头,网络接口环形缓冲区以 netif_tx 和 netif_rx 开头,分别用于发送环形缓冲区和接收环形缓冲区。

下一个不同之处是与前端和后端设备相关的 XenStore 子树的内容。与设置通信通道相关的键值几乎一样。只有一个事件通道被使用,但是需要两个环形缓冲区。两个环形缓冲区的 Grant Reference 都必须使用 rx－ring－ref 和 tx－ring－ref 键被导出。

后端设备包括一个 mac 键,其中包含有虚拟接口的 MAC 地址。这取代了块设备后端驱动中扇区和设备大小的键,它们在网络环境中将没有任何意义。

---

① 这并不是永远正确的,具体参见本章稍后的 NetChannel2 一节。

在前端和后端驱动间通信的协议允许一些处理过程被卸载。XenStore 中写入的一些键来标示哪些特性被支持,这些键均以 feature-开头。

最重要的特性是校验功能卸载,默认情况下是使能的,通过向 feature-no-csum-offload 键写入 1 来禁用。如果前端驱动不想使用该特性则需要对其置位。

另一个有用的特性是 TCP 分段功能卸载,这是通过后端驱动向 feature-gso-tcpv4 键写入 1 来提供的,并且前端驱动完成同样的动作。这允许客户机向负载写入大的 TCP(目前只是基于 IPv4)报文,而由硬件分割它们。更加重要的是,相反的过程完成同样的事情,允许硬件在到达之后重组它们为单个大数据报文,从而可以更加高效的传输。

9.2.3　发送和接收

与块设备用于通信的一样的宏被用于和虚拟网络接口交互,当发送一个报文的时候第一件需要做的事情是将其创建在存储器的某个位置中。

一个以太网帧有 5 个字段:源和目的 MAC 地址、帧类型、有效载荷以及校验值。除非客户机明确要求不使用校验值,校验值将被留空。这主要是用于 Domain 间通信的优化,它假设数据在内存中不会被破坏,至少不会像通过导线传递那么频繁出现,因此计算并检查校验值是多余的。这能够在通过虚拟网络接口通信的一对 Domain 中节省相当数量的 CPU 时间。

清单 9.8 演示了用来传输一帧数据的结构体,不像块设备 I/O 那样,网络 I/O 经常处理奇数大小的数据。块设备能够将页面作为一个块数据数组对待来读出或者写入。网络驱动没有这种便利性,它需要能够读(和写)任意长度的以太网帧。因此,帧的位置通过一个页面来标示,接着是页面内的偏移量和长度。页面被作为 Grant Reference 来传递。

清单 9.8　网络接口发送请求结构体[来自于: xen/include/public/io/netif. h]

```
68    struct netif_tx_request{
69        grant_ref_t gref;          /* 到缓冲页面的引用 */
70        uint16_t offset;           /* 缓冲页面内的偏移 */
71        uint16_t flags;            /* NETTXF_* */
72        uint16_t id;               /* 在响应消息中的回显 */
73        uint16_t size;             /* 报文的大小(以字节为单位) */
74    };
75        typedef struct netif_tx_request netif_tx_request_t;
```

较旧版本的以太网规范限制负载的大小不超过 1 518 B,更新的版本支持"巨型帧(jumbo frames)",使得可以允许容纳的负载大大增加。典型的大小是 9 000 B,允许 8 KB 的数据和用来保存更高层协议的头,但不需要降低 32 位校验的很多性能。原始的帧适合于在一个页面内处理,而巨型帧并不适合。

对网络接口层而言这是一个问题,因为它在每次请求时传递一个页面,这能够通过分割请求到多个请求中来解决。标志位 NETTXF_more_data 标示了这个请求后面还有另一个包括数据报文的下一部分,这两个需要作为同一个帧处理。

有两个标志位与校验值信息相关,NETTXF_csum_blank 标示校验值为空, NETTXF_data_avlidated 标示校验值已经计算来配合缓冲区中的数据。对于 Domain 间通信而言这两个标志位都可以被置位,因为一个空校验值在这种情况下同样是有效校验值。

最后一个标志位 NETTXF_extra_info 用来标示下一个请求包括一些额外信息,其格式为清单 9.9 中所示结构。当前,这只是用于分段功能卸载。

清单 9.9　网络接口扩展信息

```
1    struct netif_extra_info{
2      uint8_t type;   /* XEN_NETIF_EXTRA_TYPE_ * */
3      uint8_t flags; /* XEN_NETIF_EXTRA_FLAG_ * */
4      union{
5        struct{
6          uint16_t size;
7          uint8_t type;   /* XEN_NETIF_GSO_TYPE_ * */
8          uint8_t pad;
9          uint16_t features; /* XEN_NETIF_GSO_FEAT_ * */
10       }gso;
11
12       uint16_t pad[3];
13     }u;
14   };
```

类型字段在这里用做以后扩展,现在如果需要使用它的话,必须设置为 XEN_NETIF_EXTRA_TYPE_GSO。注意分段功能卸载目前只工作在 IPv4 上的 TCP 通信上,在 IPv6 上不能工作。这个标志位目前没有使用。

当通过网络发送一个 IP 数据报文时,有些时候需要将其分割为更小的部分,接着在另一端将它们重新组合起来。在以太网中,宿主机通常将数据报文分割为能够在一个以太网帧中放下的较小大小。如果用户空间进程在一个数据块内提供数据,那么就相当不方便,因为这意味着需要额外复制来在每一个数据块中插入数据报头。

分段功能卸载将这一工作委托给网卡,宿主机传递一个大的数据报文给网卡,网卡接着将它分割为较小的帧。这需要网络了解较高层的协议,从而能够在每一帧中写入合适的头信息,从而接收者可以将数据报文进行重组。

这个额外信息段被前端驱动使用,用来提供一些关于在处理分割的时候如何分段的信息。字段 size 标示了目标报文的大小,通常是 TCP 最大段大小。对于目前支持这一特性的 IPv4 上的 TCP 通信,类型应该设置为 XEN_NETIF_GSO_TYPE_

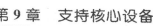

TCPV4。剩余两个字段用于未来扩展用。

当一个报文已经被发送时，响应数据被压入发送环形缓冲区，这是非常简单的，只包括两个字段：id 和 status。第一个字段的值与请求数据中传入的值一样，后者通常是 NETIF_RSP_OKAY。如果有多个请求槽用于一个请求，只有第一个槽会有这个结果，而后面的一些将使用 NETIF_RSP_NULL 填充，用来标示它们的状态在其他地方处理。

当发送一个报文时可能有两种错误情况。NETIF_RSP_DROPPED 标示报文被丢弃需要重发，另一个是 NETIF_RSP_ERROR，标示一个更加严重的错误。

接收报文比发送报文更简单，结构体 netif_rx_request 只有两个字段：必要的 id 字段用来匹配请求和响应对，而一个 Grant Reference（gref）用来标示用于接收报文的缓冲区。注意在当前版本的协议中值允许单页面缓冲。

如清单 9.10 所示，响应数据有一些复杂，它标示了自身所响应的请求是哪一个，以及接收到的报文起始位置在页面内的偏移量。报文的长度通常保存在 status 字段中。如果一个错误发生，这里通常用错误值（错误值中的一个在之前列举过）来替代。所有的错误值是负数，因此这个值的正负号需要被检查从而确定内容实际表示什么。注意 NETIF_RSP_NULL 从不用来接收响应。不能在一个页面内放下的帧将段的长度通过这一字段在当前页面中传递给后端驱动。

清单 9.10　网络接口接收响应结构[来自：**xen/include/public/io/netif.h**]

```
153    struct netif_rx_response{
154        uint16_t id;
155        uint16_t offset;        /* 接收的报文起始点在页面中的偏移 */
156        uint16_t flags;         /* NETRXF_* */
157        int16_t status;         /* ? ve:BLKIF_RSP_*; + ve:Rx'ed pkt size. */
158    };
159        typedef struct netif_rx_response netif_rx_response_t;
```

字段 flags 几乎等同于发送请求结构体中的内容。如果帧来自于同一台机器上的另一个 Domain，NETRXF_csum_blank 将被置位，告诉 Domain 不需要担心校验值没有被填充。如果校验值功能卸载被打开，NETRXF_data_validated 将被置位，从而标示校验值与数据匹配。这就意味着前端驱动自己不需要为检查而费心。

对于大于一个页面大小的帧，NETRXF_more_data 标志位将被置位，队列中下一个接收到的请求将用来包含剩余的内容。

注意，虚拟网络接口并不是 Domain 间通信的唯一解决办法，尽管它是比较简单易用的。正在开发中的 XenSocket 机制包含了使用共享内存传输来实现两个合作 Domain 间的用户空间进程间进行通信的机制。如果用户只是需要在两个 Domain 间移动大量数据，则可以考虑提供对传统 POSIX 共享存储函数的扩展，从而允许用户空间程序建立起 Domain 间映射。这使得安全权限变得很重要，但是性能上的优势使得它对于某些类的虚拟应用而言是值得的。

拷贝 vs 交换

对于网络报文数据的平均大小而言,直接复制数据比忍受缓存中的无效数据提供更快的速度。如果后端驱动的 XenStore 子树中的 feature-rx-copy 键值被设置为 1 的话,它将支持复制而不是传输页面。如果这一特性没有被使用,后端驱动使用包含缓冲区的页面来交换 Grant Reference 提供的页面。这可能需要后端驱动中的复制操作,而取决于物理接口 DMA 传输报文的目标地址。

如果允许复制(通过在前端驱动同样设置键 feature-rx-copy 为 1),那么开销更小的操作将被执行,将使用基于 Hypervisor 的复制。由于 Hypervisor 将所有的机器内存映射到它的地址空间,它能够将数据从一个 Domain 复制到另一个 Domain,而不会导致任何 MMU 影响带来的开销。

9.2.4 NetChannel2

对于 Xen 而言,网络是比块 I/O 操作更加困难的问题。块设备 I/O 通常操作大量数据,实用数据大小的最小值是设备块大小,通常是 512 B 的倍数。很多操作系统使用 4KB 的机器页面大小作为从块设备中读取或向块设备中写入的最小数据大小,从而使得统一的缓冲架构易于实现。对于以太网而言,网络报文通常小于 1 500 字节。它们可能被分段,或者甚至更小,尤其是如果它们通过 Internet 传输时。同样块设备 I/O 操作通常没有网络操作那么频繁进行。如果块设备要求更大的吞吐率,它通常会通过增加请求的大小来实现,而不是增加请求的数量。

更加重要的是,不像块设备 I/O 那样,网络报文的正确目的地只能在读到报文头的时候才能确定,这里包括了接收者的 MAC 地址,它指定了特定的客户机地址或者是一个广播地址。这意味着块设备能够通过 DMA 操作将数据直接传入接收客户机提供的等待缓冲区中。对于网络接口,它能够通过 DMA 将数据传入后端驱动拥有的缓冲区中,但是需要接着读取报文头才能决定将数据发送到哪里,它接着需要复制数据或者重新映射页面,每一个选择都不是特别节省资源的操作。

如果网卡能够读取目的 MAC 地址,并且对每个目标地址使用不同的接收队列,这能够显著的提高后端驱动的性能。在这种情况下,后端驱动将需要处理以下两种情况:

- 本地 VM 到本地 VM 的通信,它完全不需要通过网络接口来处理;
- 到所有 Domain 的广播通信。

一些智能 NIC 提供了这种功能,更加先进的一些,如 Solarflare 系列,允许客户机安全隔离的访问。类似的方法被 Infiniband 接口采用,它允许用户空间程序直接访问接口。这依赖于 IOMMU,或者设备强制的存储器分界。在一个泛虚拟化环境中,Domain 0 中的驱动组件负责提供给设备允许操作的机器页面范围,而客户机被允许命令设备进行到这些区域中之一进行 DMA 操作。

这一方法能够给出最佳性能，因为除了最初的初始化设置外，这里不会要求 Hypervisor 或者 Domain 0 的交互。但是它有一些问题：首先，它限制了虚拟网络接口的数量为实际网卡可用的数量，这不是一个很大问题，因为 Dom0 客户机能够保留一个网卡用于传统虚拟接口操作，在可用网卡资源耗尽后可以后退到这里，并可以由管理员将物理设备通道分配给网络通信最繁忙的 Domain。

另一个明显的问题是它要求 DomU 客户机有硬件的特定驱动。Xen 的一个良好的特性是它能够使用硬件抽象层，DomU 操作系统可以实现前端网络驱动并能够使用 Domain 0（或者特定驱动 Domain）所支持的很大范围的网络硬件。

这对于它自身并不是重要，客户机仍然可以后退来使用通用的实现，并在需要和希望的时候使用原生硬件支持。但当开始迁移 Domain 时问题便出现了，如果需要从一台带有智能 NIC 的机器上迁移 Domain 到一台没有对应设备的机器上，客户机驱动需要能够从使用原生网卡的状态转换到使用 Xen 前端驱动的状态。这意味着原生驱动不能直接使用，相反需要编写一个修改后的包含 Xen 和原生接口的版本。如果亲自为每一个接口实现这种自然切换的代码是非常低效率的，因此使用标准接口来完成多重接口的插入将会非常有用的。

另一个问题是本地 Domain 通过外部总线通信的效率会非常低。当前虚拟接口相当适合于 Domain 间通信，例如对于本地通信，它忽略了校验值，因为一旦数据在主存储器中被破坏，那么通常需要处理比报文的临时破坏更大的问题。

这种方法的一个变体是物理接口表现为多重 PCI 设备，并和第二层交换机合并。概括地讲，这和允许用户空间访问设备的方法具有同样的优势和劣势。

现有的 Xen 网络基础结构有一系列限制，最明显的是它假设网络接口是一个相当不智能的设备，因此不容易从任何先进特性中获取优势。支持校验值功能卸载是相当有用的，因为它允许校验值计算和检查在本地通信时被忽略。但是更多高级特性就难以利用了。

另一个限制是接收缓冲区是固定的。一些输入报文通常会比较小，但其他的可能会很大。一个更好的设计是提供机制对不同大小的接收缓冲进行排队，从而允许后端驱动选择正确大小的一个缓冲。这同样解决了大报文数据的分段。目前，如果网络报文大于接收缓冲，后端驱动必须将它在两个或更多缓冲间分割，而前端驱动则需要将其重组。有了可变大小的缓冲后，后端驱动能够获取大的接收缓冲并使用它们。最适合的一个缓冲将被后端驱动使用。这同样使得它易于利用能够自身完成对分段报文的重组的智能 NIC 的优势。

后端驱动持续不断的对被 Granted 的缓冲区映射与取消映射操作，会导致相当数量的 TLB 扰动。如果缓冲区能够被重用，那么操作更加高效。通常接收客户机需要执行附加的复制操作（除非底层硬件支持 Mondrian 内存保护）来使得用户空间进程访问数据，从而缓冲区很快就会变得不可用。

Xen 虚拟化技术完全导读

NetChannel2 协议被设计来取代现有虚拟接口，并和所有加强之处结合。现有协议仍然被支持一段时间，因为它更简单，即使新的接口可能提供更好的性能，它仍然可能是前者实现的更好的选择。

在本书写作的时候，距离 NetChannel2 规范被完成还有很长一段路要走，规范预计在 2008 年的某个时间点完成。

第 **10** 章

其他 Xen 设备

前面一些章节已经描述了 Xen 客户机可用的泛虚拟化设备中最重要的一些种类,但是还有一些其他设备同样可用。每一个客户机通常都希望实现控制台和块设备的支持,而大部分客户机也希望拥有对网络设备的支持。而一些客户机可能希望增加对 USB 设备、虚拟帧缓冲以及可信平台模块(TPM,Trusted Platform Module)的支持。如果 Domain 0 中的客户机拥有必要的驱动且对应硬件物理存在,那么 Xen 就提供了对上面全部的支持。

如果用户需要支持尚未有现存的虚拟设备类型的设备时,可能希望自己来添加。本章结尾给出了一系列建议,用来构建符合现有 Xen 基础构造的良好的接口。

10.1　CD 的支持

CD 驱动器是与任何其他块设备类似的块设备,但是它们通常需要一些特殊处理。在 CD 上进行检索的开销相当大(通常需要大约 1 s,而同样的操作在硬盘上只需不超过 10 ms),因此缓存策略通常也不同。而且与大部分硬盘相比,CD 在结构上也有所不同,例如,它们有不同的段和轨道,而不是磁盘上的分区表。

尽管 CD 并不表现为截然不同的设备类型,通常通过一个标志位来标示它们。这允许加载 CD 的客户机以不同于其他块设备的方式来处理它。

10.2　虚拟帧缓冲器(Frame Buffer)

很多客户机并不需要提供图形显示,如虚拟网络应用程序可能提供基于 Web 的配置界面,并且只需要使用控制台输出来调试启动时错误。其他客户机可能更希望提供一个使用现有网络传输协议(如 RDP 或者 X11)的 GUI 界面。但是对于一些客户机,一个本地帧缓冲器是更可取的。

对于这些场合,Xen 新近版本提供了虚拟帧缓冲设备,通过 Domain 0 中的 VNC 服务器[①]来提供支持,从而有一些类似 VNC 的接口。客户机将数据写入帧缓冲器,

---

①　当然,不是必须为这种情况,例如,它同样能够通过一个合适的后端驱动直接映射到一个 X11 窗口。

接着将已经更新的区域通知前端驱动。这直接映射到 VNC 协议中,协议中只传输被检测到有修改部分的图像。

虚拟帧缓冲设备十分不寻常,开始时它只对 HVM 客户机可用,随后修改为允许泛虚拟化客户机来访问它。原始的代码来自于 QEMU,且没有提供任何泛虚拟化接口。而从那时(Xen 3.0.2)开始,该虚拟设备开始迅速发展。

帧缓冲设备,像其他设备一样,使用环形缓冲区结构来在前端和后端驱动间传输命令。和其他很多情况一样,环形缓冲区用于传输命令,而不是数据。

清单 10.1 显示了包含有映射的页面的结构体,这在 Xen 设备接口中是非常不寻常的,因为它没有包括请求和响应的环形缓冲。它们隐含的被假定为存储到和控制结构体同一个页面中。它们的位置通过将保存控制结构体页面的起始地址加上一个偏移量来计算得到。

清单 10.1 虚拟帧缓冲设备共享结构【来自于:xen/include/public/io/fbif.h】

```
95    struct xenfb_page
296   {
97      Uint32_t in_cons, in_prod;
98      Uint32_t out_cons, out_prod;
99
100     Int32_t width;                /* 帧缓冲的宽度,单位为像素 */
101     Int32_t height;               /* 帧缓冲的高度,单位为像素 */
102     Uint32_t line_length;         /* 一行像素点的长度,单位为字节 */
103     Uint32_t mem_length;          /* 帧缓冲的长度,单位为字节 */
104     Uint8_t depth;                /* 像素点的色深,单位为位        */
105
106     /*
107      * 帧缓冲页面目录
108
109      * 每一个目录页面保存有 PAGE_SIZE / sizeof(*pd)个
110      * 帧缓冲页面,从而因此可以映射到 PAGE_SIZE * PAGESIZE
111      * /sizeof(*pd)字节。如果 PAGE_SIZE 大小为 4096 而且
112      * sizeof(unsigned long)为 4,那么就是 5 MB。两个目录
113      * 页面应该足够使用一段时间了。
114      */
115     Unsigned long pd[2];
116   }
```

帧缓冲设备与其他设备最大的不同是更新操作的处理方式。大部分驱动或者将数据直接放到环形缓冲区中,或者包括授权表索引(Grant Table Reference)来指向数据。帧缓冲包括一个相当大数据量的数据(32 位色的 800×600 的图像有 3 MB 数据)。复制如此多数据将会带来很大开销。同样重要的是,这一区域的典型用途不要

求维护数据的旧版本。因此,驱动通过前后端来保持帧缓冲的静态映射关系。前端驱动向其中写入数据,并发送给后端驱动一个"污染"(有修改)区域的通知,从而它们能够被在屏幕上进行重画。

这个结构体中的大部分字段用来描述了缓冲的形状,字段 width、height 和 depth 定义了显示模式。不像实际的显示器受到硬件能力的限制,Xen 显示在尺寸上的限制少得多。由于存储器映射的方式(尽管这种限制在未来可以简单的进行扩展),整个帧缓冲必须能够放在 4MB 空间中。除此之外,后端驱动能够显示的分辨率可以是任意的,通常是任何能够放入存储器的矩形区域。需要注意的是,这里没有方式可以指定一个调色板,从而限制了显示为一些"真彩色"的形式,如每像素为 16 位或 32 位数据。

字段 line_length 和 mem_length 描述用来存储帧缓冲的存储器的大小。线长度通常是每个像素的字节数乘以每行的像素数。在一些情况下它可能会稍微有些长,从而允许每一行的起始点能够以天然的(机器字)约束对齐。类似地,存储器长度通常是线长度乘以线的数目。

帧缓冲在内存中的位置通过字段 pd 来定义。这里包括一个或两个页面目录入口的机器帧序号指向包含有帧缓冲的区域。

尽管定义了两个环形缓冲区,一个用来存放输入事件,另一个存放输出事件,但是当前只有输出事件被定义,如更新操作。将来输入事件可能用来通知客户机:区域已经被遮挡(如果虚拟帧缓冲被显示在一个窗口化系统),从而就不需要更新这个区域。目前前端驱动可以忽略从后端驱动发送的任何消息。但是,它应该通过增加共享结构体中的 in_cons 字段来清除它们。

前端驱动唯一能发送的消息类型是更新显示。这定义了帧缓冲中包括有改动的像素的矩形区域。这一消息的格式在清单 10.2 中显示。应该在更新像素后发送消息给后端驱动,从而标示在下一帧显示前哪一区域需要被更新。可以通过设置 x 和 y 为 0、width 和 height 分别为虚拟屏幕的宽度与高度来实现一个全屏的更新。

清单 10.2　帧缓冲更新消息【来自于:xen/include/public/io/fbif. h】

```
44   Struct xenfb_update
45   {
46     Uint8_t type;              /* XENFB_TYPE_UPDATE */
47     Int32_t x;                 /* 源区域 x 值 */
48     Int32_t y;                 /* 源区域 y 值 */
49     Int32_t width;             /* 矩形宽度 */
50     Int32_t height;            /* 矩形高度 */
51   }
```

这个结构体并不是直接使用的,作为代替,xenfb_out_event 联合体被实例化。可以添加其他的需要标示的消息类型,并且被定义。大小小于 XENFB_OUT_

EVENT_SIZE 的消息可以被添加而不会破坏二进制兼容性,因为联合体目前包含一个该大小的 char 数组以供填充。更大的消息能够在破坏二进制兼容性但保持源代码兼容性的情况下被添加。

帧缓冲自身只是难题的一半,只暴露有命令行接口的客户机可以使用控制台来进行输入和输出。在显示图形化界面之后,很有可能控制台输入将会不完全了。尽管很容易实现,但是它并不允许访问定点设备(pointing derice),同样无法检测按键保持按住的状态。这些扩展函数可以通过虚拟键盘接口访问,该接口是虚拟帧缓冲的同伴。

虚拟键盘接口和虚拟帧缓冲的设计十分类似——都为控制消息映射一个单独页面,起始时带有一个 C 结构体作为控制变量,同时环形缓冲区隐含的在页面中的已知偏移量处保存。清单 10.3 中显示了虚拟键盘接口结构体比帧缓冲页面简单得多,它只是简单地包含有指向两个环形缓冲区的生产者和消费者指针。再次定义了两个环形缓冲区,尽管只使用了一个。当被请求的时候,消息只能发送给后端驱动,目前还没有定义从前端驱动请求消息的消息类型,同样没有定义任何"输出"消息类型。

清单 10.3　键盘设备共享结构体[来自于:**xen/include/public/io/kbdif. h**]

```
114      struct xenkbd_page
115      {
116        uint32_t in_cons,in_prod;
117        uint32_t out_cons,out_prod;
118      };
```

从后端驱动可以发送 3 种类型的消息:两种与鼠标运动相关,一种与键盘相关。键盘事件以清单 10.4 中显示的形式存在。和其他所有消息相同,第一个字段定义了消息的类型,应该首先被检查来判断如何解释该消息。

这些消息通知按键状态的改变。当一个按键被按下时,字段 pressed 被设置为 1,接着当按键被释放时第二个消息被发送,该消息中对应字段被复位为 0。为了提取按键敲击,客户机必须对这一事件发生的间隔进行计时并实现它自身的阈值来实现自动重复。

清单 10.4　键盘按键消息结构体[来自于:**xen/include/public/io/kbdif. h**]

```
55       struct xenkbd_key
56       {
57         uint8_t type;          /* XENKBD_TYPE_KEY */
58         uint8_t pressed;       /* 如果按下,为 1;否则,为 0 */
59         uint32_t keycode;      /* KEY_* 来自于 linux/input.h */
60       };
```

鼠标事件能够以两种方式之一传递,或者给出绝对位置,或者给出相对位置。在支持的情况下,绝对位置通常更可取,因为这将允许宿主机器可以与客户机交互而不需要客户机捕获鼠标。鼠标移动事件可以在鼠标指针移过包含有 VM 显示的窗口时被触发,从而允许远程显示和桌面其他窗口一样工作。

相对运动有一些好处,它允许鼠标用于其他用途而不仅仅是移动一个帧缓冲上的指针(例如,在 3D 空间内旋转一个物体),因此这个选项同样可用。希望接收绝对位置的客户机需要置位 XenStore 中设备入口中的 request－abs－update 字段。

用于标示一个鼠标绝对位置的消息在清单 10.5 中演示,其中仅有的包含数据的字段是鼠标新位置的绝对坐标。它们使用像素为单位进行测量,因此值总是在 0 和帧缓冲设备的宽度之间。

相对运动是通过一个几乎相同的结构体发送的,其中标示 x 和 y 坐标的字段中的 abs 被 rel 替代。这个运动以宿主机中的像素点进行测量,但是客户机可以通过应用一个放缩参数来调整鼠标灵敏度而不会引发任何问题。相对运动消息的类型是 XENKBD_TYPE_MOTION。

当帧缓冲和键盘驱动都正常工作时,客户机就可以从启动阶段的很早时候就开始给用户提供一个图形化界面。由于帧缓冲在客户机内存中存储,在迁移后它能够被重新附加,而不需要客户机中的用户进程了解迁移过程。

清单 10.5　绝对鼠标位置消息结构体[来自于:**xen/include/public/io/kbdif.h**]

```
62    struct xenkbd_position
63    {
64      uint8_t type;     /* XENKBD_TYPE_POS */
65      int32_t abs_x;    /* X轴绝对位置(以 FB 像素为单位)*/
66      int32_t abs_y;    /* Y轴绝对位置(以 FB 像素为单位)*/
67    };
```

虚拟帧缓冲的备选方案

一些图形化系统先天支持远程图形显示,例如最近版本的 Windows 支持远程显示协议(Remote Display Protocol,RDP),能够用于向远程机器提供桌面显示。类似的,大部分类 UNIX 系统(苹果的 OS X 系统是一个最典型的例外)使用 X11 来显示图形。

X11 构建于网络传送技术的概念,在虚拟网络接口上工作的相当清晰。如果 Domain 0(或远程显示宿主机)正在运行 X11,那么可以使用 Xnest 程序在一个窗口中运行子 X 服务器。虚拟机能够用此在 Domain 0 的窗口系统中显示它自己的"屏幕"。对于其他系统,通常可能在另一个窗口系统中运行一个 X 服务器。

使用 X11 而不是帧缓冲的最大的优势在于用户可以获取宿主机窗口系统所支持的任何加速特性所带来的优势。如果 X 服务器支持间接的 GLX,OpenGL(它同样被设计用于网络传输)也能够被加速。

X11 在本地运行的速度比通过网络更快,这是由于使用了 MIT 共享内存扩展,从而允许客户机(应用程序)使用共享内存来传输,发送大数据量的数据到服务器(显示器)中。对于 Domain 内显示,一种此类实现对 Grant Table 机制进行打包,从而可以提供显著的加速。

10.3　TPM 驱动

可信平台模块(Trusted Platform Module,TPM)是一个备受争议的硬件,它提供了一组安全相关特性。通常关于 TPM 的抱怨之一是它解除了用户对计算机的控制。在包括有 Hypervisor 等很多情况下,这是一种优点,因为没有任何单独虚拟机被允许拥有系统的完全控制。Hypervisor 可以使用 TPM 的一些特性用来加强 VM 之间的隔离。远程认证的特性同样能够用于保证一个远程的 Hypervisor 正在等待去接收的被迁移的客户机没有被破坏。

Xen 之上运行的客户机同样能够利用 TPM,TPM 提供了可以保存加密密钥的机制,并且是以从来不在内存中保存密钥的方式下运行加密算法的方法。由于 Hypervisor(在很多配置下还包括 Domain 0)能够访问客户机的内存,因此虚拟机不能信任它的内存是始终安全存储的。一个用户也许希望随身带着 VM,从而在可信以及不可信的机器上运行同样的环境。客户机能够使用 TPM 来确保敏感数据只有当 VM 运行在可信机器上时才可以被访问。一个类似的机制能够用于确保内核不会在运行在不可靠机器上时被篡改。

到 TPM 的接口相当底层,所有的虚拟接口完成的工作是提供一个抽象层来将 TPM 控制包从物理(或虚拟)设备中读取或向其写入。包的内容由 TPM 规范定义,并且出于任何正在实现 TPM 支持的人都已经对 TPM 命令协议十分熟悉的假设,这里不会再讨论这些内容。

TPM 驱动非常特殊,它完全没有实现环形缓冲,与 TPM 通信的协议是严格的请求-响应接口,在一个时刻只能有一个请求正在处理。

10.4　原生硬件

运行在 Domain 0 或者驱动 Domain 中的客户机,通常被期待提供一些原生设备的驱动程序。完成这一工作最简单的方法是赋予 Domain 对硬件的直接访问的权限。这在一些平台中是可行的,因为外部接口能够实现为虚拟化可知的。在 Xen 所面向的传统 x86 平台,却并非如此,例如不能提供对 PCI 总线的部分访问,以及不提供对其整体的访问,使得这一选项对驱动 Domain 不切实际。

10.4.1　PCI 支持

Xen 提供了泛虚拟化 PCI 总线设备,作为实现将设备传递给泛虚拟化 Domain U 客户机的方法。客户机可以与 PCI 虚拟设备交互,就像它与实际 PCI 设备交互一样。尽管在没有 IOMMU 的环境下会有安全相关问题,Domain 0 明确导出的仅有的一些设备对客户机可见。

这个设备相当简单,它允许 PCI 设备注册为可写入和可读取的,注册的方式允许 Domain 0 有机会截取它们并执行基本的绑定检测。PCI 设备被设计用来完成或多或少的同步操作,一个单独操作被写入共享内存结构体,写入操作必须在下一个操作开始前完成。

用于 PCI 设备的共享内存页面在清单 10.6 中演示。flags 字段用来标示操作的状态,当操作已经被保存在 op 结构体中时,前端驱动会将 XEN_PCIF_active 位进行置位,当操作完成后该位被清除。剩余的 31 位保留给未来扩展使用。

清单 10.6　虚拟 PCI 设备共享信息页面[来自于: xen/include/public/io/pciif.h]

```
67    struct xen_pci_sharedinfo{
68        /* flags - XEN_PCIF* */
69        uint32_t flags;
70        struct xen_pci_op op;
71    };
```

与设备相关的事件通道用于通知有一个请求或者响应正在等待;但是,设备被设计为使用轮询方式。当正在等待一个响应时,事件传输(向上调用)需要被屏蔽。随后设备能够检测标志位来看响应数据是否已经就绪,当它还没有就绪的时候,设备将使用轮询调度操作来等待信号。注意这个设备的使用不需要任何 Grant Table 操作(在初始化设置之后),由于这里没有 TLB 更新的要求,从而它相当轻巧。

这个设备的消息格式在清单 10.7 演示,它允许特定 PCI 设备的单一寄存器被读或者写。一个该格式的消息被保存在共享存储页面中结构体的 op 字段。

清单 10.7　虚拟 PCI 设备操作[来自于: xen/include/public/io/pciif.h], label

```
47    struct xen_pci_op{
48        /*输入:将执行什么动作 :XEN_PCIOP_* */
49        uint32_t cmd;
50
51        /*输出:将包括来自于 error.h 的(如果存在的话)错误码 */
52        int32_t err;
53
54        /*输入 :将操作那个设备 */
55        uint32_t domain;      /* PCI Domain/段 */
```

```
56      uint32_t bus;
57          uint32_t devfn;
58
59          /* 输入:将操作哪个配置寄存器 */
60          int32_t offset;
61          int32_t size;
62
63          /* 输入/输入 : 包括读的结果或者要写入的值 */
64          uint32_t value;
65      };
```

操作是执行一个读操作还是一个写操作由字段被设置为 XEN_PCI_OP_conf_read 或者 XEN_PCI_OP_conf_write 决定,这决定了字段 value 是一个输入参数还是输出参数。如果写操作被执行时,要写入的值被放置在这里。如果操作是读操作,字段将用于保存返回值。

大部分其他字段用来标示要被访问的寄存器:domain、bus 和 devfn。它们使用 8 位总线、5 位设备和 3 位功能 ID 来唯一标示一个 PCI 设备,这指定了一个 256 B 的设备配置空间,offset 用来标示这个配置空间中要被读或者写的位置,size 用来标示要读或者写的数量。

注意这里提供的数量大于 PCI 规范中的数量。这主要提供两个目标,首先使得检测它们是否有效更加简单,后端驱动可以检测它们而不需要先将它们从更加紧凑的数据中解析出来。同时,它允许同样的结构体来支持 PCI-E 和 PCI Express 总线而不需要修改 ABI。

如果命令处理正确,错误值被设置为 XEN_PCI_ERR_success。对于不正确的设备设置,有两种可能的错误。如果设备只是简单的不存在,将返回 XEN_PCI_ERR_dev_not_found。如果设备存在,但不允许客户机使用它,将返回 XEN_PCI_ERR_access_denied 的错误码。对于有效设备,如果偏移量在有效范围之外,操作仍然可以被阻塞,此时返回错误值 XEN_PCI_ERR_invalid_offset。最后,不能被后端驱动识别的功能将返回 XEN_PCI_ERR_not_implemented。

遍历 PCI 根通常通过固件调用来完成,这在 Xen 下是不可能的。作为替代,这些信息将从 XenStore 中获取,设备树中的 root_num 键将包括根的数量,root-0 表示第一个设备。他们以 domain:bus 的格式保存。当对应总线的驱动被连接时,这些键需要被遍历并解析,取代了检测硬件设备的代码。

设备的设计需要使得其能够相对简单地插入到任何有一个抽象层与 PCI 总线交互的内核中。由于驱动必须知道机器页面序号,这允许现存驱动在未修改的时候使用,虽然仍然需要小心 DMA 操作。

10.4.2　USB 设备

在客户 domain 中支持 USB 设备在很多情况下是非常有用的,不像 PCI 设备,USB 设备被插入和拔出相当频繁,因此需要更多的动态映射。

Xen 2.x 支持 USB 设备的贯通(pass-through)模式,但是并没有很好的支持,并且最终被移除。Linux 的实现从未从 2.4 系列内核移动到 2.6 内核,因此这不再是 Xen 3 的选择。

当前提供 USB 设备给其他 domain 存在两种选择,第一种是给客户机简单的分配一个 USB 控制器(PCI 设备),由于客户机只是简单的和控制器交互,这种方法工作正常,就像它与任何其他 USB 控制器交互一样。但是这种方法有两种主要的不利因素:第一个问题是它是静态映射的,用户不能将在一个 USB 端口上插入一个摄像头并从一个 Domain 中使用它,接着插入一个鼠标或者 USB 大容量存储设备并在另一个 Domain 中使用。原理上,用户可以挂起一个 Domain 并恢复另一个,并且使用这种机制来交换对设备的访问,但是这种方法在每次切换时都需要完全的重新初始化,这有些不正规,并且可能会使控制器出问题。

第二种方法是客户机控制整个 USB 主机控制器,如果足够幸运,你的机器也许有两个这样的控制器,从而允许你分配端口中的一半给一个客户机,另一半给另一个客户机,但是非常有可能的情况是你将必须分配所有的 USB 设备给单个客户机。

另一个选择是使用 USB-over-IP,它将 USB 消息装入 IP 包中。目前,只是在 Linux 内核对协议支持较好;但是,用此来通过以太网(或者任何 IP 兼容网络)连接导出 USB 设备。这原本是设计来共享网络资源的,例如,连接到一台机器上的 USB 扫描仪可以被网络上的其他任何设备访问(假设访问权限已经正确设计)。

由于 USB-over-IP 可以在任何网络连接上工作,它可以运行在 Xen 虚拟接口之上。对于 Domain 间连接,它通常比使用 USB 设备更快,但是仍然不够理想。

尽管使用快速网络连接,将 USB 数据封包在 IP 中仍然有相当大的负载影响。这能够通过将其直接放置在以太网帧中来降低开销,但是更好的方式是使用 Grant Table 机制直接发送它。添加 USB 虚拟设备的工作已经正在进行,它很可能是基于 Linux USB-over-IP 代码,但是在写作的时候它仍未完成。

10.5　添加新的设备类型

Xen Hypervisor 完全不知道虚拟设备,但它了解事件和共享存储器。任何其他事情都是由 Xen 中运行的虚拟机的协定构建的。虚拟设备驱动是两个 Domain 之间简单的协议,以明确的语义互相了解一组共享存储器页面、Grant Table 入口点以及事件机制。同样地,实现一个新的设备类型只是简单的定义通信协议,并在驱动两端都实现它,尽管在 Domain 0 之外放置后端驱动需要一些额外工作。

10.5.1　广播设备

除了控制台和 XenStore 自身外,所有设备都是通过 XenStore 来进行广播。当添加一个新的设备类的时候,习惯上为每一个 Domain 在 XenStore 中创建一个新的子树,并在那里广播该设备。所有的配置信息需要在这个树中被提供,包括用于环形缓冲区的共享内存页面的 Grant Reference,以及为了实现异步通知的事件通道。

假设设备遵循传统的分离驱动模型,那么它需要广播两项内容:事件通道和共享内存页面的 Grant Reference。新的设备需要有名称来在 XenStore 中标示自己,例如 newdev①。在每一个运行设备前端驱动的 Domain 中都需要创建 device/newdev 树,并为每一个可用设备分配一个数字 ID。在设备树中,需要有标示运行后端驱动 Domain 字段的 backend—id,以及包含后端驱动 XenStore 路径的键 backend。设备树中同样包含设置设备所需的全部信息,通常是描述包含有设备环形缓冲区的内存页面的 Grant Reference——ring-ref,以及用于通知的事件通道——event-channel。其他键可以根据需要创建。

需要在运行有后端驱动的 backend/newdev 树中创建一个类似的结构体,此外对于每一个可能包含前端驱动的 Domain 都有一个入口点,而且对于每一个导出给该 Domain 的设备也有一个入口点。这需要包括键 frontend 和 frontend—id,分别包括前端驱动的 Domain ID 和 XenStore 路径。它需要同样包括后端驱动所需的任何配置信息。

10.5.2　设置环形缓冲区

对于环形缓冲区通常有两种选择可以使用。如果用户的设备在请求和响应之间有一对一的关系,则可以使用 ring.h 中的通用环形宏定义,它们处理创建、初始化和访问环形缓冲区。

为了使用它们,用户需要定义一个类型来表示请求,一个类型用来表示响应。如果其中任何一个有超过一种类型,那么就需要使用联合体。联合体的大小是所有元素中最大的大小,从而确保环形缓冲区中对应的存储段中可以放得下所有的请求和响应。用来创建环形缓冲区自身的宏定义创建请求和响应类型的联合体正是出于这个目的。这些宏定义在第 6 章中已经讨论过。

另一个选择是定义自己的环形缓冲区,这是除了块设备和网络设备的大部分驱动的选择。如果通信只是发生在一个方向上(也就是没有确认),或者在两个方向上但有不同的速率,这种选择就是最好的选择。乍一看,这似乎是网络设备的情况,但实际并不是这种情况,由于前端驱动需要发送 Grant Reference 给后端驱动,这是用于从后端驱动向前端驱动传输数据用的。由于传输的数据量很小,一些类似于控制

---

① 　显而易见的,对实际设备而言这是一个不好的名称,但是在这里使用只是为了讨论。

台的驱动是更好的示例。

　　下一件需要决定的事情是共享内存空间中有哪些其他信息需要处理。虚拟帧缓冲使用它的页面来设置缓冲区的尺寸和色深。将数据保存在这里或者是 XenStore 的决定是表面的。从驱动中访问共享内存页面中的数据是相对更简单(并且更快)的,而 XenStore 中的数据更容易被工具读取与修改。另一个在共享内存页面中保存静态数据的缺点是这种做法减少了环形缓冲区中可用空间的数量。

　　如果用户已经决定将静态数据保存在共享内存页面中,那么在决定完保存数据的数量以及需要的环形缓冲区的种类后,还有最后一个需要做决定的是:环形缓冲区是否只是包括控制信息,或者它们是否还包含数据? 这通常决定于需要在设备的前端和后端之前移动的数据的数量。

　　如果正在移动大量数据,用户有两种选择:可以随着每一个请求(或者响应)传递一个(或多个)Grant Reference,或者使用一个大的静态缓冲区。块设备和网络设备使用前面的方法。例如一个块写请求包括一个包含要写入数据的内存页面对应的 Grant Reference。虚拟帧缓冲使用第二种方法,静态映射了所有缓冲区到 Domain 的地址空间中。

　　在一些情况下,一个混合的解决办法或许是有用的。例如,一些类似于 Domain 间管道可以分配一些页面作为静态缓冲,并且有两种消息。第一种标示缓冲区中的一段包含有新数据的区域,第二种包括指向数据所在页面的 Grant Reference。对于大块数据,使用 Grant Table 的开销将会比较小;对于较少数据,复制的负载将会更小。

　　在定义了包括环形缓冲区和消息的共享页面的结构体,并将它们放在头文件后,用户就可以开始写驱动的两端了。

10.5.3　困　难

　　在定义设备控制结构体时需要小心:用户定义的设备共享存储页面的结构体是二进制接口。可以添加 XenStore 中的扩展字段而不破坏向后兼容性,用户添加共享内存页面中的字段时,所有的客户机需要将它们的驱动重新编译。如果用户认为这样是合适的,那么也许值得向结构体中添加一个字段"padding",其中的一些字节可以在稍后转换为更加有用的字段。这种方法的不利方面是将会浪费共享存储页面(你可能总共只有 4 KB 空间)中的空间。如果可能的话,向 XenStore 中添加新的数据会更合适,而不是向共享存储页面。如果未来需要更多空间,用户可以考虑定义一个新的接口,它包括多重共享页面,从而允许环形缓冲区增长到超过 4 KB 大小。

　　这对于请求类型中的字段同样正确。如果使用联合体类型来定义请求和响应,则考虑向联合体中增加一些可填充空间,清单 10.8 显示了一个来自虚拟帧缓冲设备的例子。

　　目前这里只定义了一个消息,但是在联合体中包括其他两个元素,第一个是类型,由于第一个字节总是使用这个来进行访问,因此这是有用的。另一个是 pad-ding,意味着其他消息类型可以被添加而不需要修改 ABI。协议规定了,一个实现需要忽略它不支持的消息,因此只要新的消息只实现了可选功能,它们应该仍然能够工作。

清单 10.8　使用联合体来为未来消息类型保留空间

```
1   union xenfb_out_event
2       {
3         uint8_t type;
4         struct xenfb_update update;
5         char pad[XENFB_OUT_EVENT_SIZE];
6       };
```

另一个需要关注的事情是变量的大小。C 类型例如 int 只定义了最小尺寸,而不是一个绝对尺寸。更加糟糕的是,在不同客户机操作系统间这一尺寸可能是不同的;一些系统定义 int 为 32 位,而 x86 - 64 中的一些系统将其定义为 64 位。就连被定义为机器字长从而具有同样长度的 long 类型,如果可以在 64 位 Hypervisor 和 Domain 0 上运行 32 位客户机,同样会导致问题出现。如果可能的话,用户应该总是使用具有明确大小的数据类型。如果用户发送的数值(例如指针)可以是 32 位或者 64 位,那么最好使用 64 位,从而就不需要区别不同 Domain。

当用户已经选择了一个良好的抽象并且牢记它们后,定义 ABI 是相对简单的。但是选择一个好的抽象是十分重要的。一个虚拟设备有如下要求:

● 易于实现;
● 到操作系统特性的良好映射;
● 可以充分利用可用硬件的能力。

块设备是目前具有所有上述特性的接口的最好的例子。它的接口相当简单,而且只定义了在前端和后端之间移动数据的方法。由于大部分操作系统是以非常类似的特性通过抽象层使用它,因此它十分优秀的映射了操作系统感知块设备的方法,并且它能够利用 DMA 和命令重排序(在支持这些特性的硬件上)。帧缓冲在前两点上表现相当好,但是在最后一项上严重失败,因为它甚至不能利用从十年前便已经成为显卡标准的 2D 加速特性。

10.5.4　访问设备

驱动的前端不应该执行任何和 Grant Table 相关的 Hypercall,前端驱动需要创建 Grant Reference,并且通过 XenStore 向后端驱动传递 Grant Reference。尽管这并不是必需的,但是它具有实际的优势,它简化了为 HVM 客户机创建前端驱动的过程,而目前 HVM 客户机不能提交 Grant Table Hypercall[①]。

前端驱动需要使用 XenStore 来查找配置的细节,它需要向 store 中写入 Grant Reference 从而允许后端驱动执行映射,并连接到事件通道。

尽管高端工作站和服务器已经支持设备的热插拔相当一段时间了,但是消费级别的硬件还不支持。虚拟机中所有的设备都必须作为可热插拔。当虚拟机被挂起,它需要从后端驱动断开所有的前端设备。物理机器上的操作系统在进入挂起模式通常预期在其恢复时硬件仍然存在。一个虚拟机可以做出一个较弱的假设:等价的设备将可用。

一个虚拟机可能在一台机器上被挂起,然后在另一个上被恢复(或者被动态迁移)。当这一情况发生时,它需要重新初始化设备驱动。而此时后端驱动也许会不同,至少机器帧序号很可能会不同,并且远端 Domain 的事件通道序号同样很可能会不同。如果设备没有正确的解除和重连接,它将会中断使用它的内核的挂起过程和迁移过程。

前端驱动如何精确的进行构建取决于内核,对于大部分设备类型,大部分内核有供更高级内核使用接口的通用集合。一个良好设计的设备接口将比较类似于它们。

10.5.5　设计后端驱动

设备的前端驱动通常比后端驱动更容易设计。大部分设备的后端驱动多少更加复杂,前端接口通常被设计成与通用操作系统的抽象层十分类似的映射,从而比较易于实现。这一情况的部分原因是前端驱动通常需要在很多地方实现,运行在 Domain 0 中的每一个操作系统同样可以在 Domain U 中运行,但是反之则不是。类似的,一个 Xen 的安装实例只有一个 Dom0 客户机[②],但是有很多个 DomU 客户机。这意味着接口的前端驱动需要要比后端驱动更多次被实现,因此需要被设计得更简单。

后端驱动希望被设计成为连接到操作系统现有的多路复用特性中。在基础层次上,操作系统的目标是在不同处理过程中多路复用计算机的资源。一个后端块设备能够选择高层的抽象如文件,或者低层的抽象如分区(如果操作系统将其暴露给用户空间工具)。同样也可以做出中间的选择,如逻辑磁盘组,它也许只是稍微比分区的抽象层稍高(如 Linux 中的逻辑磁盘管理器,Logical Volume Manager)或者差不多和文件一样高层次(如 Solaris 中的 ZFS)。

网络设备也有类似的选择:它能够与 Domain 网络协议栈在任何地方交互,从以太网层向上到 TCP 栈顶。在较低的层次上,可以得到更多的灵活性,而在较高的层次上,可以获得更高的性能。由于大部分客户机操作系统已经有将以太网数据包注

---

① 这一情况很有可能会很快进行修改,因为一些开发人员试图在 HVM 客户机中运行后端驱动。

② 在这一部分,后端驱动被假设运行在 Domain 0 中而被讨论。尽管这通常是正确的,但同样可能在"驱动 Domain"(特殊设计的 domU,可以访问特定的硬件设备)中运行驱动。

入到以太网卡中的代码,因此将虚拟网络接口插入到网络协议栈的底端上变得更加容易。这一决定和块设备所作出的决定有一些不同,因为它除了影响后端驱动外还影响了前端驱动的设计。块设备在前端驱动有"读/写数据块"的接口,而不管数据块是否被直接保存在一个分区、一个逻辑磁盘组或者一个在其他文件系统上的文件。对于块设备,更低层次提供了更好的性能,更大系统管理开销(对于管理员来说,创建一个文件比创建一个分区更加容易);但是这个选择的影响直到运行时才会体现出来。

后端驱动的一些实现细节由接口的设计决定。如果你的新设备表现相当高层次的抽象时,它也许需要和 Domain 0 接口堆栈相结合。例如,虚拟 TPM 设备需要和物理设备相当紧的绑定。

简单的接口会提供更高的灵活性,但是会消耗一些性能。虚拟帧缓冲是这方面的好例子。这种设备全部需要的是在屏幕上显示像素的一些机制,一种后端驱动的实现使用 X11 来完成这一工作,X11 是系统原生设计的运行字符终端或窗口中简单图形应用程序的图形终端,用来连接到 UNIX 机器,这个后端驱动映射客户帧缓冲上的像素到窗口中的像素。另一种使用 VNC 协议来实现远程显示。在一个较低的层次上,后端驱动可以使用实际的帧缓冲设备并直接将像素绘制到屏幕上,这种灵活性需要付出的代价是性能。除非使用较高的 CPU 开销外,客户机并不能在虚拟帧缓冲中绘制复杂的 3D 场景。在 3D 空间中绘制一个多面体,首先涉及映射它到一个 2D 多边形,接着映射为一组像素。新的显卡能够在硬件中完成所有这些工作,而较旧的显卡仍然需要做第二步:甚至相当原始的显卡硬件都有对类似"位块传输(bit blitting)"等操作的支持,该操作将一个矩形区域从内存传输到帧缓冲,并带有位屏蔽用来标示目前区域的每一个像素点是否需要被重写。现代硬件将这一工作归纳为 Alpha 混合函数,它将为屏蔽替换为透明度值。

当已经决定在宿主机操作系统的抽象层中哪个位置来运行驱动程序时,下一步需要决定的是需要哪种转换。对于网络接口,MAC 地址需要修改,每一个网卡有唯一的 MAC 地址,它用来对以太网帧进行路由,同样的方式,IP 地址用于对 IP 数据包进行路由。原始的以太网设计为总线网络,每一个帧在链路上进行广播。每一个网络接口将目标地址与自己的 MAC 地址比较,并传递相符的数据包给计算机。在交换网络中,发送给每个 MAC 地址的第一个帧在所有端口上广播,有回复的端口被缓冲从而所有未来发送到该地址的帧只被发送到这个端口上。

当虚拟接口运行在桥接模式中时,客户虚拟机将具有自己的虚拟 MAC 地址,可以直接从网络上发送和接收以太网帧。这种虚拟 MAC 地址不同与物理硬件 MAC,因此网卡必须运行在"混杂(promiscuous)"模式下。在这一模式中,网卡将所有接收到的以太网帧传递给(Domain 0)操作系统。这允许帧被编址为客户机的虚拟 MAC 地址而被接收,这种行为对于以太网接口并不常用(尽管它经常被支持,用来调试网络问题),因而可以作为后端驱动可能需要提供一些稍微不常用的功能的一个很好的例子。

　　如果有可能,在用户空间运行设备驱动通常是好的。帧缓冲的后端驱动(X11 和 VNC)是这样做,从而使得虚拟帧缓冲设备移植到一个新的 Domain 0 客户机变得更加容易。当然,这个新的客户机需要支持和 Linux(设备原本的所在)同样的用户空间 API,从而完成这一工作,这通常比一个新的系统支持 Linux 内核接口更加常见。

第 **11** 章

Xen API

　　Xen API 是个让人有些疑惑的词。本书大多数地方都在讨论如何和 Xen 交互，所以专门有一章叫做"API"看起来很奇怪。这是因为 Xen 提供了两种接口：一种是由客户机来使用，一种是由工具来使用。前者是熟知的 Hypercall API，也是本书的重点。后者被称为 Xen API，有时候也被称作 Xen 管理 API，是本章的主要内容。本章将讨论 Xen API 的设计、如何使用，以及 Xen 系统的各个组件如何使用它来通信。

　　尽管 C 和 Python 绑定可以使用并且通常更加易于开发者使用，但 Xen API 构造在 XML-RPC 之上。完整的 API 规范超过 100 页，所以深入的讨论已经超出本书的范围。

　　Xen API 被 Xen 用户空间的组件使用，比如用来控制系统的 xm 命令行工具。Xend 后台程序监听 XML-RPC 连接①并且执行一些管理功能。

　　Xen API 导出了 xm 能做的所有功能。这包括一个虚拟机生命周期的大多数控制。本章将会讨论 API 本身，以及实现它的各个层次之间是如何连接在一起的。

　　本章将从回顾 XML-RPC 开始，Xen API 以它作为底层协议开发而来。然后会讨论 API 如何与系统其他部分交互，包括用户空间工具和 xend 后台程序。

11.1　XML－RPC

　　如果读者已经熟悉 XML-RPC，就可以跳过这一节。如果还不熟悉，这里只提供协议的概述，而不是完全参考。尽管如此，它已经提供了足够的细节来理解 Xen API 上下文中的 XML-RPC 使用。

11.1.1　XML-RPC 数据类型

　　和大多数程序设计语言一样，XML-RPC 定义了少量的元数据类型，然后允许它们结合起来形成复合数据类型。和 Xen API 相关的有 int double, boolean, dateTime. iso8601 和 string。这些在抽象 API 中被用来表示 int, float, bool, Datatime 和

---

　　① 后台程序的早期版本使用一个基于 S 表达式的定制协议。它被本节描述的 XML-RPC 协议淘汰，后者将会在 3.1 之后的发布版本中保持稳定。

string 等类型。

每个元数据类型由包含在一对 XML 标签中的字符串表示。比如,一个浮点值可能表示成以下形式:

<double>3.14159</double>

数据必须是有效的 XML 字符数据。实际上,这种限制只适用于字符串类型,因为其他类型都不允许非有效 XML 字符。在 Xen API 环境中,所有的整型都设定为 64 位。

由这些简单的数据类型,可以构造更加复杂的类型。XML-RPC 使用两种方法来构造:结构和数组。他们紧密地参照了 C 相同名字的复合数据类型。数组和结构都非常相似——都包括一系列子元素。数组包括一个子元素的有序列表,而结构包括键-值对的无序列表。

和 C 数组不同的是,XML-RPC 数组可以包含异构的内容。另一个和 C 的关键区别是每个值的类型都用值来编码,而不是用包含这个值的变量。如下是一个有效的 XML-RPC 数组:

```
<array>
  <data>
      <value><double>3.14159</double></value>
      <value><int>12</int></value>
      <value><string>Xen is the answer.</string></value>
  </data>
</array>
```

每个数组标签必须只能包含一个 data 标签,它可以包含任意多的值,结构是类似的。不同于有 rigid 结构的 C 结构,XML-RPC 是关联数组。每个结构可以拥有任意数量的键-值对。键是字符数据组成的字符串,而值可以是任何 XML-RPC 类型,包括数组和结构。如下展示了一个简单的结构:

```
<struct>
  <member>
      <name>Answer</name>
      <value><int>42</int></value>
  </member>
  <member>
      <name>Question</name>
      <value><string>To be, or not to be? </string></value>
  </member>
  <member>
      <name>True</name>
      <value><boolean>1</boolean></value>
  </member>
```

```
</struct>
```

11.1.2　远程过程调用

为结构化的数据定义 XML 格式可能有用,但是它不是 XML-RPC 的核心。RPC 代表远程过程调用,所以需要有一些机制来完成这个功能。标准建立在 HTTP 之上;每个请求和响应都是一个 HTTP 请求和响应对。

请求的格式映射了一个过程调用的结构。每个调用包括名字和过程的参数。请求作为如下形式的 HTTP POST 发送:

```
< - xml version = "1.0" - >
<methodcall>
    <methodName>example.function</methodName>
    <params>
        <param>
            <value><string>parameter</string></value>
        </param>
    </params>
</methodcall>
```

方法的名字仅仅是一个字符串,但是转换会把它们当成一个用点分开的结构。响应是相似的格式:

```
<? xml version = "1.0"? >
<methodResponse>
    <params>
        <param>
            <value><string>South Dakota</string></value>
        </param>
    </params>
</methodResponse>
```

尽管结构相似,但是有更多的限制。响应只包含一个参数,尽管可以是一个复合数据类型(数组或者结构)。这些都是在 HTTP 基础上完成的,它们是同步的。在许多情况下,这并不理想。Xen API 定义了次级名称空间"Async"。通过在方法名称前添加前缀 Async. ,Xen API 的使用者能够访问异步调用版本。

异步调用版本都返回一个任务 ID。这是一个可用来获得后继返回实际值的唯一标识。两个附加的调用,Asys. Task. GetAllTasks 和 Asys. Task. GetStatus 可以用来获得未完成的任务列表以及任务的返回值。

11.2　探索 Xen 接口层次

Xen API 在最底层定义为 XML-RPC,这代替了较早的 S 表达式接口。为和

Xen 后台程序对话的控制机制提供了一种语言无关的接口。尽管 S 表达式和 XML 同样易于表达，分析和转换更加简单，但是它缺少已有库的支持。XML-RPC 很好的被一些第三方库支持，能够提供语言无关的 XML-RPC 调用。

　　图 11.1 说明了控制接口的各层是如何构建起来的。新的 libxen 提供了 C 绑定，允许在没有 Python 运行时的情况下编写管理工具。使用 Libvirt 为不同的虚拟化工具提供一个统一的 API。目前，libvirt 对 xen 支持非常好，同时也增加了对 KVM 和 QEMU 的支持。一些 Linux 发布版本正在使用它，而不是直接和 Xen API 交互，现在 GNOME 桌面环境包含了一个建立在 libvirt 之上的本地虚拟化管理器。

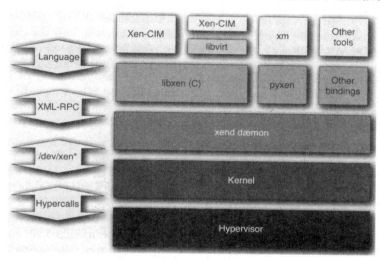

图 11.1　Xen 接口层次

　　Libvirt 的早期版本通过衍生出 xm 命令的实例并且分析结果来实现。这样做有些问题，因为 xm 的输出应该是易读的，所以它被周期性的改变以更好地展现信息。新的版本直接使用 API，这样似乎会更加稳定。从某种意义上说，Xen API 使得 libvirt 多余，因为 libvirt 的最初目的就是把工具开发者从必须处理 xm 以及相关工具输出格式和支持的命令发生的变化中解脱出来。尽管如此，libvirt 仍然服务于为不同的虚拟化环境提供统一接口的第二个目的。

　　Xen API 用来为底层的后台程序和用户空间之间提供一个桥梁。大多数 Xen 管理功能都由 xend 后台程序完成。它分析了来自用户空间工具的请求并和 Domain 0 内核通信来完成管理功能。

　　当一个用户空间工具发出一个命令时，首先被语言绑定（比如用于 C 的 libxen 或者用于 Python 的 pyxen），转换成 XML-RPC 请求。这个库使用套接字发送 XML 给 xend 的监听实例，然后 xend 自己处理或者传给内核的 Hypervisor 接口而后传给 Hypervisor。

11.3　Xen API 类

　　Xen API 中所有用户必须要处理的第一个对象是会话。使用 API 的交互是有状态的,和一个单独的会话关联在一起。第一个任务总是创建一个会话对象,更进一步的交互通过这个会话对象进行。

　　一个会话是把用户映射到主机的一种方法。一个会话对象有单独的一个主机与之关联。一个主机对象标识用户与之通信的物理机器。一个单独的管理工具可能创建一些会话,每个都和一个不同的主机对话,这使得运行 xen 的一个集群可以从一个中心位置统一管理。

　　与主机关联的有 3 种类型的对象,如图 11.2 所示。这些对应于机器的物理配置,用于枚举物理块设备和网卡设备以及 CPU 的处理能力。其中每一个都有一个get_ 方法与之关联。例如,host. get_PBDs 方法返回指定的主机的所有物理块设备集合。

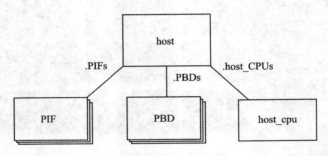

图 11.2　和主机相关的对象

度量 (Metrics)

　　这里讨论的类大多数都有与之关联的 metrics 对象。这会给监控工具提供关于对象的有用信息。比如,每个虚拟机都有一个关联的 VM_metrics 对象,它包含了内存和 CPU 的数量,当前状态以及一些其他信息。

　　Metrics 对象被从系统的其他部分中分离出来以清晰地区别可以被工具修改的对象和仅仅报告当前状态的对象。一个 Xen 集群监控工具可能会周期性地轮询所有的 metrics 对象,以此为管理员提供统计和警告信息。

　　运行在指定主机上的虚拟机可以通过 host. get_resident_VMs 方法访问。它会返回运行在这个系统上的虚拟机集合。虚拟机都包含如图 11.3 所示的子类,分别表示虚拟块设备,网络接口,和域关联的 TPM 以及控制台。

　　这些子类都有一组 get_方法集与之关联,可以用来枚举确定配置信息。原理上,相同的信息可以直接从 XenStore 中获得。但由于 XenStore 层次不能保证保持稳定,所以不再推荐使用这种方法。它可能能在一些小版本间保持稳定,但是 Xen

166

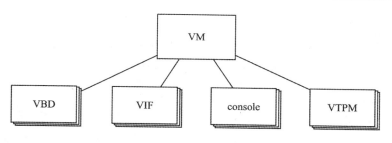

图 11.3　虚拟机实例相关对象

API 从 1.0 版本便保证向后兼容。这意味着一个使用 Xen API 获取数据的工具在 Xen 4.0 也会工作,但是直接使用 XenStore 很可能不行。随着 NetChannel2 的开发这点会变得更加明显,NetChannel2 将会适当地改变网络接口协议。如果这改变 XenStore 的虚拟接口层次,Xend 将会透明地完成转换。

其余的对象作为虚拟和物理设备的桥梁而服务。各种虚拟接口需要映射到物理接口,虚拟块设备要映射到物理块设备。负责这种映射的两个对象分别是网络和 SR (存储仓库)对象。它们每个都维护一个物理和虚拟设备列表。每个 VIF 和 PIF 都属于同一个网络,块设备到存储仓库之间也存在相同的映射。

C 绑定

Libxen 可以通过 C 接口中使用的函数在带有 xen_前缀的头文件集合中,比如, xen_vm. h,提供虚拟机维护用的函数原型和结构定义。

C 绑定被设计成紧密反映底层接口。它们是手工编写来提供与 XML-RPC 接口同样的结构和函数,并且能够被 C 程序员直接访问。其中使得它困难的一个方面是 C 语言没有“字典”或者关联数组数据类型。大多数编程语言中,它们都得到非常底层[①]的支持并且能够被用来直接映射 XML-RPC 使用的字典类型。

在 C 中,用设置和获取键值对的函数也可以定义类似字典的类型。尽管如此, 这对于 C 程序员来说不是特别熟悉的编程风格。通常,C 中字典的替代物是结构。 不同于一个真正的字典,结构中的“键”是在编译时定义的。幸运的是,Xen API 也定义了可以在任意给定字典中存在的键。这使得为 API 中的每个字典构造一个对应的结构成为可能。

这里补充一点,一些枚举类型为符号常量而定义,在无线协议中作为字符串发送。这使得 API 的使用更加简单,因为标准比较运算符(= =)和控制结构(比如 switch)能够用作枚举类型的值,但是不能成为字符串的值。如下所示的 XML 片段表示了对一个询问指定 CPU 所支持的特征的回答:

---

① 有些提供对(pair)组成的表,作为字典的近似。

```
<array>
    <data>
        <value><string>CX8</string></value>
        <value><string>PSE36</string></value>
        <value><string>FPU</string></value>
    </data>
</array>
```

清单 11.1 展示了未发布的 C API 版本中表示这个回复的结构。这是一个简单的数组类型,它包含了元素的个数(因为 C 数组中没有一个可以访问的大小属性),以及一个包含 xen_cpu_feature 枚举类型成员的数组。针对这个回复,数组将是:

reply . size＝3 ;

reply . contents ＝ { XEN_CPU_FEATURE_CX8, XEN_CPU_FEATURE_PSE36,

XEN_CPU_FEATURE_FPU} ;

清单 11.1　libxen 中的 CPU 特征集结构

```
1  typedef struct xen_cpu_feature_set
2  {
3      size_t size;
4      enum xen_cpu_feature contents[];
5  } xen_cpu_feature_set;
```

这种模式在 API 中每一个会返回多个可能结果的地方都会被使用。C 绑定可能需要这种特性做最多工作的,其他便于编写工具的大多数语言要么允许直接而简单的字符串处理,要么函数中内建"string to atom",要么两者都有。在 C 绑定的最终发布版本中,XML_RPC 返回的字符串被直接暴露出来。这使得在不修改绑定的情况下可以添加其他的。这种模式在返回类型的数量不改变的情况下仍然使用,例如虚拟机的电源状况。

C 绑定不提供单独的发送 HTTP 请求的方法,用户必须自己提供实际发送请求的函数。

实现这一功能的最常用办法是使用 libcurl,它提供了一种提交 HTTP 请求和处理回复的机制。

清单 11.2 展示了来自 Xen 绑定单元测试程序实例调用函数。当初始会话时,一个指向这个函数的指针被传至 libxen。对这个 API 的每个子序列调用,将会使用它来重新获得结果。这个函数向一个指定的 URL 执行 HTTP POST 操作并把返回的数据传递给通过参数指定的函数。

清单 11.2　发送 Xen API 调用到服务器的示例函数[源自 tools/libxen/test/test_bindings. c]

```
78  static int
```

```
79  call_func(const void *data, size_t len, void *user_handle,
80           void *result_handle, xen_result_func result_func)
81  {
82      (void)user_handle;
83
84  #ifdef PRINT_XML
85      printf("\n\n——Data_to_server:————————————————\n");
86      printf("%s\n",((char*) data));
87      fflush(stdout);
88  #endif
89
90      CURL *curl = curl_easy_init();
91      if (!curl) {
92          return -1;
93      }
94
95      xen_comms comms = {
96          .func = result_func,
97          .handle = result_handle
98      };
99
100     curl_easy_setopt(curl, CURLOPT_URL, url);
101     curl_easy_setopt(curl, CURLOPT_NOPROGRESS, 1);
102     curl_easy_setopt(curl, CURLOPT_MUTE, 1);
103     curl_easy_setopt(curl, CURLOPT_WRITEFUNCTION, &write_func);
104     curl_easy_setopt(curl, CURLOPT_WRITEDATA, &comms);
105     curl_easy_setopt(curl, CURLOPT_POST, 1);
106     curl_easy_setopt(curl, CURLOPT_POSTFIELDS, data);
107     curl_easy_setopt(curl, CURLOPT_POSTFIELDSIZE, len);
108
109     CURLcode result = curl_easy_perform(curl);
110
111     curl_easy_cleanup(curl);
112
113     return result;
114 }
```

C 绑定也依赖于 libxml, 它是一个来自 GNOME 工程的使用 MIT 许可证的 XML 分析库。因为使用 MIT 许可证, 它对使用和二进制形式的再发布没有限制。API 的 C 绑定是在 GNU LPL 许可证下发布的。它对和它链接的代码没有限制, 不是必须为用户提供更新自己的 libxen 版本的可能。这可能仅仅对开发者构建 XEN 监控应用程序是个问题, 它们本来是要设计成黑盒, 没有机制来安装一个修改了的 libxen。

11.4　Xend 的功能

Xen 后台程序负责在其他用户空间工具和内核接口之间提供接口。因为 Xen

hypercall 只能运行在特权级别,它不能直接处理它们。内核导出一个具有标准接口的设备,由后台程序作为普通文件打开。初看起来,Xend 似乎能够完全在内核空间实现。增加一个执行 hypercall 的系统调用,或者允许用户空间应用程序直接访问 Xen 设备当然都不会太难。为了说明实际情况并不是这样,需要先考察以下 xend 除了简单处理 hypercall 之外还做了什么。

Xend 的一个最明显任务是访问控制。在本机上,这是通过为和后台程序连接的套接字或者其他任何文件设置权限来确保访问特定的用户或者组 ubei 的访问权限(默认设置下只有根用户可以使用 xend)。对于远程管理,访问可以授权给指定的 SSL 客户端认证。

不是所有的管理功能都需要直接和 hypervisor 交互。其中有一些比如启动各种虚拟驱动后端,完全发生在用户空间,或者有一些通过授权表建立共享内存区域的少量的 hypervisor 交互。如果 xend 完全是建立在内核之中,完成其中很多功能都会非常困难。

把 xend 设计为一个用户空间工具的另外一个主要原因是它使得将其他操作系统移植为 Domain0 变得更加简单。内核空间的接口有意保持简单是为了能有尽可能多的代码被共享。尽管用户空间代码可以方便地在 POSIX 兼容的操作系统之间移植,但移植内核代码将会困难很多。Solaris,NetBSD 和 Linux 移植为 Xen 的 Domain0 时都会运行 xend。不同仅仅在于需要考虑不同客户机的文件系统层次(比如在/var 的正确位置存储 PID)。

和 xm 一样,xend 是用 Python 开发的。这对于想要作为 Domain0 运行的操作系统来说附加了一个限制;它必须能够运行 Python 虚拟机,或者重新实现一个管理工具。一个相对稳定的 API 的副作用是第二个选择已经可用。当前 xm 和 xend 之间的接口在不同版本之间有较大变化,不能认为是公共的[①]。Xen API 的引入意味着 xend 可以在不影响现存工具的情况下被完全替换掉。对一个高安全性的配置,一个最小的 API 实现可以通过一个允许形式化验证的语言来编写,消除了潜在的开发代价。

Xend 可以在代码树的 xen/tools/python/xen/xend 部分找到。这个目录下的每个文件都包含一部分 Xen API 的实现。Xen API 是通过少量的文件实现的。文件 Sever/XMLRPCServer.Py 包含首先处理请求的代码。它设置 XML-RPC 服务器并且把 XML-RPC 命令映射到各种 Python 方法。

下一步可以在文件 XendAPI.py 中找到。首先会对 XML-RPC 参数进行基本验证,比如检查引用的对象是否存在。在这步完成之后,它会作为跳板调用实际处理这个请求的正确方法。这个跳板机制使得 API 及其实现可以分离,单独改变。相同的函数可以用来实现新的 Xen API,也可用来兼容老的 xm 接口。

---

① 很明显,这两个组件都是开源的,推断这个接口相对容易,但不推荐使用。

这也使得向 Xen API 的移植可以逐步进行。Xm 中单独的函数随着它逐步变得稳定被用来支持 API。在 Xen 3.1 版本中，API 达到可以支持所有 xm 的传统功能的程度，以至于可以完全作为老的接口的替代品。Xm 中新加入的特性只使用 Xen API，所以对其他工具也可用。

11.5　Xm 命令行

Xm（"Xen Master"）命令是管理 Xen 的最简单方式。程序本身是用 Python 编写，可以在 xen 的代码树的 tools/Python/xen/xm 处找到。每个命令在一个单独的源文件中实现。

Xen 3.1 之前版本中，xm 是控制 Xen 的唯一方法。程序通过一个私有协议和后端的后台程序通信，这个协议不能保证在不同版本之间保持稳定。而在 Xen 3.1 中，xm 对 API 而说只是一个前端，在概念上来说并不比其他的前端更加重要，尽管它仍然是管理 Xen 系统的标准方式。

Xm 工具——或者说工具家族——被 main.py 中代码连接在一起。这里包括一些简单的工具函数和通用代码，以及基本的命令解析器。这个解析器在被调用的命令没有参数或者没有指定命令时会显示使用信息。当它解析并且验证了给定命令的参数之后会把控制传给相关模块。

Xm 命令总是有一个交互模式，可以通过运行"xm shell"调用，随着 Xen API 的引入它被扩展成可以允许用户直接和 API 交互。如下的例子展示了 Domain0 的一些指标如何被得到（空的 UUID 在本机上总是指的是 Domain 0）。

```
# xm shell
The Xen Master . Type "Help" for a list of functions.
Xm> VM.get_metrics 00000000 - 0000 - 0000 - 0000 - 000000000000
{'VCPUs_CPU': {'0': '0'},
'VCPUs_flags': {'0': ['online', 'running']},
'VCPUs_number': '1',
'VCPUs_params': {'cap': '0
            'cpumap0': '0,1,2,3,4,5,6,7,8,9,10,11,12,13…''weight': '256'},
'VCPUs_utilisation': {'0': 0.0014919782698009033},
'last_updated': <DateTime '20070529T12:14:42' at b7b0fdac>,
'memory_actual':   '486543360',
'start_time': <DateTime '19700101T00:00:00' at b7b0fe0c>,
'state': ['running'],
'uuid': 'bf050307 - 1ce4 - 169e - 83d7 - 295703ba3b2a'}
```

第一个调用可以给出包含指标信息的对象，进而得到指标信息。注意在面向对象风格的 API 中，每个方法的第一个参数都是对象自身。在指标对象的引用被获取之后,与之关联数据的就可以被获得。这个数据是由表示这个运行的虚拟机数据的各个域组成的结构。

这个 shell 是针对 Xen API 做实验的最简单方法。尽管在命令书写过程中,帮助命令不会提供关于 Xen API 的任何信息,但 TAB 键的补全功能可以起到帮助。它使得对象的方法可以很容易地罗列出来,或者在给出前缀的时候自动补全:

```
Xm> host.get_API_version_<TAB><TAB>
Host.get_API_version_major
Host.get_API_version_minor
Host.get_API_version_vendor
Host.get_API_version_vendor_implementation
Xm> VM<TAB>
Display all 107 possibilities? (y or n)
```

如果用户是在用一种绑定编写一个脚本或者应用时在 API 调用上碰到问题,在 xm shell 中尝试这个调用是检查它是否像想象的那样工作的一种简便方法。

11.6　Xen CIM 提供者

在为 Xen 开发稳定的 API 背后的一个驱动力是追求适应不同管理接口的能力。通用信息模块(CIM)正是符合这一要求的接口。CIM 指的是一组为管理工具定义接口的标准。它们不局限于虚拟化,被广泛地用于一些管理任务,比如管理复杂的存储环境。为把虚拟化集成到 CIM 栈中定义标准 Distributed Management Task Force (DMTF)已经组成一个工作组。初步成果是,系统虚拟化、分区和集群工作组(SVPC WG)正在 Xen API 之上构建 CIM 提供者。

简单讲,CIM 提供者只是又一种语言绑定。不同于 libxen 和 pyxen 等其他的绑定,CIM 提供者在 Xen API 和另一种域相关的非常高层语言之间转换。尽管用户可以用 C 写一个使用 libxen 的工具,也可以使用自己选择的一种通用编程语言编写和 CIM 提供者交互的东西。CIM 是一种基于数据模型的语言,不是一种通用编程语言。

为什么想把 Xen API 转换成 C,然后再转换成 CIM,进而是工具的内部表示,而不是直接使用 API 呢? 主要原因是互操作性。尽管 Xen API 是公共的并且似乎会保持稳定,但是它不是标准。CIM 是一个标准,是厂商支持的。一个支持 CIM 的工具很可能会和其他 Hypervisor 一起,比如来自 SUN 和 IBM 的基于硬件的 hypervisor。

CIM vs libvirt

乍看起来,CIM 和 libvirt 似乎拥有相似的目的。二者都为编写工具提供了 hypervisor 无关的抽象层。但它们有一些大的区别:CIM 是一个抽象模型,基于 XML 的重新表示,并且以语言无关的方式使用。相比之下,libvirt 非常紧密地和 C 绑定。

另外一个大的区别在开发模型上。CIM 标准的相关部分正在由一个代表多个厂商的工作组定义。Libvirt 是围绕 xm 开始的,后来逐渐发展成一个更加通用的接口。它仍然更加贴近于 Xen 的处理方式。它也只被设计来管理本机的虚拟化环境,而 CIM 管理工具通常被用来组织大量的计算机和其他设备。

最后,CIM 是一个大的规范,虚拟化相关的部分相对来说较少。为一个支持 CIM 的管理工具添加对虚拟化的支持相对简单。

CIM 自身只是问题的一部分。CIM 提供了描述真实系统模型的一种抽象方法。描述表示模型的方法是 CIM - XML 的工作,它有点类似于 WS - management,WS - management 是标准 web 服务家族中的一个,描述了和它们交互的方法。

目前,Xen CIM 提供者正在主开发树①之外开发。这可能会持续进行直到相关的 CIM 规范变得稳定。

11.7　练习:枚举正在运行的虚拟机

本节将会考察一下 Xen API 的简单使用:枚举正在运行的虚拟机。首先先看一下如何使用 C 和 Python API 来实现这个功能,然后检查生成的 XML,最后观察 xend 如何处理这个请求。

在大步骤上,用户需要进行如下操作:

(1) 用关联的会话和 xend 建立连接。

(2) 获得连接的本地主机。

(3) 获得主机的虚拟机列表。

为了弄清楚这将如何工作,可以从在 xm shell 中尝试它开始:

```
#xm shell
The Xen Master . Type "Help" for a list of functions.
Xm> session.get_all
['77900a47 - c611 - 8450 - 28bc - acabab1f8af9']
Xm> session.get_this_host 77900a47 - c611 - 8450 - 28bc - acabab1f8af9
'a86612fa - 85b8 - ea19 - aae7 - e60f124d4cb5'
Xm> host.get_resident_VMs a86612fa - 85b8 - ea19 - aae7 - e60f124d4cb5
[' 00000000 - 0000 - 0000 - 0000 - 000000000000']
```

---

①　尽管它仍能从 http://xenbits. xensource. com/ext/os-cmpi-xen. hg 下载。

```
Xm> VM.get_name_
VM.get_name_description VM.get_name_label
Xm> VM.get_name_label 00000000 - 0000 - 0000 - 0000 - 000000000000
'Domain - 0'
```

　　这里有些作弊地获得了这个会话,进而得到了所有会话的列表,因为总共只有一个;然后得到了主机以及其上的虚拟机。在示例中的机器上只有一个虚拟机——Domain 0。

　　清单 11.3 展示了用 C 如何完成这件事情。这是一个从命令行接收 3 个参数的简单程序,3 个参数分别是服务器的地址、用户名和密码。

　　清单 11.3　　用 C 枚举正在运行的虚拟机(源自 examples/chapter1/enumerate_vms.c)

```
53  int main(int argc, char **argv)
54  {
55      if (argc != 4)
56      {
57          fprintf(stderr, "Usage:\n\n%s_<url>_<username>_<
                password>\n", argv[0]);
58      }
59
60      url = argv[1];
61
62      /* General setup */
63      xen_init();
64      curl_global_init(CURL_GLOBAL_ALL);
65
66      xen_session *session =
67          xen_session_login_with_password(call_func, NULL, argv
                [2], argv[3]);
68
69      if(session->ok)
70      {
71          /* Get the host */
72          xen_host host;
73          xen_session_get_this_host(session, &host, session);
74          /* Get the set of VMs */
75          struct xen_vm_set * VMs;
76          xen_host_get_resident_vms(session, &VMs, host);
77          /* Print the names */
78          for(unsigned int i=0; i<VMs->size; i++)
79          {
80              char * name;
81              xen_host_get_name_label(session, &name, host);
82              printf("VM_%d:_%s\n", i, name);
83          }
84      }
```

```
85      else
86      {
87          printf(stderr , "Connection_failed\n");
88      }
89      xen_session_logout(session);
90      curl_global_cleanup();
91      xen_fini();
92      return 0;
93 }
```

一对帮助函数 call_func 和 write_func 在完整清单中,没有在这里展示。第一个类似于清单 11.2 中那个函数,而第二个只是简单把 libcurl 中使用的 4 个参数的函数版本转变成 libxen 要求的 3 个参数的版本。

55～60 行用来确保得到了正确的参数。服务器的地址是存储在全局的,所以高层函数 call_func 可以访问它。62～64 行完成需要使用的两个库 libcurl 和 libxen 的初始化。90 和 91 行是已经完成之后相应的清理工作。

66 行尝试用给定的用户名和密码连接到服务器。如果它能够成功,我们就可以开始了。这是这个简单程序唯一进行错误检查的地方;如果能够连接,将会假设每件事情都运转正常。第 89 行是这个会话对象相应的析构过程。

73 行获得了指向主机对象的句柄。注意会话对象会被传递两次。这个函数自从伴随 Xen 3.0.4 发布的 API 0.4 版本起,只带有两个参数。这个版本中,第一个会话用来连接,第二个则是为之寻找主机的会话。中间的参数会存储将要返回的主机对象。这 3 个参数的版本允许连接用的主机而不是当前主机被查找。目前这并没有用,因为连接到一个机器上的所有的会话都有相同的主机,但它将是 API 的未来版本。

拥有主机之后,就可以询问此主机只是驻留的一组虚拟机(76 行),然后在结果集上迭代,获得标签(81 行)并打印它。

如前所述在同一台机器上编译和运行这个例子会有如下结果:

```
# cat Makefile
Enumerate_vms: enumerate_vms.c
        @c99 $^ - lxenapi - lcurl - o $@
Clean:
        @rm - f enumerate_vms
# make && ./enumerate_vms localhost:8005 user password
VM 0: localhost.localdomain
```

在继续进行之前,先看一下后台实际发生了什么。每个 C 函数调用对应于一个 XML-RPC 请求和回复。初始登录对于清单 11.4 对应的 XML。其他每个函数会产生类似的 XML 片段。如果想准确知道正在发生什么,试着修改示例代码,在 write_funch 和 call_func 中输出生成的 XML。

清单 11.4　登录时生成的 XML

```
 1 OUT:
 2 <?xml version="1.0"?>
 3 <methodCall>
 4     <methodName>session.login_with_password</methodName>
 5     <params>
 6         <param><value><string>user</string></value></param>
 7         <param><value><string>password</string></value></param>
 8     </params>
 9 </methodCall>
10 IN:
11 <?xml version='1.0'?>
12 <methodResponse>
13     <params>
14         <param>
15         <value><struct>
16             <member>
17                 <name>Status</name>
18                 <value><string>Success</string></value>
19             </member>
20             <member>
21                 <name>Value</name>
22                 <value><string>8a795a7e-1354-f885-0c41-
                       bd4f4ea991fd</string></value>
23             </member>
24         </struct></value>
25         </param>
26     </params>
27 </methodResponse>
```

　　下面不再尝试使用 Python 完成同样的事情,而要考察一下 xm 如何实现 list 这个命令。要做的第一件事情就是设置会话对象并且登录。当使用 Xen API 时,操作过程如清单 11.5 所示。

清单 11.5　在 xm 中设置会话(源自 tools/python/xen/xm/main.py)

```
2465            server = XenAPI.Session(serverURI)
2466            username, password = parseAuthentication()
2467            server.login_with_password(username, password)
2468            def logout():
2469                try:
2470                    server.xenapi.session.logout()
2471                except:
2472                    pass
2473            atexit.register(logout)
```

　　在这之后,它调用函数 xm_list()。其中很多是在进行参数的分析。然后它调用 getDomains(),相关部分如清单 11.6 所示。

清单 11.6　xm 中获取域信息(源自 tools/python/xen/xm/main. py)

```
751    dom_recs = server.xenapi.VM.get_all_records()
752    dom_metrics_recs = server.xenapi.VM_metrics.
           get_all_records()
753
754    for dom_ref, dom_rec in dom_recs.items():
755        dom_metrics_rec = dom_metrics_recs[dom_rec['metrics
              ']]
```

这将会获得所有的虚拟机的记录和指标,然后根据它们迭代。这个函数的其他部分大多在进行数据的格式化。

11.8　总　结

现在用户已经看到如何通过 C 和 Python 和 Xen API 交互以及 API 后台如何工作,它们使得从任何带有 XML-RPC 绑定的语言中使用它都很简单。用户也已经看到 xend 和 xm 如何与 xen 系统交互,以及它们之间如何通信,它们如何适应于系统的其他部分。

Python 和 C 语言的 pyxen 以及 libxen 绑定能够用来构建用 Python 和 C 编写的监控和管理工具,其他语言可以直接使用 API,或者能够相对简单的开发它们自己的绑定。接口的抽象文档可以在代码树的 docs/xen-api 位置找到。本书编写时,文档被编译成一个 167 页的 PDF,它给开发者了许多关于 API 功能的信息。绑定的代码在 tools 子树下,像 xm 工具就提供了如何使用 Python 接口的一些例子。

第 **12** 章

虚拟机调度

Xen 的一个核心特性便是多任务。Hypervisor 负责确保每个运行的虚拟机能够得到一些处理器时间。就像一个多任务的操作系统一样，xen 中的调度也是在每个运行的客户机的公平和整个系统获得较好的吞吐之间的一种权衡。由于一些应用的性质决定，xen 有另外一些限制。

一个虚拟机环境常见的应用便是为各种用户提供特定的虚拟服务器。这有点类似于和他们达成某种形式的服务级别的协议，所以需要确保所有客户得到不少于他们应分配的处理器时间，同时为了收费，当得到更多的 CPU 时间时进行跟踪。

为一个像 Xen 这样的系统调度和一个提供 N:M 线程库的操作系统在概念上有些类似。在这样一个系统中，操作系统内核调度 N 个内核线程（通常每个线程一个硬件上下文），而在用户空间库分为 M 个用户线程。在 Xen 中，内核线程等同于 VCPU，而用户线程则代表了客户机内部的进程。在一个 Xen 系统中，甚至可以有另一种对应关系，因为客户机中可能还有用户线程运行于其上。这样在一个线程和 CPU 之间就可能有 3 种调度器。

（1）用户空间线程库映射用户空间线程到内核线程。

（2）客户机内核映射线程到 VCPU。

（3）Hypervisor 映射 VCPU 到物理处理器。

Hypervisor 调度器处于这个栈的底部，需要能够被预测。它上面的层次将会根据下层的调度行为做出假设，如果这些无效时，它们就会做出局部高度优化的决策。这对客户机中运行的进程会导致坏的或者不可预测的行为。调度器的设计和调优是保持 Xen 系统良好运行的最关键因素之一。

12.1 调度器接口概述

Xen 为调度器提供一个抽象接口。这个接口是由一个包含指向实现调度器功能的函数的指针组成的数据结构定义。清单 12.1 中展示了这个接口。熟悉 C++ 或者 Java 等面向对象语言的读者将会发现这种定义接口的方法很熟悉。

清单 12.1　Xen 调度器的接口

```
1  struct scheduler {
2    char *name;                  /* full name for this scheduler */
3    char *opt_name;              /* option name for this scheduler*/
4    unsigned int sched_id;  /* ID for this scheduler          */
5
6    void    (*init)            (void);
7    int     (*init_domain)    (struct domain *);
8    void    (*destroy_domain) (struct domain *);
9    int     (*init_vcpu)      (struct vcpu *);
10   void    (*destroy_vcpu)   (struct vcpu *);
11   void    (*sleep)          (struct vcpu *);
12   void    (*wake)           (struct vcpu *);
13   struct task_slice (*do_schedule) (s_time_t);
14   int     (*pick_cpu)       (struct vcpu *);
15   int     (*adjust)         (struct domain *,
16                              struct xen_domctl_scheduler_op *);
17   void    (*dump_settings)  (void);
18   void    (*dump_cpu_state) (int);
19 };
```

当添加一个新的调度器时,需要创建一个这样的结构,它指向一些新实现的调度函数,把这个结构加入到一个可用的调度器的静态数组。启动时,恰当的调度器可以通过向 Hypervisor 指定一个参数来选择。Hypervisor 从启动参数列表中读出"sched＝{scheduler}",并尝试用这个"scheduler"名字和清单 12.1 描述的调度器中定义的 opt_name 进行匹配。

不是这个结构中定义的所有函数在所有调度器中都要定义。任何用空指针 NULL 初始化的函数都会被忽略。最简单有效的调度器就是把这些函数都设置为空指针 NULL,尽管这样可能不会有实际价值。

Xen 的当前版本包括两个调度器:较老的 Simple EDF(SEDF)和较新的 Credit 调度器。SEDF 更加稳定,因为它经历了更长时间的使用检验,但是它的一些限制使得它慢慢被 Credit 调度器替代。

添加一个新的调度器需要修改 hypervisor 的源码并重新编译。但它不像想象中那么棘手。通常情况下,每个调度器能分离出来形成自己的源文件,而对 xen 源码其他部分所需的修改只是在 scheduler.c 的顶部可用调度器列表中把新的调度器添加进去。这使得在 Xen 的主代码树之外维护一个调度器相对简单。

除了可用的调度器列表外,文件 scheduler.c 包含了所有调度器无关的代码。调度器定义结构中每个函数在这个文件都有 analog,来执行一些通用的操作,然后再调用调度器函数(如果这个函数存在)。比如,定义在这个文件中的函数 schedule()重新调度运行的客户机,然后调用当前调度器的函数 do_schedule()。这将会返回将要被调度的新任务以及它能够运行的时间。通用代码会接着设置一个定时器使它在一个预定的周期后超时,那时开始运行新任务。

和其他大多数调度器函数不同,do_schedule()不是可选的。所有的其他函数都是通过先测试是否为空值,如果不为空返回 0 的宏来调用的,而这个不是。这意味着一个没有实现 do_scheduler() 的调度器会使 hypervisor 崩溃。

添加一个调度器似乎不是大多数 Xen 的用户需要做的事情,尽管如此,Xen 的一些用户可能需要现存调度器之外的调度策略。尽管 Credit Scheduler 是高度可配置的,但是不可能总可以适用于一些特殊需要。如果用户碰到这种情况,或许会想添加你的调度器。

即便用户从来不修改 Xen 的调度器,也会发现懂得它对于确保客户机高效利用它们所运行于其中的半虚拟环境是很有帮助的。

12.2　历史上的调度器

目前 Xen 中使用的两个调度器并不是最老的。Xen 的更早期版本包含 Borrowed Virtual TimeBVT, Atropos 和 Round Robin 这 3 种调度器。

BVT 调度器试着为所有域分配公平的运行时间,并可以由管理者定义的权重修改。这是 Xen 2 推荐使用的调度器。它的缺点是在调度 I/O 密集的域时有一些问题,尽管可以通过微调一些参数避免一些恶劣情形出现。同时由于它缺少非工作保持模式,有些情况下不适合使用。

BVT 调度器使用虚拟时间的概念来工作,虚拟时间只在域被调度时才会流逝。为了允许 VCPU 权重分配,BVT 以基于每个域可配置的速率增加虚拟时间。运行相同的挂钟时间后,低权重的域会比高权重的域拥有更少的虚拟时间。每当调度决策发生时,调度器选择拥有最早有效虚拟时间的可运行的 VCPU。这一点非常近似于 round robin 调度器。名字中"borrowed"这个词对应的特征是域有"warp(预借)"的能力。每个域都可以在管理员定义的范围内把自己的虚拟时间设置为过去的一个时刻。

每个 VCPU 都有一个有效并且实际的虚拟时间与之关联,有效虚拟时间通过实际时间减去预借时间计算得到。预借有两个限制:VCPU 能被预借的最多时间以及它能够预借到的最多时间。如果一个域要求低延时,它会进入预借状态,这使得调度器很可能会选择它来调度,直到它消耗完预借的这些时间。然后它必须等待一个可配置的时间间隔直到它可以再次预借时间。

Atropos 调度器也来自 Xen 2,提供了软实时调度。不同于处理权重的 BVT,Atropos 保证在每个实际的 m 毫秒中每个域运行 n 毫秒。这对于延时敏感的虚拟机来说很好,但是 CPU 吞吐量并不理想。这个调度器不允许过量使用 CPU 资源。每个 VCPU 被保证分配一个固定的 CPU 时间,其余的被公平的共享。这使得一个域很难得到"突发"的 CPU 资源。一个虚拟机(或者物理机器)有时候几乎不使用 CPU,而另一些则能有多少就会使用多少,这些情况非常常见。这种工作负载就不适合使用 Atropos 调度器。

对每一个 VCPU，Atropos 维护了它的 deadline 的结束点以及它在此时间之前被允许运行的时间(即每个时间间隔中它必须运行的时间减去在这个时间间隔中它已经运行的时间)。可运行的域保持在一个队列中，并按照 deadline 排序。每当调度器被调用时，它会执行以下步骤：

(1) 从域的剩余时间中减去它刚刚运行过的时间，如果是零，则把这个域从运行队列移动到等待队列。

(2) 把等待队列中应该再次运行的域都移动到运行队列中。

(3) 计算一个新的调度器中断时间。这可能是由两个队列中的任何一个域引起的。等待对列中拥有非常短周期的域可能需要在运行队列中所有域之前调度。

(4) 返回运行队列头部的域以及前面步骤计算出来的时间。

由于虚拟化的本身特性，实时调度对 Xen 来说很困难。甚至单机上在不过分损失吞吐量的情况下，设计一个实时调度器都有点困难。两个(有时候是 3 个)Xen 的天然特性使得它更加有挑战。一种解决办法似乎需要 hypervisor 和内核的调度器之间紧密合作，内核的调度器在 hypervisor 中注册唤醒的最后期限。尽管这样，也只能实现一个尽力的实时调度。软实时调度对于很多任务都非常重要，特别是那些涉及到媒体记录和回放的桌面应用。

历史上最后的调度器是 round robin 的实现。不同于其他两个，它不是为产品使用开发。它是一个调度器 API 的简单例子，能够用作演示。它包含固定长度的周期，在没有一个客户机资源让出 CPU 时间时，每个域都按照顺序运行一个固定的时间周期。

工作保持(Work Conserving)

Work conserving 这个词组用来描述一个调度器只要有任何虚拟机(或者普通操作系统调度进程)有工作要做就允许 CPU 满负荷运转。一个非工作保持(non-work-conserving)的调度器对一个给定进程能够消费 CPU 时间总量有个硬性限制。而工作保持型的调度器在很多情况下更受欢迎，因为它能够更高效的使用 CPU。一些情形下，需要限制一个虚拟机能够使用的 CPU 时间总量，比如为了省电或者节省花费。这些情况下就需要非工作保持型的调度器。

12.2.1　SEDF

简单的最早最后期限优先(EDF)调度器是当前 Xen 的两个调度器中较早的一个。它的开发已经不活跃了，在未来似乎要被淘汰。

这个调度器的工作原理是为每个域设定每 m 毫秒中运行 n 毫秒的时间片，这个 m 和 n 都是基于每个域可配置的。这个调度器选择有最早最后期限的 VCPU 运行。比如考虑下面的 3 个域：

（1）每 100 ms 中 20 ms 的时间片；

（2）每 10 ms 中 2 ms 的时间片；

（3）每 10 ms 中 5 ms 的时间片。

首先,第二个域[①]和第三个域拥有最早的最后期限来开始它们的时间周期,因为它们都必须在 10 ms 之内就被调度。第三个域拥有最早的最后期限来开始它的时间周期,因为它必须在接下来的 5 ms 内开始运行,而第二个域可以等待 8 ms。

在第三个域已经开始运行后,它的下一个最后期限被移到以后的时间,在第二个域之后。这两个域会被周期性的调度 80 ms,直到第一个域必须要运行。然后它希望控制 CPU 20 ms。注意这个时间比其他两个域的周期还长,这会导致它们都错过时间分配。

关于这一点,代码中的一个特殊情况处理就被派上用场。它会探测到允许第一个域运行它的最大的时间片意味着其他的 VCPU 将会错过它们自己的。这种情况下,SEDF 调度器会减少时间分配来确保在下一个最后期限到来前能够结束当前任务。

12.2.2　Credit 调度器

Xen 的最近版本默认使用 Credit 调度器。每个域有两个属性与之相关:权重(weight)和上限(cap)。权重决定了域可以分享的物理 CPU 时间比例,而上限表示了能得到的最大值。权重是相对值,如果所有的域都有 128 的权重,那么和每个域都有 256 的权重是相同的效果。相比之下,上限则是个绝对值,表示它所能使用的 CPU 的比例。

默认情况下,Credit 调度器是工作保持型的。假设两个权重分别是 128 和 256 的虚拟机,当两个都忙的时候,第一个得到的时间是第二个的一半,但是如果第二个空闲,则第一个能得到所有的 CPU 时间。上限则是用来强制执行非工作保持型模式。如果所有的域都有上限,并且这些上限加起来低于 CPU 的总计算能力,调度器则会在一段时间内不运行任何域。

Credit 调度器使用长度为 30ms 的固定周期。在每个周期结束时,它从一个尚未用尽已分配时间的 VCPU 列表中选择一个新的 VCPU 来运行。如果一个物理 CPU 没有需要调度的 VCPU,它会从其他物理 CPU 的队列上迁移来一些。

一个 VCPU 是被过多调度还是应该调度取决于它如何使用它的信用(credits)。信用是基于优先级周期性的奖励。考虑如下的实例域:

（1）优先级 64,上限 25%;

（2）优先级 64,没有上限;

（3）优先级 128,没有上限。

[①]　SEDF 调度器基于 VCPU 调度,而不是域。出于描述目的,这里假设每个域都有一个 VCPU。

在一个调度间隔的起始阶段,前两个域的信用值都是 64,而最后一个域是 128[①]。尽管所有的 CPU 都有任务,但是它们会轮流被调度。最终,前两个域会用尽它们的信用值。第三个域会短时占用所有的 CPU 资源。

如果最后一个域在空转,第一个和第二个域会公平共享 CPU 资源直到第一个达到它的上限 25%。过了这个点,第二个 VCPU 可以继续运行。这样一来,它会很快耗尽它被允许的信用值而后在下一个信用计算过程被移至过量调度(overscheduled)队列。同时,其他的 VCPU 继续获得信用。在下一次计算时,它们会被标记成应该调度(underscheduled)。

在第一个域达到上限时发生的信用的重新分配会考虑这个情况,并把这些本来该分配给第一个域的信用分配给另外两个。这意味着一个域的权重不应该比达到上限时分配的 CPU 比例更大,否则可能有些奇怪的事情发生。

调度器每 10 ms 触发一次,从正在运行的 VCPU 中减掉信用值,把这些计算得到的信用值中的最小值作为一个起始时没有信用值的进程的信用值来运行一个完整的时间片。

这个最小值对调度算法几乎没有影响。如果一个 VCPU 得到了超过最小门限值的足够时间,其他的 VCPU 要么存在上限,要么在空转。因为在信用值分配时,有上限和空转的 VCPU 会被忽略,正在运行的 VCPU 将会获得比其他情况多的信用值,平衡了信用值的降低。当其他 VCPU 再次有任务要完成时,会把它们考虑到信用分配中,而当前运行的 VCPU 会被调回它应该有的公平共享份额。

12.3 使用调度器 API

设备调度(Device Scheduling)

CPU 的访问不是需要调度的唯一事情。一个进行很多 I/O 操作的客户机将会减慢其他域的运行——比如,由于导致了很多磁盘寻道就会减少磁盘的整体吞吐量。

Hypervisor 调度器仅仅负责对 CPU 的访问控制。为了好的(并且公平的)性能,后端驱动需要提供规划一个给定域能够执行的 I/O 请求数量的方案。因为 hypervisor 不直接感知单独设备驱动的存在,这项权利就归 Domain 0 或者驱动域所有。

调度器 API 由清单 12.1 中的结构定义。它包括 4 个必填项和一些可选项。Name 项应该为新的调度器包括一个易读的名称,而 opt_name 项包含 hypervisor 启动时指定一个调度器的情况下用作选择子的简要名称版本。

正如前面所说,其余需要的项是函数指针 do_schedule()。传递的参数是当前时

---

① 调度器实际是基于一个权重的函数分配信用值,而不是直接把给出的权重值作为信用值。这些值仅仅用来说明情况。

间,返回包含下一个要运行的 VCPU 的结构,同时在这个 task_slice 结构中还有被抢占之前拥有的运行时间,如清单 12.2 所示。

　　清单 12.2　用来表示要运行的 VCPU 的任务片结构(源自 xen/include/xen/sedf-if. h)

```
52 struct task_slice {
53     struct vcpu *task;
54     s_time_t       time;
55 };
```

　　为了能够运行这个结构中的 VCPU,调度器需要维护一个在任一时间哪些 VCPU 可用的记录。每当一个 VCPU 被启动时,它被传递给调度器的函数 init_vcpu()。类似的,当它被销毁时,它被传递给函数 destroy_vcpu()。这可以被调度器用来追踪在任一时间哪个 VCPU 对调度器来说可用。

　　每个 VCPU 结构都有个 sched_priv 成员,能够用来包含与这个 VCPU 相关的调度器的私有信息。如果它被使用,当 VCPU 被销毁时,调度器会负责把这个成员销毁。

　　一些调度器会根据所属的域区别对待各个 VCPU。结构 domain 包括一个 vcpu 项,这个项是这个域包含的 vcpu 组成的数组。这被用来在不同的域之间公平调度,而不仅仅是 VCPU。应该注意不是给定的域的所有 VCPU 都需要以同一个速率运行。极端情况下,可以把所有的调度都交给 Xen,为客户机中的每个进程创建一个 VCPU。客户机的调度器将会仅仅负责把任务指定到 VCPU。

　　两个 dump 函数被用做调试目的。当管理员请求 hypervisor 的当前状态时,这两个函数被调用以输出调度器的状态。

12.3.1　运行一个调度器

　　当需要做出调度决策时,调度器结构中 do_schedule 项指向的函数会被调用。这个函数被调用的非常频繁,所以应该尽可能的短小并且高效。调用这个函数的调度器无关的代码完成上下文切换;这个函数所需要完成的任务仅仅是选择下一个要运行的 VCPU,以及计算它获得的时间。完成这项任务的最常见方法是维护一个运行队列并从队列的头部选择下一个可用的 VCPU。

　　函数 do_schedule 应该选择下一个 VCPU 在当前的物理 CPU 上运行。CPU 的 ID 可以通过宏定义 smp_processor_id() 来获得。它会提供当前物理 CPU 的 ID。需要存储关于这个 CPU 的何种信息取决于调度器本身。典型情况下,它会维护由 CPU ID 索引的结构数组。

　　调度器被创建之后,第一个域,Domain 0,通过函数 init_domain 被指派给调度器。Domain 0 对调度器来说是个特殊情况;它为每个物理 CPU 都准备一个 VCPU,并且这些 VCPU 绑定到各个对应的物理 CPU,以此防止 VCPU 被迁移到其他物理 CPU 上。调度器 API 没有提供精确初始化物理 CPU 的机制,当需要时应该把这个事实作为工作背景。

当一个 VCPU 被添加时，函数 init_vcpu 被调用。这个函数的参数是一个定义在 xen/include/xen/sched. h 中的 vcpu 结构。它的 processor 项指向当前指派的物理 CPU。清单 12.3 展示的片段来自 Credit 调度器的 csched_vcpu_init 函数，Credit 调度器的函数指针 init_vcpu 指向这个函数。它将会检查和新 VCPU 相关的物理 CPU 是否是新的，如果是就会执行单 CPU 的初始化。目前没有办法通知调度器一个物理 CPU 不再可用。支持 CPU 的热插拔需要修改调度器的 API。

清单 12.3　检查在 Credit 调度器中是否需要初始化物理 CPU(源自 xen/common/sched_credit. c)

```
597        /* Allocate per-PCPU info */
598        if ( unlikely(!CSCHED_PCPU(vc->processor)) )
599        {
600            if ( csched_pcpu_init(vc->processor) != 0 )
601                return -1;
602        }
```

调度器决定函数 do_schedule 的调用频率。每当一个域耗尽它的周期(由前面调用这个函数的返回值决定)，或者主动让出 CPU 时间时，这个函数就会被调用。在 API 的早期版本中，每经历 10 ms 的域虚拟时间，VCPU 的虚拟中断 VIRQ_TIMER 被触发。同时，调度器的 tick 函数被调用。

函数 tick 被用来触发周期性的计数函数。Credit 调度器使用它在每个 tick 调用计数函数，并在每 n(n 默认是 3)个 tick 调用全局计数函数。这个函数只有一个参数：被计时的物理 CPU 的索引。这可以用来把特定的计数函数绑定到指定的 CPU 上，避免了加锁的需要。Credit 调度器正是使用了这个功能，目前只在第一个 CPU 上运行全局的计数函数。这是一个确保同时只有函数的一个版本在运行的简单办法。因为 tick 不是每个调度器都需要的，所以在调度器无关的代码中被删除了。需要这个功能的调度器可以调度它们自己的周期性中断。

调度器的其他大多数函数都在很大程度上允许内部记录。调度器需要跟踪如下内容：

- 哪个域存在；
- 哪个 VCPU 被分配到哪个域；
- 哪个 VCPU 正在休眠或者被唤醒。

调度器可以通过定义在源文件中的统计变量记录大多数这类信息。但一些信息需要基于单个 VCPU 记录。保持一个包含 VCPU 指针的结构列表并在需要调度器相关 VCPU 元数据时扫描它是可能的，但是这样开销非常大。相反，结构 domain 和 vcpu 包含 sched_priv 项，这是一个指针，可用来存储调度器选择存在这里的任何信息。Credit 调度器定义了如清单 12.4 所示的结构和宏。这个结构包括关于域的调度信息，通过传递域指针到这个宏来访问。

```
1  struct csched_dom {
2      struct list_head active_vcpu;
3      struct list_head active_sdom_elem;
4      struct domain *dom;
5      uint16_t active_vcpu_count;
6      uint16_t weight;
7      uint16_t cap;
8  };
9  #define CSCHED_DOM(_dom)      ((struct csched_dom *) (_dom)->
   sched_priv)
```

因为系统的其他部分完全不关心这个数据的存在,所以由调度器为它分配空间,并在域被销毁时释放这块空间。

一些情况下,调度器需要为每个物理 CPU 记录一些元数据。这有点复杂;单个 CPU 的数据是以平台相关的方式存储的。每个平台都定义了一组宏来为每个 CPU 分配一个结构实例以及访问这些元素。公用的调度代码定义了如清单 12.5 所示的结构的基于每个 CPU 实例,叫做 schedule_data。

清单 12.5　调度使用的基于单个 CPU 的数据(源于 xen/include/xen/sched-if.h)

```
13  struct schedule_data {
14      spinlock_t          schedule_lock;   /* spinlock protecting
        curr         */
15      struct vcpu         *curr;           /* current task
                        */
16      struct vcpu         *idle;           /* idle task for this
        cpu          */
17      void                *sched_priv;
18      struct timer        s_timer;         /* scheduling timer
                        */
19  } __cacheline_aligned;
```

这个结构的 sched_priv 成员仍然可以用来存储调度器相关的信息。此结构的访问必须通过两个宏中的一个。Per_cpu 宏带有两个参数:第一个是结构的名称(这里是 scheuler_data),第二个是 CPU 索引。常用的 CPU 值来自 VCPU 结构中的 processor 项,它存储了 VCPU 上次运行使用的物理处理器。另外一个宏,__get_cpu_var,仅仅使用结构名称作为参数,返回当前 CPU 相关的结构副本。实际上,如下两个语句等同:

```
data = per_cpu( scheduler_data , smp_processor_id());
data = __get_cpu_var( scheduler_data);
```

在一些平台上,它们执行完全相同的操作;尽管如此,它们中的一个或者另外一个可能已经为特定平台优化。比如,在 64 位 PowerPC 平台上,后来的 Linux 版本比以前的版本高效很多。因为它们的实现取决于版本之间和移植之间的变化,所以不应该对相关的效率做假设。

12.3.2　Domain 0 交互

Domain 0 中可用的 Hypercall HYPERVISOR_domctl 允许为一个给定的域访问、修改、设置调度器。这些设置是基于每个调度器单独定义的,如清单 12.6 所示。

清单 12.6　Domain 0 调度器控制操作(源自 xen/include/public/domctl.h)

```
287 #define XEN_DOMCTL_scheduler_op        16
288 /* Scheduler types. */
289 #define XEN_SCHEDULER_SEDF      4
290 #define XEN_SCHEDULER_CREDIT    5
291 /* Set or get info? */
292 #define XEN_DOMCTL_SCHEDOP_putinfo 0
293 #define XEN_DOMCTL_SCHEDOP_getinfo 1
294 struct xen_domctl_scheduler_op {
295     uint32_t sched_id;    /* XEN_SCHEDULER_* */
296     uint32_t cmd;         /* XEN_DOMCTL_SCHEDOP_* */
297     union {
298         struct xen_domctl_sched_sedf {
299             uint64_aligned_t period;
300             uint64_aligned_t slice;
301             uint64_aligned_t latency;
302             uint32_t extratime;
303             uint32_t weight;
304         } sedf;
305         struct xen_domctl_sched_credit {
306             uint16_t weight;
307             uint16_t cap;
308         } credit;
309     } u;
310 };
```

因为设置是通过一个联合体传递的。添加一个新的调度器来响应这个 hypercall 需要修改定义它的头文件 domctl.h,同时需要重新编译涉及到这个调用的其他所有工具。初看起来是个大问题,其实不是。一个不理解正在使用的调度器的客户机不能很好地与之交互,也就不需要关心调度器需要对 hypercall 接口所做的修改。

Credit 调度器有非常简单的配置参数:为每个域只提供 weight 和 cap 两个参数。SEDF 就复杂多了,配置困难是 SEDF 不被看好的原因之一。它有 5 个设置,每个都以和其他设置相关的方式影响性能。相比之下,Credit 调度器的两个参数更加正交;weight 表示当其他域也在竞争时一个域可以使用多少 CPU,而 cap 表示不管是否有其他域在竞争,它能使用的 CPU 的最大比值。

从最简单的层次上说,允许域和调度器交互和能够调整优先级的 UNIX 的命令 nice 有些类似。对于一些调度器,它们允许更细粒度的控制,比如给一个域分配最大和最小的 CPU 份额。

一个专门为虚拟网格设计调度器可能是成熟的市场产品,CPU 时间的分配将会按照需求调整。客户机将在它们内部定义策略,当任务繁重时,就多买些时间,或者其他情况下就买来便宜的 CPU 时间完成一些维持运行的周期性的任务。

不管对一个给定调度器有哪些选项可用，它们都由 adjust 域指向的函数进行处理。它会使用清单 12.6 所列的调度器操作以及针对的域作为参数。结构中的内容如何解析完全由调度器决定。

12.4　练习：添加一个新的调度器

从概念上说，可以实现的最简单的调度器就是不带抢占的 round robin 调度器。因为 Xen 是基于可抢占的多任务思想构建起来的，实现一个支持抢占的调度器比不支持抢占的更简单一些。这个例子展示的是添加一个普通的调度器。为了更进一步的简化，这里的简单调度器不考虑 SMP；它不提供任何处理虚拟处理器 VCPU 迁移或者 CPU 亲和性的代码。

代码都放在一个新的调度文件 sched_trivial. c 中，这个文件必须添加到 Xen 的编译配置中。这里不允许任务配置信息，所以不会对 hypercall 接口修改或者重新编译客户机内核及其工具。

简单的 round robin 调度器不会花费精力跟踪各个域。每个 VCPU 都会被单独调度，过了一个设定的时间间隔后，另一个开始运行。为了达到这个要求，需要实现 3 个函数：添加和销毁 VCPU 以及选择下一个来运行。

VCPU 通过链表来维护。新的 VCPU 会被添加到链表中，每当调度决定发生时，链表头部的 VCPU 会被调度并且移到链表尾部。

运行队列如清单 12.7 所示，是一个简单的单链表。这里只是在进行一个简单的 round robin 调度，因此将会使用 VCPU 的调度器私有数据指针指向下一个元素。

清单 12.7　简单调度器的运行队列（源自 **examples/chapter12/sched_trivial. c**）

```
6  /* CPU Run Queue */
7  static struct vcpu * vcpu_list_head = NULL;
8  static struct vcpu * vcpu_list_tail = NULL;
9  unsigned int vcpus = 0;
```

接下来需要根据调度器的职责为添加和销毁 VCPU 增加函数，这非常简单。运行队列只是一个链表，并不存储有关 VCPU 的任何元数据，所以所需要做的只是简单的链表插入和删除。完成这个功能的函数如清单 12.8 所示。

清单 12.8　在简单调度器中初始化和销毁 VCPU（源自 **examples/chapter12/sched_trivial. c**）

```
12  /* Add a VCPU */
13  int trivial_init_vcpu (struct vcpu * v)
14  {
15      if (vcpu_list_head == NULL)
16      {
```

```
17        vcpu_list_head = vcpu_list_tail = v;
18    }
19    else
20    {
21        vcpu_list_tail ->sched_priv = vcpu_list_tail = v;
22    }
23    v->sched_priv = NULL;
24    return 0;
25 }
26
27 /* Remove a VCPU */
28 void trivial_destroy_vcpu(struct vcpu * v)
29 {
30    if(v == vcpu_list_head)
31    {
32        vcpu_list_head = VCPU_NEXT(v);
33    }
34    else
35    {
36        struct vcpu * last = NULL;
37        struct vcpu * current = vcpu_list_head;
38        while(current != v && current != NULL)
39        {
40            last = current;
41            current = VCPU_NEXT(current);
42        }
43        if(current != NULL)
44        {
45            last ->sched_priv = VCPU_NEXT(current);
46        }
47    }
48 }
```

获得 VCPU 列表后，所剩的事情仅仅是选择一个来运行。清单 12.9 展示了如何完成。这里总是使用一个 10ms 的周期遍历 VCPU 链表直到找到一个可运行的 VCPU。如果找不到可运行的 VCPU，就返回空转任务，空转任务是由跨平台的调度代码基于每个处理器单独定义的。

清单 12.9　在简单调度器中选择 VCPU 运行（源自 examples/chapter12/sched_trivial.c）

```
50 /* Move the front VCPU to the back */
51 static inline void increment_run_queue(void)
52 {
53    vcpu_list_tail ->sched_priv = vcpu_list_head;
54    vcpu_list_tail = vcpu_list_head;
55    vcpu_list_head = VCPU_NEXT(vcpu_list_tail);
56    vcpu_list_tail ->sched_priv = NULL;
57 }
58
```

```
59  /* Pick a VCPU to run */
60  struct task_slice trivial_do_schedule(s_time_t)
61  {
62      struct task_slice ret;
63      /* Fixed-size quantum */
64      ret.time = MILLISECS(10);
65      struct * vcpu head = vcpu_list_head;
66      do
67      {
68          /* Find a runnable VCPU */
69          increment_run_queue();
70          if(vcpu_runnable(vcpu_list_head))
71          {
72              ret.task = vcpu_list_head;
73          }
74      } while(head != vcpu_list_head);
75      /* Return the idle task if there isn't one */
76      ret.task = ((struct vcpu*)__get_per_cpu(schedule_data)).
            idle);
77      return ret;
78  }
```

这样将进行调度需要的所有代码都以非常简单的方式实现在 Xen 内部。其余要做的唯一事情就是让系统的其他部分知道这个调度器可以使用。这可以分为两步。第一个过程是创建接口结构,如清单 12.10 所示。

清单 12.10　简单调度器的定义结构(源自 **examples/chapter12/sched_trivial.c**)

```
80  struct scheduler sched_trivial_def = {
81      .name        = "Trivial_Round_Robin_Scheduler",
82      .opt_name = "trivial",
83      .sched_id = XEN_SCHEDULER_SEDF,
84
85      .init_vcpu       = trivial_init_vcpu,
86      .destroy_vcpu    = trivial_destroy_vcpu,
87
88      .do_schedule     = trivial_do_schedule,
89  };
```

这是本章前面讨论过的结构的一个实例。这让调度器无关的代码知道根据特定的目的调用特定的函数。

最后一步是编辑 xen/common/schedule.c,使之包含指向这个定义的指针。修改后的部分如清单 12.11 所示。编写的其他任何调度器也需要以这种方式添加——为表示这个调度器的结构添加 extern 声明,然后在调度器数组中添加指向这个结构的指针。启动时,hypervisor 内核遍历这个数组,分析每个结构的简称,查看用户是否在启动参数中选择了它。这一步完成之后,源文件被添加到 Makefile,这样它就可以被编译和使用了。

清单 12.11   向系统注册调度器

```
55  extern struct scheduler sched_sedf_def;
56  extern struct scheduler sched_credit_def;
57  extern struct scheduler sched_trivial_def;
58  static struct scheduler *schedulers[] = {
59      &sched_sedf_def,
60      &sched_credit_def,
61      &sedf_trivial_def,
62      NULL
63  };
```

这节所用的例子只是出于实验目的。它没有在运行队列上执行对 SMP 也安全的操作,在多处理器系统上它将不会工作。在单处理器系统,它的性能很差并可能以不可预知的方式失败。设计一个调度器是一个复杂的任务;它是 hypervisor 最频繁调用的部分,必须考虑一系列的边缘情况。这个例子的用意是展示一个调度器如何融入 Xen hypervisor。一个好的调度器的设计是个很大的话题,已经远远超出本书的范围。

12.5 总 结

本章考察了一些历史上的 Xen 调度器实现,这些都有各种缺点以至于被淘汰;然后了解了一下当前的实现以及它们是如何改善这些缺点的;接着学习了它们如何与系统的其余部分交互,并分析了调度器无关代码与调度器相关代码的分离。

调度器相关的代码通过一个数据结构来调用这个数据结构包含指向实现的各个部分的指针。了解了这些函数都应该完成什么任务并分析了现存的调度器实现的一些部分。知道了调度器如何从 Domain 0 中获得命令,或者是其他有恰当管理权限的域。

最后,本章介绍了如何给 hypervisor 添加一个新的调度器。调度器的接口非常简洁,所以完成这件事情是相对简单的,当然设计一个好的调度器仍然是个很困难的任务。

第 **13** 章

HVM

2006 年 Intel 和 AMD 都宣布支持硬件虚拟机（HVM）。两个扩展集从概念上很类似，Xen 都是通过一个抽象层与其交互。这种硬件的出现某种程度上减小了 Xen（以及其他 x86 虚拟化解决方案）采用一些手段的必要性，一些使用这些硬件扩展的新的虚拟化软件包已经开始出现。

13.1　运行未经修改的操作系统

HVM 最明显的好处是它可以把 Windows 作为客户机运行。从原理上说，以半虚拟化的客户机方式支持 Windows 是可能的，但是因为它的源码不公开，实际上并不可行。这种能力尤其重要，因为虚拟化的一个关键应用是迁移到新的平台上时仍能支持传统技术。通过 HVM，未经修改的操作系统可以运行在一个虚拟环境中。这种支持不局限于 Windows；老版本的 Linux 或者其他 UNIX 类的 x86 系统，OS/2，或者 BeOS 也可以作为 HVM 客户机运行。

尽管 HVM 使得在 x86 上支持虚拟机明显更加容易，但硬件支持的问题依旧存在。HVM 提供了 hypervisor 运行概念上的"ring −1"级别，能够陷入以前不能陷入的指令。但是它并不能虚拟硬件。这种支持可以在大型机级别的系统上找到，比如一些 IBM 的 POWER 机器，但在 x86 的商业硬件中还没有出现。因为这种缺陷，x86 的 hypervisor 需要提供设备仿真。Xen 通过借用 QEMU 中的一些代码实现了设备仿真。

QEMU 和虚拟化

　　QEMU 最初是一个 CPU 仿真器。它使得一个体系结构的 Linux 二进制文件可以在另一个上面运行，但仍使用本地系统调用。后来它被扩展成通过添加各种虚拟外围设备，比如 Cirrus Logic GD5446 显卡和 NE2000 网卡，来提供全系统的仿真。

　　QEMU 通过添加 QEMU 加速器（也被称为 KQEMU）被进一步扩展。加速器把这个仿真器变成了一个虚拟化系统；"困难"指令仍然在原有的仿真核心中执行，但是非特权操作则直接在硬件上执行。

这样就有可能根本不需要 Xen 直接使用 QEMU 完成虚拟化。但是使用 QEMU 就失去了运行半虚拟化的客户机的选择,同时它也不提供 Xen 的一些高级特性,比如在线迁移。

正如前面讨论过的,仿真的设备要比半虚拟化的慢很多。因为仿真的设备如此之慢,通常作为最后的选择。在 HVM 模式中,Xen 使得完全虚拟化和半虚拟化之间的界限变得明显模糊。一个 HVM 客户机仍然能作为一个半虚拟化的客户机访问同样的 hypercall①,这样就有可能为未经修改的客户机编写半虚拟化的设备驱动程序。大多数操作系统都提供设备驱动程序编程接口,因此即使不能得到内核源码,半虚拟化的设备驱动仍然是一个选择。

HVM 客户机中产生的 Hypercall 与完全的半虚拟化客户机稍微有些不同。一个半虚拟化(PV)的客户机在它的 ELF 头中就指定了 hypercall 页应该加载的位置。在头中指定位置对于未经修改的 HVM 客户机显然不可能。相反,客户机必须在运行时决定它是否运行在 Xen 的环境中,然后再请求得到 hypercall 页的位置,这是通过执行 CPUID 指令完成的。如果 EAX 被设置为 0,cpuid 指令会在 EBX,ECX,EDX 中返回厂商 ID 标识 "XenVMMXenVMM"。如果 EAX 的值被设置为 0x40000000,可以用来探测 Xen 是否存在。

HVM 模式下,hypercall 的实现有所不同。在 PV 模式下,它们是通过中断传递的。在 HVM 模式下这是不可能的,因为中断被传递给内核。它们必须通过 VMEXIT 指令设置。支持产生 hypercall 的多种方法的能力是把直接产生 hypercall 中断的老机制变成调用 hypercall 页中一个偏移的新方法的主要动机。现在 hypercall 可以在 PV 和 HVM 环境下以同样的方式产生,尽管它们在 HVM 环境中还不是都被支持。

x86 上完全虚拟化的可能性让人想到半虚拟化是否还有必要的问题。从原理上说,它有可能完全避免修改客户机的需要。但实际上,因为性能原因未经修改的客户机远没有达到最优。HVM 的最大优势是它能整块地把系统移植到 Xen。一个半虚拟化的客户机有些时候很可能比未经修改的客户机更加快。最大的性能改进来自换成半虚拟化的设备驱动程序。把早期版本移植到其上的另外一个重要特性是时间统计。因为一个知道运行时间和挂钟时间区别的客户机就有可能做出更为智能的调度策略。其次,内存管理可以移植到半虚拟化模型中消除对影子页表的需要从而进一步改善性能。对于半虚拟化的客户机,HVM 也提供了一些优势。Hypervisor 可以使用 HVM 中的实现用于加速虚拟机执行的一些特性。比如一个 HVM 系统,通常包含使用一条指令来保存整个 CPU 状态的方法,这可以通过一个影子寄存器集合或者一个缓存的快速路径来实现,这两种方法都会比为一个客户机的所有寄存器手

---

① 目前对于 HVM 客户机,Xen 仅支持 hypercall 的一个子集,但是只要确认必要性,对其他 hypercall 的支持就会被添加。

工存储或为另外一个手工加载明显快很多。另外一个例子是 Xen 提供的可写页表支持。当运行在一个支持 HVM 扩展的 CPU 上时,有可能更细力度地控制对于页表的更改,使得这些支持可以以一种更加高效的方式实现。HVM 提供了不同于半虚拟化的方法,但是把二者结合起来使用可以取得最好的结果。

13.2　Intel VT - x 和 AMD SVM

随着近几年虚拟化技术逐渐流行,AMD 和 Intel 都给 x86 ISA 增加了不可兼容的扩展:Intel 的 x86 虚拟化技术(Virtualization Technology for x86)(VT - x)和 AMD 的安全虚拟机(Secure Virtual Machine)(SVM),提供了大致等效的功能。两种扩展都提供了比 ring 0 更高的特权级别,使得 hypervisor 处于其中,不必再从内核中抢夺 ring 0。在 x86 - 64 上,这种分离尤为重要,因为这意味着内核不必再在与应用程序相同的特权级别上运行,于是不再需要任何技巧来保证它能在地址空间中搜索。

Intel 的 VT - x 与 AMD 的 SVM 之间最大的不同在于支持它们的第一代芯片的作为人工制品的设计方式。在 Opteron 系列中,AMD 将内存控制器放在 CPU 核心中,而 Intel 把它分离出来。由于 CPU 与内存控制器之间的紧密集成,AMD 能够增加一些更高级的内存处理模式。而 VT - x 只用设置一个标记,它就能使得页表的修正被捕获。SVM 提供了两种硬件协助的模式:影子页表与嵌套页表。

影子页表在 Xen 的章节中已经描述过。AMD 的实现与此非常类似。只要客户机试图更新 CR3,或者修改页表,CPU 就会陷入到 hypervisor 中并对更新进行仿真。这与 Intel 的解决很相似,两种方案都不是非常快。

第二种模式被称为嵌套页表(Nested Page Table,NPT),它提供了更多支持。NPT 给页表增加了一个更高的层次。每个客户机都被允许直接修改 CR3;但是,该寄存器的语义要被修正。客户机看到的是完全虚拟化的地址空间,并且只能在 hypervisor 分配的区域内设置映射。Hypervisor 通过控制 MMU 来管理映射,但是在其运行期间不需要介入。这是通过加标签的旁视转换缓冲区(tagged translation lookaside buffer,TTLB)来实现的。每个 TLB 项带有一个与其关联的虚拟机标识符,且该项只有在它所属的虚拟机中访问才有效。TTLB 意味着不需要清空 TLB 而切换虚拟机是可能的,这就潜在地大大提高了性能。

AMD 和 Intel 的新芯片都包含一个 TLLB。对于 AMD,每个 TLB 入口有一个它所关联的地址空间 ID(ASID)。ASID 是一个 6 位数值,可以给出 64 个不同的地址空间。目前,Xen 使用两个:一个表示 hypervisor,一个表示客户机。在进入和离开 hypervisor 时,TLLB 不再需要清空整个 TLB,但在客户机之间切换时仍然要求清空一个 TLB。让每个 VCPU 使用一个 ASID 的工作正在进行中,最终能够允许最多 63 个 VCPU 在每个 CPU 上运行而不需清空 TLB。ASID 在一个环形循环基上分布。它们可以重复使用,这就大大减少了需要清空的 TLB 的数目。

Intel 的实现提供类似的结果,但是采用了不同的方式。地址是用一个 4 级层页表来定义的。第一级类似于 ASID,由虚拟处理器标识符(Virtual-Processor Identifier,VPID)来识别。它指向页目录顶层的一个索引,不能被客户机改变。TLB 只是简单存储与该页以及相关页面有关的的整个地址的部分。

如前面所提到的,在 Xen 上和在本地系统上引导的最大不同是 Xen 以保护模式启动,而实际的硬件使用实模式。对于 HVM 来说这多少有些不方便,因为这意味着未经修改的 HVM 客户机将要期望 16-bit 实模式的支持。

自 80386 以来的所有 x86 芯片都包含虚拟 8086 模式的支持。这种模式本来并不是用来运行实模式操作系统的,而仅仅是实模式的应用程序。因此,很多东西在硬件中并没有仿真,仅仅是陷入到宿主操作系统。切换到虚拟 8086 模式允许实模式应用和保护模式的应用共存。不幸的是,实模式指令相对较少的支持意味着处理 HVM 客户机中实模式的代码需要仿真很多东西。

AMD 的 HVM 解决方案提供了一个称作 paged real mode 的虚拟实模式。这使得支持实模式代码变得简单多了,因为它可以运行在本地的分页实模式中,并使得同样的类型的 trap 可以作为保护模式代码运行。但 Intel 并不提供这些支持。Xen 代码树的 tools/firmware/vmxassist 部分包含了处理虚拟 8086 模式下的 trap 的一个不完整的仿真器。

VT-x 支持代码设置了一组对应于实模式内存层次的描述符表,然后切换到虚拟 8086 模式并跳到 BIOS 入口点。处理器在虚拟 8086 模式中执行 16 位代码,比如客户机的启动加载器。当一个无效指令(即实模式中有效,但是在虚拟 8086 中不支持的)出现时,处理器产生一个通用保护异常,转入由辅助支持代码设置的处理函数中执行,处理函数会仿真缺失的指令。

13.3　HVM 设备支持

最简单的情况下,HVM 客户机简单接收一些仿真设备。但是在许多情况下,能够直接访问真实硬件对它们来说更加有益。一个直接的例子就是视频,一个运行的客户机可以访问系统的视频设备并能运行 3D 应用。

设备虚拟化时,主要有两件事情需要处理:

(1) DMA 安全;

(2) IRQ 传递。

AMD 的 SVM 也提供一种叫做 Device Exclusion Vector(DEV)的特性。DEV 是一块用于决定给定设备能否向给定内存区域进行 DMA 传送的内存。如果一个客户机被分配一些硬件,hypervisor 可以通过设置 DEV 确保设备不能访问属于其他域的内存。尽管这使得实现驱动程序域更为安全,但它需要客户机能感知到虚拟化环境。

　　为了消除驱动程序感知虚拟化环境的需求,就需要有一个输入输出内存管理单元(IOMMU)。IOMMU 类似于宿主 CPU 的 MMU,但是它基于设备工作。当设备初始化一个 DMA 操作时,它提供一个虚拟地址,而不是一个物理地址(尽管它可能不知道),IOMMU 把这个地址翻译成物理地址。

　　AMD 和 Intel 都已经为 x86 系统设计了 IOMMU 的接口提案。当一个 IOMMU 存在时,设备驱动开发者很有可能想要使用它。在最粗的粒度上,一个 IOMMU 可以用于阻止一个域的控制设备干涉其他的域。在更细的粒度上,内核可以用它来防止驱动程序写它自身之外的内存,或者甚至可以由驱动程序自身用来阻止设备写分配给设备的缓冲区之外的内存。

　　如果 hypervisor 正在控制 IOMMU,它会对客户机隐藏 IOMMU 的存在,这意味着细粒度的控制是不可能的。IBM 的研究表明 IOMMU 的细粒度使用可以损失高达 60% 的性能(尽管一些情况下会有所改善),所以在许多情况下,很多用户似乎会选择牺牲这额外的安全性。即使被要求,hypervisor 也需要对客户机提供 IOMMU 的非直接访问。通过使用影子页表,AMD 的设计本意是可虚拟化的。客户机对 IOMMU 页表的更改会被捕获并在可能的时候传递给 IOMMU。在半虚拟化的设置中,一些性能损失可以通过把 IOMMU 控制和授权表机制集成到一起避免。

　　Intel 的设备虚拟化技术(VT－d)比简单地提供一个 IOMMU 更进一步。它同时包含了一个中断重映射的机制。它配合 VT－x 一起工作,使得系统感知到虚拟 CPU 的存在。通过联合使用 VT－d 和 VT－x,一个设备的中断可以绑定到一个虚拟 CPU 而不是物理 CPU。每个中断被唯一标识,不仅通过中断号,而且通过发起者 ID(根据 PCI 设备 ID 得到)。然后发起者 ID 和中断号组成的数对被用于产生一个向虚拟 CPU 号的映射。

　　通过 VT－d 中断重映射机制分发的中断是由硬件自动排队的,仅当目标 VCPU 被调度时分发。中断重映射是 Xen 提供的传统特点之一。在没有这种功能的系统上,hypervisor 必须捕获所有的不是传递给当前正在运行的客户机的中断,并把它们翻译成事件用作以后分发。有了 VT－d,中断可以在不涉及 hypervisor 的情况下,直接分发到客户机。

13.4　混合虚拟化

　　Linux 内核(用于 domU)正在尝试的新方案是采用一种混合虚拟化的方式。内核在 HVM 模式下启动,然后检查它是否运行在 Xen 环境中。如果是,它会把一些功能替换成和 Xen 相关的。

　　从客户机的角度看,HVM 有一些优势。如果用户从特权级 3 执行一个 SYSENTER 指令,则可以非常快地切换到特权级 0。在一个完全半虚拟化的环境中,hypervisor 运行在特权级 0,而客户机内核运行在特权级 1。这意味着快速的系统调用机制不能工作。相反,系统调用通过中断来执行,这样会稍微慢一些。当运行在 HVM 模式下,内核运行在特权级 0,hypervisr 在一个特殊的模式中,因此快速的系统调用机制能够正常工作。

类似的,HVM 模式下,大量与 hypervisor 之间的切换可以避免。页故障是这种切换的一个很好例子。页故障在虚拟机里面相对常见,因为内存通常比在真实系统上限制更多。页故障在如下两种情况下会发生:

- 客户机试图访问被分配范围之外的内存;
- 客户机试图访问页表项中"present"位没有被设置的内存。

第一种情况非常少见,它根本不应该发生。如果它在一个真实系统中发生,可能是由系统访问 BIOS 标记为不可用的内存导致的,或者那块内存根本就不存在。这种情况下发生了严重错误。Hypervisor 或许想给客户机恢复的机会,但大客户机很可能处在一个未定义的状态中,所以应该被杀死或调试。

第二种情况就普遍多了。通常是因为应用程序访问已经被交换出去的懒惰分配的[①],或者没有被分配给应用程序的内存。这种情况下,内核通过加载或者分配或者通知应用程序完全负责页故障的处理。Hypervisor 不需要介入。在一个半虚拟化的环境中,hypervisor 捕获页故障,然后切换到客户机内核再处理它。在 HVM 模式中,页故障被直接传递给客户机。于是,每次页故障减少了两次上下文切换,明显改善了性能。

在 HVM 模式中运行客户机的最大缺点是并非所有的 hypercall 都对 HVM 客户机可用(尽管这种情况每个发布都在改进)。这意味着使得半虚拟化客户操作系统非常快的一些特性不能用于 HVM 域中运行的客户机。对新移植到 Xen 平台上的客户机来说,通过开始作为 HVM 客户机来运行进行增量移植可能是最好的尝试,尽管新的或者实验性的内核想要以 PV 模式开始并且使用 Xen 作为一个薄的硬件抽象层来方便开发。

移植一个感知 Xen 环境而运行的 HVM 客户机,第一步就是探测是否运行在 Xen 环境中。

清单 13.1 展示了如何从一个正在运行的客户机中探测 hypervisor 是否存在。因为 CPUID 是一个非特权的指令,这个代码可以运行在用户空间而无需修改内核,尽管集成到内核中会更加有用。CPUID 在 EAX 设置为 0 的情况下被调用以获取型号 ID,字符串被返回在接下来的 EBX,EDX,ECX 顺序的 3 个寄存器中,寄存器顺序是探测 Xen 的调用返回的字符串依次存储的顺序。

---

①　因为页故障的开销更大,在 PV 内核中禁止懒惰分配可以改善性能。

清单 13.1　探测 Xen hypervisor 是否存在[源自:examples/chapter13/isXen.c]

```
1  #include <stdio.h>
2  #include <sys/types.h>
3  #include <string.h>
4
5  typedef union
6  {
7      uint32_t r[3];
8      char string[12];
9  } cpuid_t;
10
11 #define CPUID(command, result) \
12     __asm __volatile(\
13          "CPUID"\
14          : "=b" (result.r[0]), "=c" (cpu.r[1]), "=d" (cpu.r
                [2])\
15          : "a" (command));
16
17 int main(void)
18 {
19     cpuid_t cpu;
20     CPUID(0,cpu);
21     if(strncmp(cpu.string, "XenVMMXenVMM", 12) == 0)
22     {
23         printf("Running_as_a_Xen_HVM_guest\n");
24     }
25     else
26     {
27         printf("Running_on_native_hardware_or_a_non-Xen_
             hypervisor.\n");
28     }
29     return 0;
30 }
```

像很多 x86 指令一样,CPUID 指令也经历了功能逐步演化的过程(feature creep)。起初,它用于区别 CPU 的型号和 CPU 支持的特性。现在它成为一种获取 CPU 一些非常详细信息的手段,包括 cache 和 TLB 的层次。这个指令根据 EAX 中的值进行处理,向前 4 个通用寄存器写一组值。

在 HVM 客户机中访问 hypercall 表非常简单。首先,在 EAX 中写入 0x40000002 情况下调用 CPUID 指令,这会分别在 EAX 和 EBX 中返回 hypercall 区域需要的页数量(目前是一个页面,但未来可能会有变化)和型号相关寄存器(MSR)的数量。然后内核需要分配一些空间存储 hypercall 区域并通过向 MSR(使用 WRMSR 指令)写入包含这些区域的页面的伪物理地址映射这些页面。

清单 13.2 展示了作为 HVM 客户机运行的 Linux 如何完成这种映射。内核在它自己的地址空间内分配 pages 个页面,并确保在权限位上清除"不可执行"位(这些页将作为跳转地址,所以能写这些页面非常重要)。然后它找到页面的伪物理页帧号,并映射它们。

　　清单 13.2　HVM 客户机映射 hypercall 页面[源自:unmodified – drivers/linux – 2.6/platform – pci/platform – pci.c]

```
136    cpuid(0x40000002, &pages, &msr, &ecx, &edx);
137
138    printk(KERN_INFO "Hypercall area is %u pages.\n", pages);
139
140    /* Use __vmalloc() because vmalloc_exec() is not an
           exported symbol. */
141    /* PAGE_KERNEL_EXEC also is not exported, hence we use
           PAGE_KERNEL. */
142    /* hypercall_stubs = vmalloc_exec(pages * PAGE_SIZE); */
143    hypercall_stubs = __vmalloc(pages * PAGE_SIZE,
144                    GFP_KERNEL | __GFP_HIGHMEM,
145                    __pgprot(_PAGE_KERNEL & ~_PAGE_NX));
146    if (hypercall_stubs == NULL)
147        return -ENOMEM;
148
149    for (i = 0; i < pages; i++) {
150        unsigned long pfn;
151        pfn = vmalloc_to_pfn((char *)hypercall_stubs + i *
               PAGE_SIZE);
152        wrmsrl(msr, ((u64)pfn << PAGE_SHIFT) + i);
153    }
```

　　Hypercall 宏都是通过用 hypercall 序号乘以一个常数,把结果作为 hypercall 页内部的偏移来工作的。如果 hypercall 的页面增大到比一个页面大,这些页面必须被映射到内核地址空间(通常是伪物理地址空间)的一个连续区域内才能工作。

　　这个间接层使得在不同的平台上可以使用相同的 hypercall 接口。在纯半虚拟化的系统上,hypercall 通过一个中断产生,就像以前 x86 系统上的系统调用。Intel VT - x 系统使用 VMCALL,而 AMD 的 SVM 系统使用 VMMCALL。运行的客户机只需跳转到 hypercall 页面,正确的机制就会被使用。

　　映射完跳板页面之后,hypercall 就可以产生了,使得 HVM 客户机就像是半虚拟化的。混合虚拟化的 Linux 内核使用 Xen 的半虚拟化操作实现的一个子集。半虚拟化操作是 Linux 内核对各种 hypervisor 提供的抽象接口,特权操作的半虚拟化版本被保存在一个结构中,并根据探测到的 hypervisor 进行调用。

13.5　BIOS 仿真

　　典型的 x86 PC 包括一个提供基本输入输出支持的 BIOS 以及一个提供显卡简单接口的 VGA BIOS。因为它们都已经出现了很长时间,所以操作系统通常都假定它们存在。BIOS 提供基本的文本控制台功能,所以 VGA BIOS 仅需要图形用户接口。现在使用并不广泛,因为它不提供硬件加速支持。尽管如此,因为它大多数情况下总是存在,大多数操作系统以及回滚或者紧急显示的驱动程序都会支持它。在正常使用中,它通常用于在切换到设备特定驱动程序之前初始化显示。

Xen 使用的 BIOS 代码源于 Bochs,它是一个 x86 的全系统仿真器,VGA BIOS 作为一个模块创建并被插入到 Bochs 和 Plex 86 中,Plex 86 起初是尝试虚拟化 x86 后来变成半虚拟化 x86 的开源代码。

PC BIOS 和现代的固件相比简单多了,但是仿真起来也不容易。它必须支持相当广泛的调用。当一个客户操作系统启动时,期望通过 BIOS 和键盘、硬盘、软盘、系统控制台等通信。

HVM BIOS 是分离的设备驱动模型中前端的替代。客户机产生一个 BIOS 中断请求从磁盘中加载数据,"BIOS"然后把调用转换到对块设备的请求。BIOS 中断被 QEMU 中的代码捕获,QEMU 能够仿真设备的功能。像分离的设备模型一样,实际的设备 I/O 由 Domain 0 中的后端处理。唯一的区别是在 HVM 情况下后端需要做更多工作,因为它必须从一些仿真硬件特定接口转化到一个抽象层,然后再变成真实硬件的实际形式。

13.6　设备模型和传统的 I/O 仿真

对于未经修改的客户机,有两种可能的方案支持设备:

(1)把真实设备的访问权限赋予一个特定域。比如,一个声卡可以在不影响 Xen 其他客户机的情况下分配给 Windows 客户机使用。

(2)仿真成现存驱动支持的硬件。这必须是非常细粒度的仿真。仿真器必须捕获用端口或者内存映射 I/O 写 I/O 寄存器的指令,以及正常情况下由 BIOS 处理的任意中断。

第一个方案很简单,但大多数时候没有太大用处。同时它通常需要一个 IOM-MU 才能安全工作。HVM 客户机以一种方式看待内存,而没有 IOMMU 的设备却以另外一种方式。当客户机指定一个 DMA 传送时,设备会读写一个和客户机所期望的完全不同的内存区域。DEV 可以用来避免重写其他域,但是它不能确保设备按照客户机预期地那样操作。IOMMU 可以像对客户机一样为设备设置同样的虚拟内存映射,确保它按照预期的行为工作。

另外一个方案提供仿真的设备通常更为简单。有两种方法实现这个目标:仿真器可以运行在 Domain 0 中并映射到 I/O 区域中,或者仿真的设备运行在一个专门的 HVM 辅助域中,并通过普通的分离驱动机制和 Domain 0 通信。第一种方法的优势容易实现,但是有一些限制。首先仿真的设备的运行时间被计入 Domain 0,而不是客户机。其次它导致在特权域中运行更多的代码,增加了潜在的安全风险。

本书写作时,Xen 正处在从第一种方法到第二种方法的转变过程中。HVM 客户机拥有运行在它们自己地址空间的设备仿真器,这是由 BIOS 保留的内存区域,并且像普通的分离设备模型中的前端一样和系统其他部分通信。移植客户机时这样有明显的好处，因为这样就可以在不修改客户机的情况下转换成半虚拟化的驱动。这甚至对源代码封闭的操作系统来说都是可以做到的；它们可以启动时使用仿真的设备，而启动之后改换成半虚拟化的驱动程序版本。这种方法在许多平台上都很普遍；OS 启动时使用最通用的驱动，然后再换成更好的版本。比如一些系统使用 BIOS 或者 OpenFirmware 访问磁盘来启动，然后在启动过程中切换到直接访问支持高速模式的驱动程序。

"幼稚"的设备仿真器可以在代码树的 tools/ioemu 部分找到。

13.7　半虚拟化 I/O

在许多完全虚拟化系统中，最大的瓶颈是磁盘 I/O。一个 I/O 密集的应用可以使得宿主机将 90% 甚至更多的时间花费在设备仿真上，只留下很少的时间做实际的工作。

I/O 瓶颈可以通过将用于仿真设备的块设备驱动程序替换为前端虚拟块设备驱动而大大减小。在 Hypercall 页已经映射之后，这便是个非常简单的过程。但是大多数的设备设置都依赖于 XenStore，所以 XenStore 驱动必须首先被安装。

XenStore 通常使用 start info 页的信息进行设置。但是在 HVM 客户机上没有用来表示启动时需要的信息的 start info 页。解决方案是带有 HVMOP_get_param 命令的 HYPERVISOR_hvm_op Hypercall。

清单 13.3 展示了事件通道和共享页号如何被确定。这里 XenStore 的设置过程就像是在一个半虚拟化的客户机中。其他设备也一样。

清单 13.3　为 HVM 客户机设置 XenStore

```
1   struct xen_hvm_param xhv;
2   xhv.domid = DOMID_SELF;
3   xhv.index = HVM_PARAM_STORE_EVTCHN;
4   if(HYPERVISOR_hvm_op(HVMOP_get_param, &xhv) < 0)
5   {
6       /* Handle error */
7   }
8   xen_store_evtchn = xhv.value;
9   xhv.index = HVM_PARAM_STORE_PFN;
10  if(HYPERVISOR_hvm_op(HVMOP_get_param, &xhv) < 0)
11  {
12      /* Handle error */
13  }
14  xen_store_mfn = xhv.value;
```

另外一个区别存在于 PV 驱动层之下。HVM 客户机不为事件传递注册回调函数。相反提供了一个用于和 hypervisor 通信的虚拟 PCI 设备。每当一个事件做好传递准备时,这个设备就产生一个中断。应该产生的中断由客户机自己定义。

清单 13.4 展示了 Linux 平台 PCI 驱动程序如何设置这个 IRQ。在 hypercall 被处理之后,事件可以通过产生中断来传递并且可以是多路的。

清单 13.4　设置事件分发 IRQ[源自:unmodified - drivers/linux - 2.6/platform - pci/platform - pci.h]

```
27  unsigned long alloc_xen_mmio(unsigned long len);
28  void platform_pci_resume(void);
29
30  extern struct pci_dev *xen_platform_pdev;
31
32  #endif /* _XEN_PLATFORM_PCI_H */
```

屏蔽事件是通过共享内存页完成的。从 HVM 客户机访问这些共享内存有些轻微不同。一个 PV 客户机启动时在它的伪物理地址空间中便有 shared info 页,只需简单地更新它的页表包含它。在 HVM 客户机中,shared info 页需要添加到客户机的伪物理地址空间中。清单 13.5 展示了 Linux 如何映射共享页。

清单 13.5　HVM 客户机映射 shared info 页面[源自:unmodified - drivers/linux - 2.6/platform - pci/platform - pci.c]

```
81      xatp.domid = DOMID_SELF;
82      xatp.idx = 0;
83      xatp.space = XENMAPSPACE_shared_info;
84      xatp.gpfn = shared_info_frame;
85      if (HYPERVISOR_memory_op(XENMEM_add_to_physmap, &xatp))
86          BUG();
```

在 Shared info 页映射、XenStore 驱动可以工作以及事件处理句柄配置完成后,半虚拟化的设备驱动程序就可以在 HVM 客户机上使用了。对于 Linux,几乎完全相同的代码可以用做纯 PV 和 PV—on—HVM 两者内核的虚拟设备驱动程序。

13.8　Xen 中 HVM 支持

Xen 中对不同形式的硬件虚拟化支持是通过一个抽象接口完成的。结构 hvm_function_table 包含完成一系列硬件支持功能的一些函数。这个结构的一个实例 hvm_funcs 由 hypervisor 在启动过程中填写可用的特性。

初始化这个结构的第一步就是确定所使用的物理 CPU 的类型。Xen/arch/x86/cpu/common.c 中的代码为 x86 芯片完成初始化。这些代码查看正在运行的 CPU 决定 CPU 的类型,然后调用基于厂商的初始化例程。

目前,支持 x86 指令集的 HVM 扩展的厂商仅有 Intel 和 AMD。Xen 包括了一些其他厂商的 CPU 特定代码,这些厂商包括 Cyrix(现在 VIA),Rise(现在 Sis)和 Transmeta,但这些型号不提供虚拟化相关的特性。

分别位于 xen/arch/x86/cpu 下的 amd.c 和 intel.c 的函数 init_amd() 和 init_intel() 的最后一行相应地调用 start_svm() 和 start_vmx()。这些函数定义在代码树的 xen/arch/x86/hvm 部分的文件中,并且每种 HVM 支持都有单独的一个子目录。

这两个函数拥有相同的整体结构。首先,它们探测 HVM 支持的存在,如果不支持 HVM 很早就会返回。如果支持,它们用 CPU 特定的函数填充 hvm_funcs 结构,设置 hvm_enabled 标志并返回。这个标志用来在以后确定当前系统是否支持 HVM。

两种 HVM 实现最明显的区别之一是 hypercall 分发的方式。清单 13.6 和清单 13.7 分别展示了为 AMD 和 Intel 的 HVM 客户机设置 hypercall 页的函数。

清单 13.6　AMD SVM hypercall 页设置[源自:xen/arch/x86/hvm/svm/svm.c]

```
738    memset(hypercall_page, 0, PAGE_SIZE);
739
740    for ( i = 0; i < (PAGE_SIZE / 32); i++ )
741    {
742        p = (char *)(hypercall_page + (i * 32));
743        *(u8  *)(p + 0) = 0xb8; /* mov imm32, %eax */
744        *(u32 *)(p + 1) = i;
745        *(u8  *)(p + 5) = 0x0f; /* vmmcall */
746        *(u8  *)(p + 6) = 0x01;
747        *(u8  *)(p + 7) = 0xd9;
748        *(u8  *)(p + 8) = 0xc3; /* ret */
```

清单 13.7　Intel VT-x hypercall 页设置[源自:xen/arch/x86/hvm/vmx/vmx.c]

```
981    memset(hypercall_page, 0, PAGE_SIZE);
982
983    for ( i = 0; i < (PAGE_SIZE / 32); i++ )
984    {
985        p = (char *)(hypercall_page + (i * 32));
986        *(u8  *)(p + 0) = 0xb8; /* mov imm32, %eax */
987        *(u32 *)(p + 1) = i;
988        *(u8  *)(p + 5) = 0x0f; /* vmcall */
989        *(u8  *)(p + 6) = 0x01;
990        *(u8  *)(p + 7) = 0xc1;
991        *(u8  *)(p + 8) = 0xc3; /* ret */
992    }
```

关于这两个列表能注意到的第一点就是它们非常类似。它们都在页上迭代,为每个项写入一个短的指令序列。第一条指令把 hypercall 号放在 EAX 中。0xb8 是使用 32 位作为源操作数并且使用 EAX 寄存器作为目的操作数的 MOV 指令的操作码。接下来的一个字是 hypercall 值。跳到每个项的结尾,可以看到值 0xc3,代表了一个 RET 指令,它会返回到用于进入这个页的那个调用。

在 MOV 和 RET 之间是一些 CPU 特定的代码。在 AMD 处理器上,vmmcall 指令被使用,而 intel 处理器则使用 vmcall 指令。作为参考,清单 13.8 展示了构建 32 位半虚拟化域时使用的等价代码。这里转移是通过 INT ＄0x82 指令完成的,它会跳转到 hypervisor 的 82h 中断处理句柄。

清单 13.8　32 位半虚拟化的客户机 hypercall 页设置[源自:xen/arch/x86/x86/x86_32/trap.c]

```
500        {
501            p = (char *)(hypercall_page + (i * 32));
502            *(u8  *)(p+ 0) = 0xb8;     /* mov  $<i>,%eax */
503            *(u32 *)(p+ 1) = i;
504            *(u16 *)(p+ 5) = 0x82cd;   /* int  $0x82 */
505            *(u8  *)(p+ 7) = 0xc3;     /* ret */
506        }
```

目前所有的 hypercall 机制都是 8B 或者 9B。这意味着 hypercall 页上几乎 3/4 的空间被"浪费"了。甚至使用 syscall 指令的 x86－64 实现,也只有 14B 的长度,还不到允许的 32B 的一半。这不算是个大问题。即使每项 32B,在需要第二个 hypercall 页之前 Xen 可以有 128 个 hypercall。如果未来更快地向 hypervisor 切换但需要更多空间的方法出现,现存的内核可以不经修改就使用它们。

HVM 控制结构中的其他大多数函数和 HVM 域的操作有关。Store_cpu_guest_regs 和 load_cpu_guest_regs 被用来完全保存 CPU 的状态。它们会把特定的虚拟 CPU 状态分别保存到 AMD 的 Virtual Machine Control Block(VMCB)和 Intel 的 Virtual Machine Control Structure(VMCS)中。对于半虚拟化的客户机,Xen 必须依次读取每个寄存器并把它们存储在一个数据结构中。这并不理想,因为有些寄存器不能以这种方式访问。支持 HVM 的 CPU 通常有一个单独指令可以把整个的 CPU 状态写入一块预先准备的内存区域。这块区域可以在一个虚拟机被暂停后存储和以后重新加载。

有些客户机的寄存器需要被 Xen 的其他部分访问。这些必须通过保存 CPU 状态的函数来返回。两个参数被传递进来,一个表示通用寄存器,另一个是控制寄存器。如果它们不为空,存储函数就会将可能被外部使用的寄存器(主要是段选择子寄存器)填入其中。加载函数做相反的事情——从传入的函数中将值复制到控制结构中,从那里它们被整块一起加载。

这些函数已经在现有的 VCPU 上工作。对于半虚拟化客户机,虚拟 CPU 完全是一个抽象的概念;它只是 hypervisor 维护的一堆元数据,用来向客户机呈现一个真实 CPU 的假象。在 HVM 环境中,VCPU 则稍微更加有实际意义;CPU 能够感知多个虚拟 CPU 的存在。

半虚拟化的客户机中初始和销毁虚拟 CPU 只需要在 hypervisor 中创建需要的结构。对于 HVM 客户机,部分的初始化过程是由宿主 CPU 定义的。某种程度上二者的区别类似于分别在 SPARC 一类的处理器和 x86 上配置虚拟内存。一种情况是页表仅由操作系统使用填写 TLB。而另一种情况是硬件可以在没有操作系统介入时直接读取页表。前者类似于纯 PV 客户机的 VCPU——它的信息用来设置 CPU 的状态,但是 CPU 并不知道 VCPU 的存在——而后者则更接近 HVM 客户机那种情况,运行的 CPU 可以直接访问 VCPU 的信息。

在包含 TLB 标签(TTLB)的支持 HVM 的 CPU 上这种区别甚至更加重要。这种情况下,TLB 内容在 VM 切换时不会被清空,但是处理器中的 VCPU ID 会被更新,只有标识为这个 ID 的 TLB 项用于虚拟地址解析。这样物理处理器必须直接感知正在运行的 VCPU。

尽管 HVM 支持函数在代码树中它们单独的部分定义,它们被用于标准的体系结构相关代码中,被 hypervisor 的平台无关部分调用。文件 Domain.c 包含了用于设置和维护一个域的大多数函数,所以也承担了对 HVM 代码的大多数调用。

创建一个新的 CPU 时,vcpu_initialise() 函数被调用。它会进而调用 HVM 域使用的 hvm_func 结构中的 vcpu_initialise() 函数。销毁 VCPU 或者创建和销毁一个域时会发生相同的调用过程。

HVM 和 Non—x86 CPU

HVM 这个词仅仅被 Xen 用在 x86 处理器的环境中。Xen 支持的其他平台可能会使用平台的虚拟化指令,但是它们在硬件辅助和软件虚拟化之间没有那么明显的不同。这是由两个原因造成的。首先,x86 的世界里,Intel 和 AMD 都对基本指令集添加不兼容的扩展,这种现象并不太普遍,所以并没有太大必要添加一个抽象层来使用芯片特定功能。第二个原因是其他大多数平台即使没有指令集的扩展也一样可以进行完全虚拟化(尽管扩展会使之更加高效),这样也就没有必要鲜明地区分 HVM 和 PV 客户机。当 Xen 项目开始时,x86 上的 HVM 是不可能的,所以所有的客户机都是 PV。于是有必要引入一个新词来区别这两种情况。

本书写作时,x86 芯片上的 HVM 技术还很不成熟。在相对长的时间内有 hypervisor 支持的(广泛应用的)CPU 系列仅是 IBM 的 POWER 系列处理器。多年来高端的 POWER 系统有自己的 hypervisor,现在 Xen 也支持它们。

x86 的 HVM 系统现在允许未经修改的系统运行,用 x86 虚拟化消除了原有的一些问题。尽管如此,这些扩展还不是特别快。AMD 和 Intel 的当前一代 HVM 技术可以被用来运行未经修改的操作系统,但是并没有速度优势。现在的纯虚拟化技术,比如 VMWare,已经展示许多工作用二进制重写可以比硬件支持取得更好的性能。

希望未来支持 HVM 的芯片能够明显更快,这样也能使得半虚拟化客户机的 HVM 支持更加吸引人。

第 **14** 章

未来的发展方向

由于来自 XenSource 的团队和其他巨大数量开发者的努力,Xen 正在不断的持续发展。它已经从一个博士的研究项目演变成为成熟的商业化的虚拟化系统软件,支持包括 x86、IA64 和 PowerPC 等众多平台的硬件虚拟化和半虚拟化。

作为一个商业化运作的开源项目,Xen 的发展得益于数量众多的开发者,包括各种研究组织和工业界。XenSource 主持着对代码的维护工作,Ian Pratt 是项目的领导者;还有很多其他的局部代码维护者基于不同专业领域的特点负责对代码树的不同部分进行修订。比如,Intel 维护 VT 子树,而 AMD 维护 SVM 部分的基本代码。整个项目分为 Hypervisor 核心扩展(由 Keir Fraser 维护),驱动(很多维护者),工具(Ewan Mellor)和 XenAPI,以及 Linux 内核补丁(Red Hat)和 CIM 提供者栈(Novell)。此外,还有一些其他的维护者单独为 IA64(Alex Williamson,HP)、PPC(Jimi Xenidis,IBM)、32 位和 64 位 Hypervisor 提供支持(Jan Beulich,Novell)。项目的领导者有最终的权利决定是否接收某个补丁,但这种共享式的维护关系可以确保没有人和一个组织可以完全控制项目的源代码。

14.1   真实到虚拟,周而复始

有人用 Xen 是为了在新操作系统中运行一个过时的操作系统。尽管事实上 Xen 同时运行在这两者之下,但一个操作系统作为客户运行在另一个操作系统上的幻象可以简单地通过将用户使用界面从一个客户操作系统传递到另一个来实现。

过时的操作系统通常会有大量的客户配置选项,所以在虚拟化的环境下重新安装这样的系统并不总是可行的。在这种情况下,如果可以直接将它们移植到虚拟化的客户域会带来很大的好处。在某些情况下,以本地方式和虚拟化方式双模式启动这些操作系统也许会很有用。目前在 Xen 中已经有大量的工作与此有关。比如,Windows 操作系统,可以与 XenoLinux 双模启动(Dual-booted),或者是直接本地运行,或者作为一个 HVM 客户操作系统。由于 Xen 目前不支持 Windows 客户系统的 3D 加速现实,但 Windows 系统可以在虚拟化方式下运行大多数其他的程序,并以本地方式来运行需要 3D 支持的应用程序。

14.2　仿真和虚拟化

虚拟化可以被看作一种特殊的仿真,只不过在这里大多数操作中的仿真功能是识别功能(Identity Function)。既然已经可以将运行中的虚拟机从一个 Xen 主机迁移到另一个,这就引出一个很自然的想法,是否可以将虚拟机迁移到一个全仿真器上。

从理论上来说,这件事并不难。在迁移的过程中,hypervisor 可以洞悉虚拟机全部的状态,从寄存器到内存,乃至于设备状态。这些信息可以用来设置仿真器的状态以便让迁移过程顺利完成,所有的计算继续进行。

在仿真器上运行一个虚拟机可以对所有的计算操作过程进行非常细粒度的控制。仿真器可以很简单的设置为一次运行一条指令,甚至有时候会退回去运行。输入和输出被严格控制,这使它成为一个理想的调试平台。

调试不仅仅局限于软件。如果一个虚拟机在某个特定点出了问题,就有可能去比较其在仿真器上运行的结果和在真实机器上运行的结果,从而确定他们是否有差异。相比物理机器,仿真器通常更容易去验证一条指令或一个指令集的实现是否正确,所以在仿真器上运行虚拟机也可以用来调试硬件。当然,问题也可能来自于仿真器本身;可以在真实和仿真的机器从相同的状态开始运行的能力将非常有助于调试。

除了调试,虚拟机迁移到仿真环境下的实现使得跨平台的迁移成为可能。一个运行在移动设备中低速 ARM 处理器上的虚拟机可以迁移到一个快速的桌面或者服务器机器上。即使考虑到仿真所引起的计算开销,这个过程所带来的速度提升也是很可观的。如果客户系统的内核可以意识到这种迁移,它甚至于可以更直接利用这种便利。如果要在逻辑机器如 JVM 或者 .NET CLR 上运行代码,可以让 JID 缓存失效,并重新将源代码编译为迁移目的机器的本地字节码来运行。

目前,虚拟化到仿真(Virtual to emulated,V2E)和仿真到虚拟化(Emulated to virtualized,E2V)这两种迁移还在基于 QEMU 进行试验中,预计将会在未来成为 Xen 的重要特性。

14.3　移植的努力

在 Xen 中讨论移植有两种含义。它可以表示把 Hypervisor 移植到一个新的硬件体系结构上,或者移植某种操作系统作为 Xen 的客户操作系统来运行。随着各种主流处理器家族不断推陈出新,Xen 所支持的新的硬件平台在持续不断地增加,或者在已有的代码树基础上,或者添加新的移植分支。

相比之下,新的操作系统的移植更有趣一些。从 Xen 自身来说,它对自己的客户操作系统处于无知状态。它定义一定数量的函数功能和接口,所有这些都是管理域(Domain 0)的客户操作系统必需实现的,但是对非特权域的客户操作系统则几乎不加约束。对于大多数的这类开发来说,Linux 具备天然的基础因而被作为"标准"的管理域客户操作系统。这导致 Xen 被很多人认为是一个 Linux 的虚拟化系统。但事实上,并非总是如此。NetBSD 和 Solaris 也都可以在管理域中良好运行,所以Xen 的虚拟化技术并不直接的依赖于 Linux。

尽管管理域在理论上可以使用任何操作系统,但在实践上移植类 UNIX 系统相对来说更容易得多。现有的管理工具与 Hypervisor 的通信依赖于/dev/xen　系列工具包。一个运行 Python(即用来编写上述管理工具的脚本编程语言)并且可以以文件作为输出设备的系统与其他系统相比更便于作为管理域。

但是,对于非特权域来说,这些限制是不存在的。基本上来说,它们可以做任何本地操作系统能够做的事情。有两个原因使得为 Xen 写设备驱动程序要比为真实硬件写驱动程序简单得多。首先,只需要为同一类的设备写一个共同的驱动程序就足够了,没有必要为 IDE、SCSI 或者 SATA 写很多驱动程序,也不必支持各种稀奇古怪的设备控制器。实际上,一个用户域的客户仅仅需要实现块设备驱动。这一点对于网络接口设备也是适用的。第二个便利是 Xen 设备在设计上做了很好的抽象和简化。设备接口更多的在高级或者抽象描述层面反映设备应该如何运行。这样一来,开发者就从大量的低级设备驱动设计细节中解脱出来。如此这般,Xen 为操作系统的原型设计创造出一个理想的平台。与仿真的环境不同,新的操作系统原型可以在近似本地(near – native)速度水平上运行,而且可以访问巨大数量的设备,但又无需为直接支持这些设备而浪费很多注意力。通过支持 X11 和 XGL 等协议,客户操作系统可以获得 3D 加速的效果却又无需以本地(native)方式来支持 3D 加速。

最近,Plan 9 和 Minix 这两个操作系统已经被移植到 Xen 上了。Plan 9 是一个用于研究目的的操作系统,所以它与硬件之间存在了这样一个抽象层对它而言是受益匪浅的,因为这可以使得开发者集中精力于操作系统的各种创新,而不是穷于支持各种现存的商用硬件设备。开发和使用 Minix 的主要目的在于把它当作教学工具,学生们如果可以把它和自己用到的其他操作系统并发的运行起来无疑会使教学效果好很多。这些方面的移植工作有可能会越来越少,因为硬件虚拟化兼容(HVM – compatible)的硬件越来越普及,这使得客户操作系统在运行时完全意识不到 Hypervisor 的存在。

谈到硬件支持的问题,Xen 目前的版本对 x86、PowerPC 和 IA64 平台有稳定的支持。PowerPC[①] 的支持目前正在由 IBM 添加,而 POWER 处理器系列对 Hypervisor 的支持也已经由来已久。IBM,如本书开始时所讨论的,负责为一些早期的虚拟

---

① 　现代 IBM POWER 处理器实现了 PowerPC 的基本规范,并做了少许扩展。目前两者之间的差别主要体现在品牌上;此外,POWER 的目标定位是高端工作站和大型计算机,而 PowerPC 则主要定位于低端工作站向下到嵌入式设备这个范围。

化先锋性的工作提供支持,并将持续下去。高端 IBM 硬件包括虚拟化感知(virtual-ization-aware)设备已经颇有一段时间了,而且可以在固件(firmware)层面进行这种支持。Xen 利用了同样的接口,但是允许对于虚拟机进行更细粒度的控制。

　　也许,目前在开发中的最有趣的平台应该算是 ARM9 了。由 Samsung 和其他企业进行的(针对 ARM9)的移植,是与 Xen 最初的创意最接近的。这么说的原因在于,与 x86 和 PowerPC 处理器不同,ARM9 是完全没有虚拟化本地支持的。它只有一个简单的双环(two-ring)特权级设计,是一个理想的半虚拟化目标平台。更重要的是,ARM9 是一个使用普及率令人难以置信的处理器。大量的 PDA 和移动电话使用该系列的处理器芯片,提供很多有趣的用途。比如,Xen 可以被用于在这些设备上构造沙箱(sand-boxing),允许不可信软件在非特权虚拟机上运行而又不会影响系统的其余部分,就像 Java 虚拟机那样。

　　目前在 ARM 上的移植工作使用了与"经典的"Xen 略有不同的设备模型。设备被分为两大类:共享的和独占的,某个设备具体属于哪种取决于它们如何被使用。诸如大容量存储设备(这里大容量是在移动设备这种环境相对而言的)和网络设备被当作共享设备来处理,而显示和输入设备则被归类为独占设备。在任意给定时刻,只有一个客户域可以访问独占设备,在这些设备上通常会有一个按钮用于实现控制权切换。这种方式与虚拟桌面之间的切换是类似的界面,尽管在这个情况下每个桌面对应一个完整的虚拟机在后台提供支持。

14.4　桌　面

　　尽管 Xen 目前提供一个非常鲁棒的环境用于服务器虚拟化,但对桌面的支持还有很多亟待完善的工作。桌面系统的市场份额目前主要被微软的 Windows 操作系统占有,而且很大比例的潜在市场用户也希望在桌面计算机上运行"Windows 和其他系统",表明对桌面系统的应用侧重于 Windows 环境。桌面系统虚拟化最大的一个需求是 Windows 需要运行 3D 应用软件,尤其是游戏软件。3D 支持对于服务器来说并不是特别重要,但是现代桌面环境对于 GPU 的应用依赖已经比以往显著增加,甚至于在还未运行 3D 应用软件的时候都是如此。

　　在使用了 IOMMU 以后,这就变得相当简单,因为 Windows 可以作为一个 HVM 的客户操作系统来运行并且能得到 3D 显卡的支持。如果没有 IOMMU 的话,这件事就会困难得多,而不幸的是目前大多数桌面(和便携计算机)都没有 IOM-MU。一个可能的解决办法是重新安排存储布局使得 HVM 客户系统被部署在存储器物理地址高端和低端,从而把保留在存储器中部的空间用于 Hypervisor 和半虚拟化客户系统。

　　这种作法的不利之处在于 HVM 客户系统(Windows)可以通过发送给硬件的 DMA(直接内存访问)指令破坏存储保护机制。这有可能不会发生,因为模拟的 BI-

OS 调用会告诉客户系统,Hypervisor 和其他客户系统使用的部分地址空间是不应该使用的保留空间。但是,一个在客户系统中获得 Ring0 级别权限的恶意程序或有错误的显示驱动程序有可能破坏客户域之间的独立性。这在服务器应用环境中是绝对不能接受的,但是对于桌面系统就不算什么问题,因为这个情况下对于 Windows 客户操作系统的侵害相对更严重一些,相比之下由此带给 Hypervisor 的侵害反而不是那么重要了。这里的讨论不包括 Hypervisor 以沙盒(sand-box)方式来隔离不安全的 Windows 应用程序的情形,或者用户在非 Windows 的客户操作系统存储了重要信息。在有完全隔离需求的情况下,用户可以禁止 HVM 域对于物理设备的直接访问,或者增加投入更新系统使之具有 IOMMU。

隔离性并不是必需一个完整的 IOMMU 来提供。现代 AMD 处理器中的设备排除向量(Device Exclusion Vector,DEV)用于为 DMA 提供保护,但并不为地址翻译提供保护,因此可以在这种情况下使用。HVM 客户系统的伪物理地址到机器地址的映像仅仅起到(设备 ID)识别的功能,所以地址翻译是不必要的。DEV 可以用于防止 HVM 客户系统使用设备的 DMA 控制器去覆盖其地址空间范围之外的存储空间。这也带来一些性能上的好处,因为 DEV 比一个完整实现的 IOMMU 要快一些。这种技术主要的局限性在于,它限制了一个特定 HVM 客户系统对硬件的访问。在桌面系统的环境下,这似乎容易被接受;一个用户可以运行 Windows 来玩游戏以及各种不同时期的软件,运行 * NIX 来做实际工作,并且在两者之间进行切换而无须重新启动计算机。而且,特权域可以用于运行安全相关的工具来监视 HVM 客户系统并且发现根模式缺失或者其他的侵害。

对桌面系统进行虚拟化所需要的技术与对服务器系统进行虚拟化时有所不同。在服务器上,不同的虚拟机被不同的用户所拥有是很普通的事情。而在桌面系统上,通常只有一个用户,他或她会运行多个操作系统。使用的用途可能是为了安全—比如在隔离的域上运行非可信的程序—或者是为了兼容性。

桌面系统由单独一个用户在使用,该用户应该最有可能会涉及到系统管理工作。桌面用户很有可能会相对比较频繁的在客户系统之间重新设置硬件设备的所属关系和使用权限。服务器一般会有一个比较稳定的系统配置,而桌面系统(包括笔记本电脑)则会有较多的外部设备,比如扫描仪、大容量存储设备、甚至额外的显示设备,在系统运行时需要进行插入、检测、拔出等操作。这些附件还会在不同时间属于不同的虚拟机。一个比较常见的用例是,使用 Hypervisor 作为 KVM 和一些物理机器的替代。在这种情况下,键盘、点触设备和视频输出设备可以通过向 Hypervisor 发出中断请求在多个域之间进行切换。

大多数桌面系统的单用户使用特性也会影响调度器的设计。单个用户在给定的时间有可能会对某个确定的虚拟机集中更多的注意力。那么这个域就应该获得更多的调度时间,在调度时给予特别优待,因为该域出现任何速度变慢的情况都会更容易比别的域性能降低容易发现。

　　关于安全的考虑使得虚拟化对于桌面应用格外有吸引力。在很多企业或者组织里,将工作网络与互联网隔离开是很常见的,除了不得不与外界连接而被严格控制的邮件系统。专用的互联网浏览机器用来提供给需要进行外部访问的用户。这使得管理、能耗、空间和硬件设备的成本大为提高。虚拟化提供了一个潜在的解决方案,将第二块网卡安装到有安全机制的机器上,给某一个"不安全"的虚拟机来使用。从而,第二网络就连接到外部世界。这样,甚至"不安全"的虚拟机被侵害了,也不会有任何信息泄露出去。

14.5　功耗管理

　　对于 Xen 来说,最大的一个局限是对功耗管理缺乏好的支持。在 Xen 中进行功耗管理是一件相对复杂的事情。功耗管理最简单的表现形式就是停机指令(Halt),操作系统可以在没有进程需要运行的时候执行该指令,使得 CPU 进入低功耗状态,直到下一次中断请求到达。实际上,甚至 Xen 的客户操作系统都不具备功耗管理能力,它们不被允许暂停 CPU 的运行,因为其他的客户系统可能会需要 CPU。当所有的客户系统出于空闲状态的时候,Hypervisor 才可以执行停机指令。

　　功耗管理对于所有的系统都是有用的,但是对如下两种应用领域的用户具有更为重要的意义:

- 移动计算系统,比如笔记本计算机和 PDA;
- 高密度服务器。

　　他们是虚拟化技术最大的两个用户群体。对于移动计算用户,只需要携带一个轻型的便携式计算机是一个很大的便利。如果在更小的尺度上考虑,虚拟化技术可以为移动电话这样的设备提供好得多的安全性能,三星公司正在对此可能性进行调研。移动设备通常的由有限电量的电池来驱动,所以它们的可用时间与使用过程中的能耗成反比。

　　对于数据中心,情况会更糟。去年,加利弗尼亚州超过 10％的能耗源于数据中心的消耗,而这占据了运行成本的很大比例。虚拟化技术对于这种应用更有吸引力,因为它减少了所需要的物理系统的数量。但是,如果单个系统消耗的能源更多,上述优势就显得不是那么明显了。

　　现代系统通常会在功耗管理方面提供更大的灵活性。来自于 AMD 和 Intel 的 CPU 都支持频率可调的技术。当 CPU 的计算负载低于 100％,就有可能去降低处理器的时钟频率,从而很大程度降低功耗。更进一步的,诸如使整个系统挂起转储到磁盘或者 RAM 或者停止某些独立外设的技术已经成为可能。

　　在 x86 系统上,大多数功耗节省功能都是通过高级配置及电源接口(Advanced Configuration and Power Interface,ACPI)标准来实现的,该标准是一个公布于 1996 年的开放标准。ACPI 是一个成熟标准,应用时间已经超过 10 年,而且非常灵活。

不幸的是,尽管该标准被广泛应用和实现,它的大多数实现都是不完整的。很多厂商仅仅在 Windows(而且经常是 Windows 的个别版本)环境下测试了其实现,因而会在不同的 ACPI 驱动软件中遗漏大量导致各种问题的错误。

Linux 中功耗管理子系统的很多代码用于在特定系统中解决这些问题。向 Hypervisor 添加 ACPI 支持会导致大量的代码修订工作。显而易见的解决办法是采用 Xen 针对其他硬件支持类似的技巧:把这些支持集中到管理域 Domain0 中。但这不是工作量微不足道的事情。尽管 Linux 确实有很不错的 ACPI 支持,但触发其管理功能的大多数工作场景并不适用于 Xen。因为虚拟机不会在 XenoLinux 里显示进程列表,Domain0 会认为客户虚拟机处于空闲状态并使之进入低功耗状态,尽管此时会有其他的客户系统处于忙碌状态。

要全面支持功耗管理,有两个机制是必需的:

● 应该有一种方法告诉 Domain0 的客户系统去实施功耗节省的操作;
● 其他的客户系统可以有办法给出信号说明功耗控制不会对它们产生不利影响。

第一个机制相对简单一些,一个事件通道可以被分配用于这个用途并且通过 Domain0 客户系统在启动时设置 ACPI。这样,Domain0 客户系统就可以在被触发时实施功耗节省的操作。

第二个机制要有技巧的多。有很多情况会使得功耗节省影响运行中的客户系统。频率调节技术在某些系统中已经造成了一些问题。作为对高温的处理措施,AMD 处理器会自动降低时钟频率,而这会导致 TSC(Time Stamp Clock)时钟以较慢的速率计数。由于 TSC 被客户域用于获得当前的挂钟时间(Wall-clock Time),这会导致客户时钟失去同步。要避免这种情况,Hypervisor 必须在每次时钟速率发生变化的时候更新 VCPU 的时钟跟随数据结构。

低功耗的程度越深,在功耗节省的各个状态之间进行转换的时间就越长。"停顿直到下一个中断"状态(即 ACPI 术语中的 C1 状态)允许立即转入全速运行状态。但是在极端情况下,挂起到磁盘模式会需要几秒钟进入及退出。Hypervisor 可以检测到某一个客户域处于空闲状态,但要检测到某个客户域突然离开空闲状态就难得多了。在 Xen 社区之外有大量的研究工作正在围绕这一领域进行,希望能有一些结果可以应用于 Xen。

按照 Xen 的虚拟化哲学,决定正确功耗状态的责任理应由运行中的客户系统来承担。一个可信的系统应该能够正确判断如果进入低功耗状态是否会导致问题和错误。对于 HVM 客户系统,这可以通过提供模拟的 ACPI 来实现。一个客户系统可以设置其被建议的功耗状态,而 Hypervisor 可以据此来应用某种功耗节省策略。比如,确保任何客户系统处于其所要求的最高功耗状态,或者处于平均权重状态。对于半虚拟化客户系统,需要添加新的超级调用,或者在事实上处理功耗管理的 Domain0 里添加设备驱动后端。后一种实现似乎更现实一些,因为这使得 Hypervisor 规模较小的特点维持不变。

在功耗管理上的另一个需要考虑的问题与调度类似。功耗，像磁盘、RAM 和 CPU 一样，可以看作是有限的资源。在一个移动计算设备中，只有单独的一个客户域可以管理电池会导致一些问题。在移动计算设备中，一个常见的虚拟化应用是面向安全的，而允许虚拟机中的恶意程序耗尽电池能量，相当于开展了有效的拒绝服务攻击，将会使得安全应用的效果大为削弱。

在未来的虚拟机技术实现中，很有可能会需要将能量看作另一种资源。由 Intel 开发的 PowerTOP 软件，可以做到在 Linux 系统上运行的各种进程的功耗使用情况被量化获得，类似的工具也将被添加到 Xen 系统中。每一个虚拟机将会获得系统按百分比配给的功耗指标，当运行时功耗接近阈值时它获得的调度时间将会减少。但是，在 Xen 中跟踪功耗情况比在 Linux 中难得多。CPU 功耗仅仅是这个问题的一小部分。当一个虚拟机写磁盘时，它会与后端驱动进行通信，然后由后者真正实施写操作。一个比较幼稚的解决办法是，考虑这个过程中所有的功耗却忽视来自于对磁盘的反复操作，认为这部分功耗跟踪主要是拥有后端驱动的客户域的责任，于是忽略了这部分的计算。这种作法降低了整个系统的性能，却完全没有真正定位到问题本身。

就现在讨论的问题而言，有两个可能的办法可以用来测量功耗。对于移动计算环境，用户关心可用能量多过关心功耗，这是有限的资源。每个域可以被分配一定数量的瓦特-秒，在运行中如果超过整个配额可能会被降低速度甚至停止运行。这种分配在电池被充电后会被复位，在使用交流电源时干脆就被忽略了。

对于非移动计算的系统，可用能量的总量是没有意义的。但是总的功耗会尽量被保持在最低状态。在不同虚拟机由不同个人和组织拥有的系统中，一个用户不应该被允许使用不恰当的功耗配额。在这种情况下，功耗分配应该是连续的，而不是离散的。

Xen 中的功耗管理似乎在未来几年里会有很多变化。Xen 企业版就包含了对于 ACPI 完整的实现，使用了 Windows ACPI 硬件抽象层（HAL），但是在 Xen 的开源版本中还没有给出相同的支持。

14.6　关于 Domain0 的问题

关于未来 Xen 如何发展最大的一个问题是 Domain0 的位置问题。有一大堆由客户系统实现的功能需要被转移到 Domain0 中。一开始，这对 Xen 是很有好处的，因为这意味着大量的代码可以被 Xen 重用，而无需把它们直接移植到 Hypervisor 中。

但这种作法有两个很大的局限性。首先，随着 Domain0 的责任越来越重，将新的客户系统移植到 Domain0 的难度也越来越大。这意味着用户开始丧失把 Domain0 从 Hypervisor 中分离出来所带来的灵活性；如果移植别的客户系统到 Domain0 太难以至于无法完成,Xen 就会开始完全依赖 Linux(而目前 NetBSD 和 Solaris 也可以运行在 Domain0 中)。

另一个局限性是,这种作法使用户开始丧失安全性方面的优势。在 Domain0 中运行的客户系统有很大的访问权限;它可以从别的客户系统映射内存页面,并随意在它们的存储空间进行操作。对于 Domain0 的恶意侵害可能会导致对整个物理机器的侵害。这很大程度上降低了 Domain0 从 Xen 中分离出来带来的优势。

关于这个问题,有两个解决方案。第一个是把一些功能从 Domain0 移植到 Xen 自身。这似乎是一种技术上的倒退,因为这些功能很多原本就是在第一版的 Hypervisor 中包括,并随着发展逐渐被转移到 Domain0。这给 Xen 的维护引入了一些影响明显的问题,因为源代码不得不出现分支版本(可能来自 Linux),并且还需要在错误补丁等方面进行源代码级别的同步。

第二个解决方案是切分 Domain0 的功能。相比之下,这种方法容易得多。可以通过新的对于细粒度超级调用限制策略做到这一点。在 Xen 的源代码中有大量的地方包含这样的代码段落:

```
If ( current - >domain - >domain_id ! = 0 )
    return - EPERM;
```

如果超级调用的调用者不是 Domain0,调用会失败。所有这些将会逐渐被替换为安全框架下的钩子(Hook)机制,在此机制下可以装载不同的策略来控制哪些客户域可以操作哪些超级调用。

在完成这些修改以后,Xen 会变得更像一个多服务的微内核系统。Domain0 的功能主要会被分离为两类:

- 管理,包括创建和销毁虚拟机;
- 硬件支持,包括提供后端驱动。

管理组件目前主要使用 Python 脚本程序进行。这也是一个值得注意的问题,因为这意味着 Domain0 内核必须足够复杂以至于可以支持 Python,以及由此带来的 Domain0 中额外 5MB 存储空间的开销存储用于未经安全审计的代码(Python 的运行库)。有一些实验性的工作正在进行,主要是用 OCaml 重写这些管理工具。OCaml 可以直接编译成本地代码并且配合一个只需要管理 Hypervisor 而无须做任何其他事情的非常小的内核来运行。

系统中的各种驱动程序可以通过驱动域来部分地进行隔离。在现代操作系统内核中大量的代码是驱动程序,所以把它们从 Domain0 中消除会导致只有很少量的代码需要进行安全审计。出于可靠性的考虑,甚至可以把每个驱动放在一个单独隔离的客户域中。这还带来一个好处,不同的客户系统可以用于提供各种不同硬件的驱动;用户可以使用 Linux 和 NetBSD 来提供驱动,也可以选择对每个硬件支持更好的操作系统。如果一个客户系统崩溃了,在某些情况下只需要简单重启就可以了。

14.7　Stub 域

　　目前已经实现的 HVM 支持涉及 Domain0 中运行仿真驱动的问题。关于这一点,最显而易见的问题是,涉及了太多的运行在 Domain0 中的代码,这会带来一些潜在的安全问题。其次比较明显的一个问题有关调度。

　　因为仿真的设备驱动在 Domain0 中处理,它们的执行时间都算作 Domain0 的计算时间。当某个 HVM 客户系统执行了很多 I/O 操作的时候,就会导致 Domain0 使用数量紊乱的 CPU 时间,使得其他客户系统无法获得应有的 CPU 时间份额。

　　解决这个问题的一个方案是使用所谓的 Stub 域,也就是一些规模较小只运行设备仿真器的客户域。每个 HVM 客户系统都会拥有自己的 Stub 域,用于负责该域 I/O 的处理。启动一个新的 HVM 客户域会导致两个域的创建—HVM 客户域自身和相应的 Stub 域—而且这两个域会用与半虚拟化客户类似的方式与 Domain0 进行通信。

　　尽管从概念上来说这很简单,但却会使得调度更加巧妙。目前 Xen 的调度器基于大部分虚拟机的调度相互独立这个基本假设。比如,Domain2 的调度状态不好,并不会给 Domain3 带来任何不利影响。实际上这一点并不总是成立的。用于隔离生产者-消费者关系的多个服务器的客户域就是一个反例,而且处于不良调度状态的 Domain0 甚至会影响到所有的客户域。考虑到 HVM 客户域和 Stub 域之间的关系,这种影响更明显。HVM 客户域的性能有可能会由于 Stub 域占用计算时间而受到影响。在 Stub 域得不到调度的情况下,HVM 客户域就会阻塞于相应的 I/O 操作。

　　关于这个问题有两个可能的解决方案。一个是实现一种类似 Doors 的机制,该机制来源于 Spring 操作系统和后来的 Solaris。Doors 是一种 IPC(进程间通信)机制,它允许一个进程将自己剩余的调度时间片转让给其他进程。如果这个机制在 Xen 中实现应用,HVM 客户系统就可以被设置为永远不会直接被调度。Stub 域将会在任何需要两者(HVM 和 Stub 域)被调度的时候来运行。这时它会尝试 I/O 仿真,而不是盲等调度器的调度操作,在必要的时候对 HVM 客户系统实施"赠予"操作,使得后者可以使用前者剩余的时间片额度去运行。与此相同的机制可以被用于半虚拟化客户域,以便驱动域(或者 Domain0)进行更准确的 I/O 时间开销统计。

　　IBM 提供了另一个解决方案,引入调度域(Scheduler Domains),基于 Nemesis Exokernel 相关的研究工作;这是一种与某些操作系统[①]中采用的 N:M 线程模型类似的概念。在这种模型里,Hypervisor 负责若干虚拟机组的调度,而不是直接调度单个的虚拟机。一个域会被定义为调度域。Hypervisor 的调度器会调度这个域,该域将会负责在各个虚拟机组内进行时间片划分。通过这种方式,调度域实际上起到

---

　　①　以前的 Solaris 和 FreeBSD,现在的 NetBSD。

了用户空间的 N：M 线程库组件的作用。

　　无论上述哪种方案被采用，Stub 域在 Xen 未来的版本中都可能成为很重要的组成部分。

14.8　新的设备

　　当前 Xen 的版本中包含了对可靠的块设备和网络设备以及之后的虚拟的帧缓冲(framebuffer)和可信平台模块(TPM)设备的支持。在这方面最大的改变是将会引入在第 9 章中描述的新的网络设备协议(NetChannel2)。这将使得 Xen 客户机利用网络接口的优势以获得在硬件卸载能力以及所有网络相关的活动等方面的更好的性能。

　　对声卡设备的支持是 Xen 下一步理应要做的事情，因为 Xen 已经在很多桌面和笔记本系统中得到使用，但这些系统中的声卡设备尚未得到 Xen 的支持。HVM 客户机可以通过与 Domain0 中的一个混合设备相集成的被仿真设备而带有声音。一个半虚拟化的声卡设备当前正在开发之中。它将使得客户机可以将音频流读、写入一个 I/O 环中，并将其加入到 Domain0 的混合设备中。声卡设备从虚拟化的视角来看是非常有趣的，因为即使是相对较便宜的声卡也支持多个硬件通道。这使得虚拟化可知驱动程序访问由硬件直接使用的环缓冲并且仅仅将"安全"机制用于控制有了潜在的可能。该方法可以拥有低抖动的音频输出。

　　从技术上看，XenSocket 虽然不是一个设备，但是却潜在的提供了 domain 之间快速的通信机制。XenSocket 在两个 domain 之间使用一个共享内存以提供一个较网络接口更快的 domain 之间的通信流方式。因为 XenSocket 完全是用于同一台物理机器上的不同 domain 之间点对点连接的，所以它能避免协议栈所有的开销。

　　XenSocket 的性能与网络连接相比更接近于管道，或者 UNIX domain socket。这可能会变得更重要，因为已经存在大量的协议用于通过一个网络进行设备的共享访问，并且拥有一个快速和有效的网络用于 domain 内部之间的通信(而不是在内核级实现一个新的设备分类)将会使得在很多情况下从用户空间访问它们成为了可能。

　　最终，对客户机 domain 来说更好的代理真实硬件的方式可能成为 Xen 的一个优势，因为它更多针对的是桌面系统，并且也很好地支持热插拔。而热插拔对在虚拟机生命周期中被加入和删除的外部设备来说是非常重要的，并且这些设备也许想在每次插入时可以被分配给不同的 domain。

　　对 USB 设备的支持仅仅在为客户机 domain 代理整个(PCI)USB 控制器，或者使用一个经由虚拟网络接口的 USB-over-IP 协议的时候才能正常工作。该方法有几个问题。首先 Linux 是当前唯一支持 USB-over-IP 的操作系统，但在 Domain0 Linux 和非特权级客户机 Linux 系统中均限制了对 USB 设备的代理。另一个问题是将 USB 协议装入以太网或 IP 中包含了一个额外的开销层，包括编码和解码终端，而这在一个更轻量级的协议中是可以避免的。

14.9　特殊的架构

　　Xen 主要集中在一对四(one-to-four) socket 机器。几年前,这意味着一对四处理器。现在,它通常意味着一对 16 个核,并且很快就将在不久之后增长到 32 个核。

　　虚拟化最初的目标是也许已经拥有了大量的处理单元的 big iron。这些机器过去用于联合独立的小型机,使用虚拟化技术呈现给用户虚拟的小型机。一些人仍然想以这种方式使用虚拟化技术。

　　使用动态迁移和一个存储区域网络,可以在集群上运行 Xen,并给出与在不同的机器之间进行动态的负载平衡相类似的效果。但是有一类机器在某种程度上属于集群和放大的桌面系统之间的一种类型。由 SGI 等公司出售的大型的非均质存储结构(NUMA)机器便属于这一类机器。它们就像低端的机器一样有一个单独的地址空间,并且能够在处理器之间迁移进程。同时它们又像集群机器一样访问内存的开销由内存区位置决定。

　　这些机器典型的使用一个 64 位的物理地址空间,其中有一部分保留用于指定哪一个结点拥有内存。这要求 hypervisor 在内存分配上要有一些额外的工作。为了使得运行的客户机感觉到的是一个均质的内存空间,并且允许敏感的 TLB 交互,Domain 所得到的内存应该从它运行时所在的节点处分配。同样的,调度器需要意识到节点的存在,以至于它不会尝试在两个不同的节点上运行属于一个 domain 的两个 VCPU。

　　另一个大的变化来自 I/O 设备支持。尽管内存是在节点之间共享的,但是 I/O 空间并不是这样。一个 driver domain 很可能被绑定到一个单独的节点上,或者它将突然发现自己不能访问它所负责的硬件。甚至对于完全半虚拟化的客户机来说也存在一些像所有结点上都有的控制台这样的设备所导致的一些问题。如果一个客户机正在访问一个节点上的控制台,然后该客户机被转移到了另一个节点上,那么问题很可能就会发生。

　　这类问题可能仅限于 big iron 的时间将不会太久。当前 AMD 的设计在每一个核上有一个内存控制器。访问由本地核直接控制的内存将会比访问由其他节点核控制的内存的开销更小。不同之处同大型 NUMA 系统中(比如 ALtix)位于本地和远程机器上的内存的不同之处相比要小得多,但是它确实存在。

　　当前 Intel 芯片也显示了这样一些属性,二级缓存是在同一个模(die)的核之间共享的,但是在不同 socket 的核之间不共享。这意味着在相同的 socket 的核上被调度的 VCPU 之间共享内存将会开销更小。

　　随着这个趋势的发展,操作系统将开始意识到它们底层平台的 NUMA 特征,并且利用它改善性能。而 hypervisor 如果想保持竞争力,那么除了可以对客户机展现均质内存之外,还需要支持 NUMA 可知的客户机。

不过大型的 NUMA 系统是相对比较少的,它们还依然非常类似于当前 Xen 所支持的配置。最大的改变可能是异类多核系统(heterogeneous multicore system)。

一个现代的 PC 已经可以被看作是一个异类多核系统,因为它包含了一个或多个通用目的的处理器和一个以 GPU 的形式存在的专用并行的流处理器。典型地,GPU 是通过一个专门的 API 控制的,比如 OpenGL 或 DirectX。这个 API 典型的通过使用来自视窗系统的一些输入以对设备进行多路访问。

在过去,发展趋势一直在通用目的和专用目的的硬件之间进行循环。专用目的的硬件已经流行了一段时间,直到通用目的的 CPU 变得"足够的快"的时候,仅仅使用通用目的的执行单元开销会更小。比如调制解调器和声卡处理器。

这个循环可能有些改变了,因为能量消耗变得日益重要起来。尽管使用 CPU 做所有的事情(因为你需要更少的处理器)开销会更低,但是使用通用目的的处理器来做所有的事情并不会更节省能量。尽管 GPU 所具有的功能可能在未来几年便会包含在 CPU 之中,但是这仅仅会在通过添加流处理扩展指令到当前的指令集当中而使得 CPU 变得更像 GPU 的时候才会发生。AMD 和 Intel 均在这个方向上努力着。

除了 GPU 之外,其他用户空间程序可见的专用目的的处理器包含了密码协处理器(cryptographic coprocessor)。这些处理器典型的也通过一个库(比如 OpenSSL)进行交互。和 GPU 一样的是,CPU 正开始吸收这些功能。来自 PA Semi 和 VIA 等制造商的芯片已经包含了密码加速的功能。

当前关于异类多核系统最好的例子是 Cell 处理器。它包含了一个可以潜在运行现存的 PowerPC Xen 端口的单 PowerPC 核(当不带 hypervisor 扩展的对 Power-PC 系统的支持完成时)。剩下的 7 个或 8 个核[①],即协处理单元(Synergistic Processing Units)是高度专用的向量处理器,拥有独享的本地内存和 DMA 功能。嵌入式处理器也趋向于一个异类的模型,其中很多包含一个通用目的的 ARM 核和大量专用的处理单元,比如 DSP。

这些核如何展现给客户机 domain 则是一个开放的问题。高度专用的执行单元可以像设备一样简单的展现。更多通用的核可能以一种同当前 CPU 相类似的方式被展现。Xen 未来的版本也许需要针对每一种 VCPU 提供一个指令集,并且允许客户机在不同类型的 VCPU 上调度任务,接着 VCPU 在异类的核之间进行调度。这些调度将不得不以一种与现存的系统不同的方式发生,因为典型的上下文切换的开销是非常大的,导致了调度器需要针对不同的 VCPU 类型分配不同大小的配额(quanta)。运行在不同处理器类型的组件之间的依赖性要比调度复杂的多。

这将三星公司在局部重定位(partial relocation)方面进行的工作联系到了一起,即针对一个正在运行的客户机中的部分 VCPU 被迁移。潜在的,可以对其进行扩展

---

① Cell 被设计为 8 个,但是大量生产的版本仅仅使用 4 个使得带有缺陷的芯片也可以使用。

以使得一个虚拟机拥有正运行在一个不同架构机器上的 CPU 的 VCPU。一个运行在一个 ARM 系统上的客户机也许带来一个来自不同机器的 x86 或 PowerPC 的 VCPU 来处理一个包含了大量浮点运算的任务。

14.10 前 景

当前的 hypervisor 显现为类似于 Xen 这样的一个用于虚拟机的薄薄的抽象层。最近对 Xen 前景最大的改变来自在现代 x86 硬件中对 HVM 的支持。它大大得减少了对半虚拟化技术的需要，并且甚至可能被用于改进 PV 客户机的性能。在 Xen 的版本 2 和 3 之间的变化要远远小于在版本 1 和 2 之间的变化。版本 2 将 hypervisor 中的大量的功能转移到了 Domain0 中，而 Xen 版本 3 中最大的变化是 XenStore 的添加。大多数其他的变化中仅仅来自 Domain0 的是可见的，比如中断路由。

Xen 未来的变化可能暂时还会增长一段时间。对更多设备的支持是一个明显的改进，包括增添新类型的虚拟设备，和为客户机提供更好的物理设备的代理功能。后者被期待戏剧性的作为 IOMMU 而得到改进的方式成为主流。

对 HVM 支持依然是相对比较年轻的，并且将作为硬件开发而继续发展，并更好的得到理解。在 HVM 和 PV 客户机之间的差别可能从两个方面都会变得模糊。来自 Intel 的 DomU XenoLinux 原型显示了如何能够通过在 HVM 模式下启动然后逐渐的将自身的代码用 hypervisor 可知的版本代替从而使得一个 HVM 客户机走向半虚拟化。另一方面，PV domain 可能在更大程度上变成硬件辅助型。这使得一个客户机操作系统支持通过它的年龄来被定义。一个新的操作系统可以通过使用 PV 接口和硬件加速（如果 CPU 和 hypervisor 支持的话）使得 Xen 作为一个硬件抽象层表现的更好。一个现存的 x86 操作系统可以利用 PV-on-HVM 功能来逐渐支持 Xen。

Hypervisor 最新的几个版本已经在调度器方面有了很多的修改，一个调度算法通常不会比一个主版本持续得更久。Credit 调度器克服了早期方法的大多数限制，并且可能将次要的改进看作是提出了新的挑战，比如 NUMA 系统和异类核。

Domain0 可能在重要性上会减轻，它将会由多个单独的 driver domain 和一个管理 domain 取代。管理 domain 可能是一个已经存在的 Domain0 操作系统，也可能是一些为 Xen 设计的新东西。管理 domain 的功能也许甚至会被进一步分割，以提供一些 domain 群来负责不同的管理任务。

Domain0 任务的转交使得将新的安全框架加入 Xen 之中成为了可能。同时这也提供了一个限制非特权级 domain 活动的方法。提供了好的安全保障，并且没有带来太多使用上的限制的策略机制可能是未来 Xen 的一个重要的研究领域。

最近投入了大量的精力用于开发 Xen 的管理工具。在开源 Xen 和 XenSource 提供的商业系统之间最大的不同在于后者在管理上的简化。更多高级的管理工具也逐渐以 Xen API 的形式加入到了开源 Xen 的代码之中，在此基础上由 Xen 社区开发出了大量的工具。

　　典型的软件开发周期可以被分为"使得它运行，使得它运行的更快。"Xen 即将走完"使得它运行"这个阶段，并且可能进入到一个稳定期和优化期。这并是不说新的特征和功能将不会被添加；只是功能虽然会添加，但是主要的精力会放在改善缺陷和性能方面，而不是放在增添新的功能方面。依赖所使用的方法，Xen 一开始便在虚拟化系统计算方面拥有一个重要的性能优势。当前的比较不再是在 Xen 和其他的 hypervisor 之间进行，而是在 Xen 和裸机之间进行了。任何比裸机速度有重大落后的性能方面的问题都有待解决。

附录

泛虚拟化客户操作系统移植概述

将操作系统移植到 Xen 中和向其他平台移植的情况类似。如果该系统本身就运行在 x86 环境下,那么需要进行的改动就会比向新硬件平台移植小得多,首先编译器方面不需要进行额外的考虑,因为现有的编译环境已经支持 x86 二进制代码的生成,此外有关字节对齐和大小端模式的问题也不存在,因为无论是运行在本地物理主机的系统,还是运行在虚拟机环境下的系统,这两者的处理方式都是一致的。

大部分的更改是与硬件相关的代码,如果是与 NetBSD 类似的系统,本身就包含了对中断、内存管理等机制的抽象,那么只需要修改抽象层的代码,使其可以运行在非特权的 domain 上。最大的改动可能是与计时器相关的代码,一个泛虚拟化的客户操作系统必须了解,它是在和其他多个 domain 分享处理器资源,因此其自身的 CPU 时间和系统的挂钟时间可能并不完全一致,但大多数操作系统在设计之初,并没有考虑这个问题,因此必须对该部分的代码进行修改,以增加额外的抽象层次。附录部分将概述移植客户操作系统到 Xen 环境下运行所需进行的主要改动。

A.1 Domain 创建工具(Domain Builder)

Domain builder 负责完成客户 domain 的初始化和配置工作,如果客户操作系统的引导过程与 Linux 类似——ELF 类型的二进制代码,运行在平坦的、开启了分页模式的地址空间中——用户可以直接使用现有的 Linux builder,否则的话就需要重新编写相关代码。

Minux3 是一个典型的例子,和大多数 Linux 及 BSD 系统不同的是,Minix3 内核映像的文件格式是 a.out,而不是 ELF。Plan9 和 Minix 都可以在 Xen 系统中运行,并且都采用了 a.out 格式的内核映像,因此这两者的 domain builder 可以相互通用。

另一个较大的不同之处是,Minix 采用了段式内存管理机制。缺省情况下,Xen 假设客户操作系统运行在平坦的,基于分页模式的地址空间中,因此使用了全局描述符表 GDT 来完成用户空间和内核空间的设置。如果使用的是分段模式,那么就需要重新考虑 GDT 表的配置,而需要修改的代码集中在 domain builder 和客户操作系统的引导代码部分。

增加一个新的 domain builder 需要修改 Xen 自身的代码,这也意味着该客户操作系统不能运行在现有的、未作修改的 Xen 中。尽管这种方式在一些特殊的情况下可能会被接受,如系统测试或局部部署,但这种方法并不值得推荐。更好的解决方案是编写一个可以使用现有 domain builder 的启动和加载工具,然后利用它完成客户操作系统的引导工作。

A.2　启动环境

在启动过程中,大多数操作系统都会执行一些 BIOS 调用,来获取信息或进行硬件配置。在 Xen 虚拟机环境下,start info page 和 shared info page 将替代 BIOS 完成类似的功能,包括可用内存和处理器信息的获取等。

首先要做的就是编写 XenStore 的驱动。Start info page 中提供了控制台(console)和 XenStore 的创建信息,而其他设备的建立依赖于 XenStore。

XenStore 是一种非常简单的设备,它的驱动方式和控制台设备非常类似,一旦实现了两者中的任意一种,只需作少量修改就可以用于另一种设备。控制台驱动实现了最基本的用户交互功能,因此其代码设计和编写都非常简单,如果有进一步的需要,可以使用虚拟帧缓存设备取代控制台,来完成较复杂的用户交互功能。

A.3　设置虚拟中断描述符表(IDT)

在 Xen 中设置 IDT 的过程和普通的 x86 平台有所不同,因为中断的捕获方式将取决于其具体的类型。异常(Exception)的捕获和处理过程与普通系统中的类似,其处理例程的注册需要通过异常表 hypercall 来完成,整个设置过程非常简单,只是这里使用的异常表结构体和普通系统中的略有不同。

其他由物理设备引发的中断只是在移植 Domain0 的内核代码时才需要重点考虑。由于中断发生时,等待该中断的虚拟机(VM)可能并未被调度,当前系统使用的是其他客户 domain 提供的 IDT 表,因此这些中断必须被正确的映射到对应 domain 的事件通道中,实际上 domain 在启动时,首先要做的事情之一就是为不同的事件通道注册相应的回调函数,以确保所关心的中断能够被正确的响应。

对于抢占式多任务或者基于定时器的服务进程来说,虚拟时钟的设置是非常重要的。这里涉及一个虚拟中断,该中断必须被正确的映射到指定的事件通道中。虚拟时钟的中断信号与 domain 的虚拟时间相互对应,除此之外,系统还会记录一个真实时间(挂钟时间),domain 内核必须有相应的机制来区分这两者的不同。如果是全新设计的内核,那么从设计之初就可以充分考虑这种抽象带来的影响,但对于后来移植的操作系统来说,必须进行较大的修改才能适应这种虚拟时钟和真实时钟是一致的假设。

A.4　页表管理

操作系统的移植过程中,采用可写页表(writable page table)是一种简单有效的方式,在这种模式下,客户操作系统只需使用 hypercall 来完成页目录的相关操作,而页表的修改可以直接进行,因此只需进行少量的代码修改。

当上述移植工作顺利完成后,可以尝试采用完全泛虚拟化的内存管理模式,目的是为了改善系统性能。此时,客户操作系统必须使用与 MMU 更新相关的 hypercall 来完成页表的修改操作,当然这种方式在可写页表模式下仍然可以正常工作,这样程序设计人员就可以逐步替换内存管理的相关代码,以方便程序调试。在所有的修改工作完成后,就可以关闭可写页表模式,并测试代码是否可以正确的执行,此时,如果直接对页表执行写操作,会导致程序错误,程序设计人员可以追踪该错误,并对相关代码进行修改。

大部分的现代处理器都不支持分段模式,因此使用这种模式进行内存管理的操作系统也并不多见,但在一些不考虑运行在非 x86 体系结构的操作系统中,仍使用了这种内存模式,这就需要对内核代码进行一些额外的调整。如前所述,内核的加载工具和 domain builder 都必须进行修改,以提供内核初始化所需的运行环境,通常情况下,GDT 表的设置会在内核完全启动之前进行,而这个操作通常在实模式下完成,如果是在保护模式下,就需要进行额外的调整。LDT 的设置和普通操作系统中没有什么区别,但 GDT 的设置必须通过 HYPERVISOR_set_gdt()这个 hypercall 来完成,该 hypercall 包含两个参数,分别记录了 GDT 表项的内容(大小上限为 14 个页面)和 GDT 表项的数量。Hypervisor 在执行更新操作前,会对其内容进行检查,防止非法操作的发生。需要注意的是,泛虚拟化客户操作系统可用的 GDT 表项要略少于普通的操作系统,因为部分表项会保留给 hypervisor 使用。

A.5　驱　动

Xen 虚拟机环境下运行的客户操作系统至少需要支持以下几种设备:控制台、XenStore 和块设备,其中前两种设备的接口是类似的。

在调试的过程中,可以使用紧急控制台(emergency console),对于 Domain0 来说,该设备始终处于可用状态,而普通 DomainU 在冗余模式(在编译时设置 debug＝y)下也可以访问该设备。默认情况下,该设备连接到系统的一号串口,用户也可以使用启动参数 console ＝ argument 将其输出重定向到其他位置,如显示设备。

由于调试控制台的使用频率远远低于标准控制台,因此在完成了标准控制台设备的 I/O ring 内存页面映射后,就应当将输出定向到该设备中,只有当该映射过程发生了内存错误时,才需要使用到调试控制台。

块设备和网络设备的接口方式是类似的,因此可以一起添加,它们都使用标准的请求—应答环和事件通道来实现设备前后端的连接(具体内容参考第9章)。

客户操作系统可能还会使用到其他类型的设备,如虚拟TPM或帧缓存设备,由于大多数系统的成功启动并不依赖于这些设备,因此相关的创建和连接工作会在后续处理阶段完成。

A.6 Domain0 的责任

现有的Xen管理工具全部使用Python语言编写,并且运行在类UNIX环境下。因此移植一个类UNIX操作系统作为Domain0的难度要远远低于移植其他操作系统。如果现有DomainU的平台已经支持Python语言,那么在此基础上增加Domain0管理功能的工作相对简单,否则就需要重新设计相关的管理接口,并进行大量的代码修改。使用Xen API接口可以略微减少所需的工作量,因为程序设计人员可以在支持XML-RPC的平台上重新实现xend功能,并远程执行xm命令(或在DomainU中执行)。

Domain0不仅要提供系统的管理功能(如创建和销毁domain),还必须为泛虚拟化的设备和XenStore提供后端驱动。为了将hypervisor本身设计得尽可能简单可靠,必须将大量的功能放在Domain0中完成,这种设计降低了运行在ring0级别的代码数量,但也增加了Domain0的负担。建议设计人员首先将客户操作系统移植到DomainU中运行,在完成相关的测试后再考虑增加Domain0的管理功能。除了提供必须的设备驱动,Domain0还需要将单一的物理设备分配给多个Domain同时使用。

在未来的版本中,可能会将Domain0的多种功能进行划分,实现在不同的domain中,Driver domain就是一个很好的例子,它提供了访问物理设备所需的驱动,但并不提供domain管理功能。管理功能可能会被分割到多个不同的domain中,目的是为了增加安全性,这样每个domain可以一次增加一项原先由Domain0完成的管理功能。

A.7 效 率

与完全虚拟化的方法相比,泛虚拟化的客户操作系统可以提供更好的性能,如果高效的系统是设计的最终目标,那么可以采用这种方法。在编写用户空间的应用程序时,程序员可以使用readv和lio_listio来取代大量的系统调用,以改善性能,这是因为执行系统调用的代价很高,而在虚拟机系统中,hypercall的使用原则与之类似。

如果需要执行页表更新操作,可以将多次更新的内容集中在一次hypercall调用中完成。HYPERVISOR_multicall可以用来一次发送多个互不相关的hypercall,这也就意味着在一次guest到hypervisor(ring1或ring3到ring0)的切换过程中,可以完成多个 hypercall 调用的操作。

　　清单 A.1 中给出了上述 hypercall 第一个参数指向队列的结构体类型定义,第二个参数记录了该队列的成员数量。该结构体中,op 域记录了 hypercall 号,在普通的 hypercall 调用过程中,这个数值会通过 EAX 寄存器进行传递。而参数通过 abx 进行传递,并且保存在对应的域中。需要注意的是,结果会保存在单独的域中,而不是记录在 hypercall 号中。此外还必须记住,和普通的 hypercall 不同,multicall 的执行过程中,客户的优先级可能会被抢占,因此需要手动完成重新执行的操作。

清单 A.1　Muiltcall 的参数结构体

```
1  */
2  struct multicall_entry {
3      unsigned long op, result;
4      unsigned long args [6];
5  };
```

A.8　小　结

　　将 x86 环境下运行的内核移植到 Xen 系统比从其他运行环境下(如 PowerPC)移植要简单一些,但仍需要进行大量的工作,这里需要考虑内存管理接口的变化,硬件支持的变化,即使是启动阶段的固件访问方式也和普通的 x86 平台有所不同。

　　当然,大部分的代码是可以用重用的,如在页表管理的过程中,唯一需要修改的就是页表项的更新方式(使用 hypercall,而不是直接进行写入)。许多需要调整的代码都可以使用宏定义实现,这样可以方便的在现有的编译环境下进行代码的编译和调试。

　　DomainU 可以方便的使用 Xen 中提供的硬件支持对设备进行访问,在这个过程中,Xen 实际上扮演了类似于硬件抽象层的角色,因此对于一类设备来说,只需要提供一种设备驱动即可,这也使得 Xen 对于那些资源有限的操作系统开发项目有着巨大的吸引力,当然也包括新的、处在实验阶段的操作系统,这些系统可能从未在真实的硬件上运行过,此时 Xen 就成为了一种很好的实验平台。